中国环境艺术设计国际学术研讨会论文集

中国环境艺术设计 · 集论

Analects of China Environment Art Design

鲍诗度 主编

中国建筑工业出版社

图书在版编目(CIP)数据

中国环境艺术设计：集论/鲍诗度主编. —北京：中国
建筑工业出版社，2007
ISBN 978-7-112-09715-9

Ⅰ. 中… Ⅱ. 鲍… Ⅲ. 环境设计—国际学术会议—文集
Ⅳ. TU-856

中国版本图书馆 CIP 数据核字（2007）第 160136 号

责任编辑：唐　旭　李东禧
责任校对：汤小平
责任设计：肖广惠

中国环境艺术设计·集论
Analects of China Environment Art Design
鲍诗度　主编
*
中国建筑工业出版社出版、发行(北京西郊百万庄)
各地新华书店、建筑书店经销
北京中实兴业制版公司制版
北京云浩印刷有限责任公司印刷
*
开本：889×1194毫米　1/16　印张：16½　字数：380千字
2007年11月第一版　　2009年12月第二次印刷
印数：2001—3000册　　定价：**48.00**元
ISBN 978-7-112-09715-9
　　(16379)

序

    21世纪是城市的世纪。如何建设和谐优美的城市生态环境，获得更好的生活质量不仅是发达国家必须正视和解决的问题，也是发展中国家需要优先考虑的问题。中国环境艺术设计国际学术研讨会以"城市环境的整体感——环境艺术系统设计"作为主题，致力于探索构建当代优美新型城市，是一件很有意义的事情。

    人和自然的和谐统一，是人类追求生存环境的最高境界。如何创造一个美好的生存空间，如何设计健康优美的城市，如何保存城市文化的多样性等等，我们面临的问题没有现成的答案，只有通过深入的科学探讨和研究，保持国民经济可持续发展的同时，坚定不移地实施可持续发展战略；从环境艺术的角度到生态的角度，以新的声音、新的观点、新的主张、新的思想，突破传统制约，超越时代局限，才能提升我们的生存空间的生活品质，才能逐步达到人和自然和谐高度统一。

    中国环境艺术设计国际学术研讨会，这是本校第一次，也是上海高校有史以来最大的环境艺术设计学科学术活动。在中国建筑工业出版社等多方单位和专家的支持下，经过东华大学的努力，中国环境艺术设计国际学术研讨会论文集作为研讨会的成果才得以出版。

    本次研讨会，来自国内外院校的教授和专家，共同研讨21世纪城市环境艺术设计学术研究、艺术教育领域的教育理念，交流研究成果，展示研究特色，这无疑是本次最具学术色彩的一幕，对推动中国环境艺术设计学科建设和都市环境设计将会产生深远的影响。

朱绍中

朱绍中

东华大学　党委书记、教授

2007 年 9 月

前　言

　　环境艺术设计在中国经过20年的发展，其成就大家是有目共睹的。教育发展是社会发展的缩影，20世纪80年代后期环境艺术专业开始在中国高校设置，经过十多年的成长，到90年代经历迅猛发展期，根据《中国环境艺术设计》年鉴第一期登载的调查数据统计：至2006年底，中国"211"大学有64所设置了该专业，全国各地有影响的大专院校有399所，全国各类大专院校有800多所（据不完全统计）设置了该专业，根据这些数据我们就可以知道中国的环境艺术设计专业发展速度和规模。

　　20年，环境艺术设计对中国的室内设计、景观设计、展示设计、环境设施设计等发展起到了主要的推动作用，建筑设计、规划设计等有了环境艺术设计专业的参与更显风采，更趋完善；20年，环境艺术设计对中国国民经济发展，城市建设，社会文明程度都发挥了一定的作用；20年一路走过来，有成功，有喜悦，也有不足！方方面面有经验，有教训，需要总结，需要交流，需要引起各方重视。

　　环境艺术设计专业理论体系不完善，国家没有相应的注册师制度与之配套，其现状与国家的经济发展不协调，与国际接轨不相适应，与学科发展不平衡等等方面的问题。这些问题有社会层面的，有教育层面的，有学术层面的，有法规等层面的。这些问题需要一批有识之士参与探讨，参与研究，参与寻找解决问题所在，来推动中国环境艺术设计朝着健康道路发展，使中国环境艺术设计在国家经济建设中发挥其应有的作用。

　　需要有一个学术平台，提供给一些专家学者交流、研讨。出于这样的初衷，东华大学与中国建筑工业出版社联合搭建了"中国环境艺术设计国际学术研讨会"学术讨论平台。

　　2007年5月第一届研讨会在上海东华大学举行，会上10多位国内外专家、学者、教授作了精彩演讲。研讨会会前会后收到各地专家学者参与研讨的论文，大会组委会对其进行了认真筛选，从中选择一批优秀论文，结合研讨会演讲稿，编辑了这本论文集。

　　本次研讨会和《中国环境艺术设计》年鉴出版得到了齐康院士、郑时龄院士、蔡镇钰大师、郑曙旸教授、佐藤滋教授等多位专家和专业机构大力支持，在此一并致以由衷感谢。

鲍诗度

东华大学　环境艺术设计研究院院长、教授

2007年9月

中国环境艺术设计国际学术研讨会
暨《中国环境艺术设计》年鉴首发式致辞

致辞 1

    尊敬的各位领导、各位专家、各位来宾大家上午好！非常荣幸能邀请到各位参加中国环境艺术设计国际学术研讨会暨《中国环境艺术设计》年鉴首发式！出席本次研讨会的特约嘉宾有：东华大学副校长、博士生导师江建民教授；中国科学院院士、法国建筑科学院院士、美国建筑师学会荣誉资深会员、同济大学建筑与城市空间研究所所长郑时龄院士；中国建筑设计大师、上海现代建筑设计集团资深总建筑师、国务院学术委员会评议组成员、全国建筑学专业指导委员会委员、蔡镇钰教授；日本早稻田大学都市地域研究所所长佐藤滋教授；日本株式会社 UG 都市建筑总裁山下昌彦先生；意大利著名设计师马西姆先生；清华大学美术学院副院长、教授、博士生导师、中国建筑学会室内设计分会副理事长、中国美术家协会环境艺术设计专业委员会副主任郑曙旸教授；中华人民共和国建设部山水城市研究资深专家、《城市发展研究》主编鲍世行先生；德国环境艺术设计师周小平女士；建筑材料学专家、Interior Design （China）设计杂志专家委员陈丁荣先生；上海城市雕塑艺术中心主任谢林先生；中国建筑工业出版社副总编张惠珍女士。参加今天我们这个会议的还有来自全国各地的高校清华大学、复旦大学、同济大学、广州大学、天津美术学院、哈尔滨工业大学、南京艺术学院、中国矿业大学、中南民族大学、上海大学、上海工程技术大学、兰州交通大学等全国高校的 400 多位专家教授，同时我们今天还有来自上海电视台、上海教育电视台、中国青年报、文汇报、新民晚报、新闻晨报、光明日报、《美术》、《domus》、《a+u》等 30 多家媒体的朋友们，在此，再次对各位专家及来宾的到来表示衷心的感谢和热烈的欢迎！

李柯玲

东华大学服装学院·艺术设计学院院长

致辞 2

尊敬的郑时龄院士，尊敬的蔡镇钰建筑大师，尊敬的佐藤滋教授，尊敬的山下昌彦教授，尊敬的郑曙旸教授，尊敬的张惠珍副总编辑，各位来宾、各位专家：

经过近一年时间的准备、各位编委和编辑们的辛勤劳作，东华大学和中国建筑工业出版社共同主编的《中国环境艺术设计》年鉴带着春的讯息向我们走来。这一环境艺术设计学科领域的盛事，凝聚了我们的梦想与光荣，验证着中国走向世界的足迹，显示着中国环境艺术设计的产业、研究和教育与国际接轨的步伐。今年由东华大学和中国建筑工业出版社共同携手，以"城市环境的整体感——环境艺术系统性设计"为主题，演绎新的环境设计理念。《中国环境艺术设计》年鉴的出版和"中国环境艺术设计国际学术研讨会"的举行，相信会成为中国环境艺术设计学术研究、成果发布、文化交流、共谋发展的舞台。

东华大学的艺术设计学科经过20多年的发展，已经从服装艺术设计拓展到环境艺术系统设计等多学科研究分支，以为社会为国家多作贡献为己任。今天我们借着首发式的机遇邀请了中国科学院院士郑时龄教授、日本早稻田大学佐藤滋教授、清华大学郑曙旸教授等国内外著名学者专家十位与全国部分高校环境艺术设计专业教师共同对话，这是本校第一次，也是上海高校有史以来最大的环境艺术设计学科学术活动。

为配合此次会议，在东华大学还举办了为期一年的"东华大学环境艺术设计学术年"演讲活动，邀请了意大利上海金茂大厦建筑师欧德·邦德亚力教授，同济大学国家历史文化名城研究中心主任阮仪三教授等国内外专家学者26位，全年25周分别与青年大学生对话环境艺术设计。

本次研讨会的举行，使来自全国和部分国家院校的教授和专家能共同研讨21世纪国际城市环境设计学术研究、艺术教育领域的教育理念，交流研究成果，展示研究特色。这无疑是本次《中国环境艺术设计》年鉴首发式上最具学术色彩的一幕。我们有理由相信，《中国环境艺术设计》的编辑出版，对推动中国环境艺术设计学科建设和都市环境设计将会产生深远影响。

谢谢大家！

江建明

东华大学副校长、博士生导师

致辞 3

尊敬的郑时龄院士、尊敬的蔡镇钰建筑大师、尊敬的佐藤滋教授、尊敬的山下昌彦教授、尊敬的郑曙旸教授、尊敬的江建民副校长、尊敬的各位来宾大家上午好。非常高兴来参加由我们东华大学和中国建筑工业出版社联合主办的"中国环境艺术设计国际研讨会暨《中国环境艺术设计》年鉴"首发式。请允许我代表中国建筑工业出版社向中国环境艺术设计国际学术研讨会的隆重召开和《中国环境艺术设计》首发式的成功举行表示热烈的祝贺。

这次学术研讨会的主题以及研讨议题可以说立意高、特色新颖、有深度。我们相信今天与会的国内外专家、教授高水平、高质量的精彩演讲，将使我们进一步了解和领悟中国环境艺术设计的意义和发展历程、内涵和前景，进一步加深我们对于这一综合性学科的认识。同时通过东华大学组织的这样一个具有创新意义的学术活动，有助于在我国环境艺术设计领域创建良好的学术氛围，从而增进我们国内乃至国际设计院校之间、师生之间、设计大师之间的友好交往与交流，相互学习、相互促进、共同提高，为推动我国环境艺术设计向纵深发展的可持续性、造福于人类而携手努力、共同奋斗。

非常感谢东华大学服装学院·艺术设计学院相关师生策划编写内容丰富、设计精美的《中国环境艺术设计》年鉴。这是我国第一部较全面、较系统地总结和介绍关于中国环境艺术设计方面的书籍。我们坚信本书的出版会对进一步发展和推进国内环境艺术设计教育起到举足轻重的作用。我们真诚的希望与会的专家、学者对本书的出版提出中肯的意见，使本书的内容能够得到不断的充实和完善，真正成为我们读者爱不释手的一部好书。东华大学的领导们对本次学术研讨会和《中国环境艺术设计》的编著非常重视，给予了人力、物力、财力的支持，特别是东华大学服装学院·艺术设计学院李柯玲院长、鲍诗度教授以及该院的师生们为此牺牲了很多时间，做了大量的准备工作。在此，我代表中国建筑工业出版社向他们致以最崇高的敬意。

多年来，中国建筑工业出版社得到全社会专家学者、读者的关心和厚爱，尤其得到了全国各大建筑设计院、建筑院校、美术院校、设计院校的领导和专家的实实在在的支持和帮助。今后，中国建筑工业出版社将一如既往、竭尽全力为大家做好服务工作，同今天与会的领导、专家、师生们保持密切的联系，建立起更积极、更真诚、更友好的合作关系，我们共同努力向社会提供全方位的知识服务，为我们中国的建设事业、教育事业不断进步和发展，作出更大的贡献。

最后预祝本次研讨会圆满成功。谢谢！

张惠珍

中国建筑工业出版社副总编辑、编审

致辞 4

尊敬的江副校长，尊敬的张副总编，各位来宾，各位老师，十分荣幸应东华大学的邀请参加这次中国环境艺术设计国际学术研讨会和《中国环境艺术设计》年鉴的首发仪式。非常荣幸在国际学术年里参加这次活动，能够得到很多学习的机会。东华大学在全国也是比较早的成立艺术设计专业的学校，过去同济大学跟东华大学还有许多学术上的交流跟竞争。我觉得艺术设计今后在中国的发展、在上海的发展应该是其中一个重要的发展方向。因此这次学术研讨会具有非常重要的学术意义跟实际发展的意义。中国建筑工业出版社也是对推动中国建筑事业的发展起着非常重要的作用的。我们都是读了中国建筑工业出版社的书长大的，我们跟他们的书一起成长。那么这次中国建筑工业出版社又把精力放在艺术年鉴上，我觉得这也是一件非常有意义的事情。

总之，我非常感谢东华大学给我这次机会，还有中国建筑工业出版社给我这次机会，谢谢各位！

郑时龄

中国科学院院士、同济大学博士生导师

致辞5

尊敬的江副校长、尊敬的张副主编,尊敬的各位来宾,我非常高兴这次首发式能在上海、能在东华大学举行。昨天晚上我非常认真的看了我们新出的这本书,它真是艺术设计事业尤其是我们的环境艺术设计事业一个非常大的进步。我们大家都知道环境艺术设计事业在中国的发展是非常紧迫的。我在这里这样讲,无非是讲它的交叉性、边缘性、综合性。正因为它是具有这样前瞻性的、强大生命力的、发展性的一个专业方向,所以才从它具体的操作过程中遇到一些很大的障碍。那么这个障碍来自于哪里呢?实际上是环境艺术设计专业传统的思维模式,因为我们大家都知道在今天这样一个信息社会的时代下,我们的学科只有在一种交融和交叉的发展中才能有生命力,但是长期以来由于与其他学科的避讳,包括学术之间的不相往来,妨碍了我们中国的环境艺术设计事业往更好的方向发展。

因此,中国建筑工业出版社和东华大学在这方面是取得了一个突破性的进展,因为我昨天认真的看了这本书,我认为它和它书里所讲的"第一部真实反映中国环境艺术设计现状"是完全名副其实的。因为在这本书当中,基本涵盖了我们在城市规划、建筑设计、景观设计乃至到室内设计的各个领域所发生的重大事件,也系统地总结了从20世纪一直到近几年,将近二、三十年的发展过程,我相信这样一本书的出版,必将极大的促进我们国家城市建设和我们整个的改革开放伟大事业。所以,在这里再次为中国建筑工业出版社和东华大学对这项事业的贡献,表示非常由衷的感谢。

清华大学美术学院本身有这样一个艺术背景。环境艺术设计这个专业的成立是在1988年,由当时的中央工艺美术学院倡导下,在教育部,当时的国家教委正式开始的,只是由于这个专业的提出,在理论的仪式上比较超前,在二十多年的发展中实际上还是受到了很大的影响。这个影响主要是刚才说的两个方面,我想关于这一点,我在今天下午的演讲中也想有意识地把它强化。最终来讲,我们国家的艺术设计的事业,必须最终实现从产品观向环境观的转化,也就是说它是与我们现在整个国家的科学发展观、和谐构建节约型环境、友好型社会这样一个大背景是紧密结合的。在这里,我希望这件事能够以东华大学和中国建筑工业出版社作为这样一个契机,把《中国环境艺术设计》年鉴继续办下去,不是说一期就结束了,因为从目前的情况来看,上海实际上已经承担了在我们整个中国作为艺术设计领域"排头兵"这样一个角色。这是由它的地域特点和它的文化特征,包括它整个的改革开放的意识所决定的。基于这点,我个人认为这本书如果是在北京恐怕是很难做得出来的,这是我特别想在这里说的。

谢谢大家!

郑曙旸

清华大学美术学院副院长、博士生导师

目 录

CONTENT

郑时龄 / Zheng Shiling

(同济大学建筑与城市规划学院，上海，邮编：200092)

(College of Architecture and Urban Planning Tongji University, Shanghai 200092)

设计的意义

Purport of Design

尊敬的鲍诗度教授，各位来宾，各位老师，我今天想谈的题目是"设计的意义"。我差点也掉到环境艺术专业的领域里来，因为在我读大学的第一年，同济大学成立了室内设计专业，我属于第一批学生。那个时候，把室内设计和工艺美术挂钩，其实也就是今天的环境艺术设计。在办了一年后，我们又回到建筑学专业，所以我又回到了今天的本行。今天，我想谈谈设计的想法。

设计就是创造目前为止不存在的东西。在某种意义上，设计就是无中生有。设计是针对目标问题进行的求解活动，即我们先把自己要做的事情的问题提出来，然后从现存事物向未来可能想像事物的跃迁。设计领域也反映了人们的"自觉意志"和"才智技能"二者的结合。设计就是寻求解决问题的方法、途径和过程。是在有明确目标和目的指引下的一种有意识的创造。设计根本上是对人与人、人与物、物与物之间关系问题的一种求解，设计最终反映了我们的生活方式。我刚才讲到，我们最早的时候是把环境艺术设计当作一种工艺美术。刚才清华美院的郑教授也谈到，以前我们对这个领域还是有一定的误解，对这个领域的发展，其实应该从更综合的意义上来理解。

其实，从根本上说，设计是一种哲学，它是一种思想的体系。为什么世界上有千差万别的各种设计体系？意大利的设计、德国的设计、日本的设计和美国的设计之间有很大的差异，这根本上反映了思想上的问题。设计分布在生活的各个领域，设计涉及到人们一切有目的的活动，也可以说，我们这个世界就是设计积累和积聚的成果，是无数决策和设计的综合。因此，设计的领域已经大大拓展了，不只是我们图面意义的设计，还包括人生的设计，包括整个社会的设计，甚至于我们的政治领域也是一种设计，所以这个领域应该是非常广阔的。但总的来说，它就是一种决策和设计的综合。设计是一种面临了不确定的情况、失误代价极低的决策。设计是新方法和新思想的运用。我们经常说，中国变成了国际建筑师和规划师的试验场。其实这个试验场，最好是在设计上进行试验，而不是把它当作1：1的积木造起来进行实验，这样试验的代价太高。但是，如果我们在设计的领域通过设计来探索，那么这样试验会更成功一点。因为所有的设计都是作用于人的思想，而不是仅仅服务于人的躯体的，它更多的是服务于人的灵魂，而不是我们的物质领域。设计应该包罗万象，从我们更接近的领域上来讲，城市规划的设计、城市的设计、建筑的设计、景观的设计、室内的设计、平面设计、视觉传达设计、产品设计、服装设计、装帧设计、舞台设计、展示设计等，这个单子还可以无限地扩展开去，都跟设计领域有关。今天的人类，已经跟设计紧密地融为一体了，现在简直无法想像一个没有设计的世界。其实讲设计，就是设计生活、设计未来。今天的设计与20年前相比，恐怕我们会对20年前的那种生活质量感到不可思议，但是现在的东西进步非常快，这跟我们生活的精细化，生活方式、生活品质的改善有很大的关系。

今天的设计也担负着一种表现进步，即把现代科学技术的成果引入社会的作用。因为社会不仅仅是一种手上的关系，更多的是跟我们的脑子有关系。现在人的脑子跟现代的科学技术有着密切关系，所以，我们一定会把科学技术的成果，通过设计引用到社会领域来。我们现在的社会，是把建筑、设计、技术、艺术与工艺综合成为整体的艺术。建筑与设计已经成为21世纪城市发展的动力。今天城市的变化跟10年前相比已经有很大的进步了，这个进步不仅是物质上的，更多的应该是思想上的。在21世纪信息社会，跟技术发明相结合的设计即将成为这种动力。设计将会成为技术与艺术结合的艺术，成为整体的艺术，这是设计发展的目标。设计领域也正成为科学的对象，从哲学、美学、系统工程学、认知心理学、信息学、社会学、管理学等技术和人文的学科当中寻求资助。反过来，任何设计都离不开设计师个人和社会的选择、判断、直觉、思考、决策和创造。设计既是艺术也是技术，设计也是科学研究的对象。设计改变社会，设计创造未来，设计意味着社会品质和社会文化素质，设计是人类和世界存在的一种风格。我们看到我们的产品，看到我们生活中所使用的用具，家里面的装饰等的一些东西，它们其实表现了我们存在的一种风格，表现了我们的一种文化内涵，表达着我们一种本质的存在。

当然设计也表现设计师和社会的文化背景、时代精神。我刚才讲，意大利、德国、日本的设计都表现出一种浓烈的文化特征，中国的设计也应当寻找自身的文化特征，从传统文化当中寻求精神支柱。所以，我想谈谈中国古代美注重文、质、品和法：文的内容是具有深刻意义的，包括它的哲学思想，包括文化背景，包括我们的伦理……；一个质，既有它的物质方面的东西，也有它通过物质所表现的精神内涵；品，跟国际上有很多相似的地方，它的品实际上是表现了它的质量，也表达了我们中国古代的审美观念；法，当然是既有哲理方面的，也有它的手法、技艺方面的。其实，中国古代的艺术思想和西方的设计思想是相通的。比如说，公元5世纪的时候，中国有一句话叫"文约意广"，就是用简约的文辞表示丰富的内涵；绘画当中的"惜墨如金"，也是同样的表述。而今天世界上的简约、极少主义，其实，我觉得跟我们的思想是一致的，应该是我们追求的目标。但是很可惜，中国当今的社会随着物质生活的丰富，我们追求极多繁复的现象也越来越严重，我觉得我们应该很好地思考一下我们传统的精神。

中国古代的艺术，把含道应物、千想妙得、澄怀味象、应物会心作为设计的原则，那么下面我想把这几个原则讲一讲。

其实，含道应物就是"怀藏正道，顺应事物"，就要反映事物的本质，但是我们也要顺应事物的发展，就像我们讲的和谐的发展。

第二种，千想妙得，就是通过联想和想像而创造一种神奇的形象。其实，这是一种思想的综合，也是一种学科的综合，我们通过其他学科的发展，使我们的艺术设计思想向一个更高层次飞跃。

第三种，澄怀味象，去体会万物和事物的本质。关键的一点，就是要用心去设计是最重要的，即我们怎么用我们的心去体会。

最后一个，应物会心，用心、用理来表现万物。要求我们既要眼高也要手高，然后才能表现我们的心。

中国文化追求合而不同，是一种多样化的和谐，这早在《论语》里就提出来了"合而不同"的关系。我们的老祖宗已经为我们提出了一种多样化的和谐目标。那么在中国传统哲学思想的宇宙观里面，我们最多的是用一种生命的哲学，用天人合一的思想来表达我们对建筑和设计的理解。其实，中国传统哲学的道理，即人生和自然的相融和共生，也就是天人合一的思想。中国传统的哲学，认为生命是本体，是天地万物的本质，是天地之心。在《易经》里面也讲到，"天地之大德越深"。天地的根本精神就是不断地创造生命，创造生命是我们讲的宇宙最崇高的德行，这一切都有天人合一的意境，体现了设计与环境的和谐关系。我们前面讲到"心"，"心"其实就是设计的意境，设计师的立意，设计就表达了设计师和社会的思想。中国有一句话，叫做"设计心之气"。在"心"跟"气"的关系上，"心"为因，"气"为果。前面讲的物质的"气"，是精神上一种"气"的生成，是生动的"气"所形成的，是精神作用下的物质；精神上的"气"，是中国传统文化的灵魂。那么我们讲，设计对上海，对中国的意义是什么呢？

对上海来说是非常重要的，今天有三个重要的因素会影响上海今后的发展，也会影响我们设计的发展。第一个就是浦东的开发开放带来了非常重要的城市空间的重组和产业的重组。这个产业的重组，又带来了我们文化发展的非常重要的机遇。第二个就是"上海世博会"，2010年的上海世博会将会使上海成为一个大都市，并促进城市的发展，也会促进我们艺术设计的发展。第三，就是上海把重点放在郊区的建设上，建设卫星城和社会主义新农村。郊区的发展对我们这个城市的建设也是一个很大的推动，这都促使我们设计人员有更多的工作跟重要的发展目标。在这个过程当中，我们整个城市产业结构在重组，城市空间在重组，城市公共资源和环境资源也在再分配，我们社会公共服务体系在完善，创造型经济在发展，还有我们的基础设施，尤其是软件设计的完善，所有这一切都需要上海城市的文化基础，在这里面，设计就是核心。

2005年，国际城市与区域环境规划师协会在西班牙的毕尔堡召开了一个大会，题目是"为创造型经济创造空间"。他们对很多城市标出了创造度。从这张图（图1）上来看，红色的这些创造度最高的城市都不是在规模意义上的城市，而是在文化意义上的。许多城市都曾经担任过欧洲的文化首都，因此这些城市的发展都跟文化密切

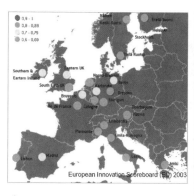

▲图1 欧洲城市"创造度"标示图

▶图2 南京路步行街

相关。

创新城市归根结底，有几个方面：第一，强调文化是城市发展的动力，强调文化是地方经济的组成部分；第二，重视文化的多样性；第三，重视先进技术跟时代技术的结合；第四，重视无形资产的生成，这些跟我们的设计有密切的关系；第五，提供学习型的社会环境，以知识为基础的经济，促进人的创造力；第六，就是直接提到了一种高品质的设计，创造一种愉悦的城市社会环境，提供良好的市政设施，提供一种具有创造精神的都市机构，最终要强调城市自我的价值体系和国际化。所有这一切都跟我们的设计有关系，都需要设计的发展。

从2001年开始，上海也在提升整个城市的文化基础。比如说，整个黄浦江也就是因为城市空间的重组而再发展，这也为我们设计的发展提供了机遇，即正好利用沿江的公共空间的发展，来发展城市的艺术水平。在1998、1999年做南京路步行街（图2）过程中，我们的建筑师、城市规划师和艺术设计师大家共同配合，当然其中也有公证师的参与，它需要的就是一种综合的艺术。为了准备上海文化的发展，上海也更重视历史风貌保护区和历史建筑的保护，这个也对未来的发展起了重要的作用，强调一个文化的发展。除了上海城市里面有12片历史风貌文化区以外，还有32片郊区的历史风貌区。上海的这些建筑，为我们创造了重要的发展空间，为我们的设计师提供了很好的文化背景，也提供了无穷的创造力。

前几年我就反对把视觉艺术大学放到松江区，因为城市会失去这些艺术家的活力。另外艺术家脱离了这么生动的城市文化环境，也会对他们的创造力有所阻碍。现在上海的发展，比如外滩（图3），重新把它建设成中央商务区，提高它的品质，提供更好的生活环境，把滨水的空间再还给市民。这些都是历史上创造下来的优秀的建筑，对我们今天有很多的启示。图4是上海最大的历史文化风貌保护区，即衡山、复兴路历史风貌保护区。在历史风貌保护的过程当中，像新天地这样的发展情况，为我们的艺术设计提供了很多的空间。上海郊

图3 上海外滩建筑

图4 衡山、复兴路历史风貌保护区

图5　青浦朱家角镇

区的发展，比如说朱家角（图5），也提供了很多设计的机会和机遇。2010年上海世博会，会为我们的生活带来新的方式和品质以及面向未来的理想追求。世博会应该是创意设计的集成，这里面既有城市的设计，也有建筑的设计，更有我们艺术的设计，展示的设计，环境的设计，这都是我们非常好的机会。城市在时间与空间中演化，这是世博会要展示的非常重要的议题：让城市充满睿智，促进城市经济的繁荣；在世博会里也提倡追求未来理想的城市，让城市充满和谐，让城市充满了文化的多元融合。要使城市变成更富有创造精神的城市，在科技方面也有所创新，提供更美好的城市环境和生活；让城市充满关爱，对城市社区进行重塑，提倡跟自然和谐共生的城市；让城市充满生机，让城市和乡村进行互动。因此，在这个过程当中，对上海来说，是一个非常重要的转机，上海的城市空间结构和产业结构正在由工业社会向信息社会转变，这里面我们设计的作用功不可没。在上海已经建立了75个设计中心，这里面与我们的艺术都有很密切的关系。比如泰康路的田子坊，2004年我去参观时，它面临彻底摧毁的境地，当地政府决定把它批出去，建造住宅高楼。但是我们发现，上海的这些地方为什么不能成为未来创意的中心，为什么上海不能变成时装的中心、设计的中心、艺

图6　"田子坊"里的工作空间　图7　2004年的"田子坊"

图 8　"田子坊"里的室内设计事务所　　　　　　　　图 9　"8 号桥"

术的中心、创意产业的中心，而要把这些都变成房地产，变成文化的废墟。在这之后，市政府支持了它的发展。今天去看，它里面充满了更多的生机，更多艺术家进驻里面，而且它使经济发展的成分有更多的内涵。因此我认为，它的精神在上海已经有一个很大的推动了。4月初，在香港召开了关于创意经济的研讨会，请很多国际上的建筑师、规划师、设计师来参加，上海也被邀请来谈谈"田子坊的发展对未来的意义"。它（图6）里面有许多创意的工作作坊和工作室，里面有很多的服装设计的中心，它的服装设计的品牌，甚至跻身于很多大商场，其实这是一个很好的发展。这些照片（图7）是我在2004年年拍的，如果一开始它没有坚持下来的话，这些东西就是不存在的。但是现在它们却继续存在着。像这些（图8）是室内设计师的事务所，以后也有很多的创意产业发展起来。比如说，这个是8号桥（图9），利用了老的厂房。现在上海最重要的75个创意产业中心，都是利用原来的这些建筑，使得里面能更好地发挥艺术家的创意。

这个是城市雕塑艺术中心（图10），就是利用过去的钢铁厂，利用这个模式来进行发展。

以上就是我想谈的，我从建筑师的角度、从城市发展的角度来谈这些艺术，可能有很多不切题的，不对的地方，请各位批评，谢谢！

上海城市雕塑艺术中心　Shanghai Sculpture Space　2006

图 10　上海城市雕塑艺术中心

现场提问

提问：感谢院士的精彩演讲，中国现在的创意产业发展迅速，取得的成绩是有目共睹的。但是我们也感觉到，在发展过程中，建筑和艺术设计垃圾也是大量存在。请院士对这个问题进行一个简单的解释，这是我的第一个问题。第二个问题，上一个月我在网上看到一个信息，一个学者说，大学里的中文专业可有可无，希望废除中文专业。从刚才院士的演讲中，我感觉到，文化是设计的核心，那么院士，请问您对某些学者所说的大学废除中文专业有什么看法？谢谢！

郑时龄：谢谢你的这个问题。在创意产业的过程当中，有这种倾向不足为怪。我们改革开放以后经历了如欧洲和世界各国在20世纪初时的快速发展，很多艺术领域的东西都引进过来，当然很多的艺术家只学会了那个形式，没有学会那个精神。当然也有各式各样的实验，出现这种情况，这也是不足为怪。另外我们的文化发展，经历那么多年的坎坷之后，许多人文化的观念已经淡薄了，在很多艺术家的思想里面，文化已经被清除去了，所以做出来各种各样怪诞的东西，不足为怪。但我觉得应该提倡让大家有一种自由的创造力的理念。前几年上海在讨论文化产业发展时，我就提出，上海应该促进艺术家的创造，而不是阻碍扼杀。政府官员不理解，说，"为什么北京比上海发展得快？"我说，"北京有很多人都管，有很多人都管不到，所以北京的艺术家比上海的艺术家更自由地发挥，所以他们的创意比上海的好。而上海只有一家管，就把这个管死了。"因此，最重要的还是要让艺术家有更多的自由发挥创造，我觉得不要怕他们的思想会怎样，因为我们经过那么多年的社会主义的教育，基本的框架不会变，但艺术的创造能够令他更好地发挥。

关于第二个问题，文化上有各种奇谈怪论也不怪。前几天有个教授说要把诸葛亮的《出师表》从中学课本里面清除掉，还说诸葛亮想当皇帝等等的思想，都不足为怪。我觉得文化的东西要牢牢保住，对中国文学的一种修养，从小学、中学开始就更应该重视。前几年我谈过，文化的缺失特别对我们建筑学学生的发展有所阻碍。我曾经在上课的班级里面作过一个调查：在小学，语文课的时间高于外语课的时间，高出大概一倍多；但到初中，语文100个学时的话，英语就占到96、97个学时，已经很接近；到了高中，学外语的时间已经超过学语文的时间了；到了大学里面更是只学外语不学汉语了。所以这个问题是比较严重的，它带给我们的是源泉的枯竭。所以，我认为那种奇谈怪论应该驳斥，应该推动我们的文化发展。我自己有时候也感到，虽然我中学的时候比较喜欢文学，但看看现在还是有很多不足的地方，应该温故而知新，更多地复习一下中国古代文学精华的东西，谢谢！

提问：首先，感谢郑院士的精彩演讲，我对旧厂房旧仓库的改造问题很感兴趣。目前我们也在讨论这个课题。这是个难题，如果本来是工业厂房，但是现在要改变它的性质，问题在哪里？如果拍卖这个地方，那么这个投资者也就是所得者很可能把它作为另一种用途来改变，或者把它全拆掉，像这种情况，我不知道这边是怎么处理的？谢谢！

郑时龄：谢谢！上海的经验是这样的。我觉得上海规划局做了一件很好的事情，就是这些产业用地不许它改变性质，你可以改变产业的内容，你可以改变它的创意产业。但是不可以变成住宅用地。要把它变成房地产开发，变成商业用地是不可能的。上海之所以有75个创意产业中心跟这个有密切的关系。当然这里面也会有很多的问题，上海也出现过。比如莫干山路50号那个地方的创意产业，原来很多艺术家进驻提高了它的品味，地价也提高了之后，所有者于是要提高房租，把艺术家赶出去，把它变成其他的跟艺术关系不多的东西。在田子坊作的实验比较好，它那些产权还是归原来的住户，住户可以把房子租出去，他们就关心这些房子的命运，从而会为环境的改善、为它的品位提升做出很多的努力，然后上面有一个协调机构，类似于合作社的管理。所以，这里面有很多的经济上的、管理上的问题，那么这就不是我钻研的领域了，谢谢！

佐藤滋／ Satoh, Shigeru

（日本早稻田大学理工学术院，日本 东京，邮编：169－0072）
(Waseda University of Architecture Urban Design & Planning of Japan, Tokyo, Japan 169－0072)

多元化城市空间的协动设计

Cooperative Design of Multiple Urban Space

大家好！我是日本早稻田大学的佐藤滋。首先祝贺《中国环境艺术设计》年鉴的出版和发行，并且非常荣幸受邀出席这次"中国环境艺术设计国际学术研讨会"。谨此对主办方的鲍诗度教授、上海东华大学、中国建筑工业出版社表示由衷的感谢。今天我想谈一些有关日本现阶段城市规划的内容。刚才郑时龄院士在演讲中谈了设计的想法，我受到了非常大的启发。我今天要讲的不只是行政者和艺术家，还包括作为地域主体的市民如何参与到城市规划的过程中并发挥作用的课题。在这个课题中涉及到协动的概念，就是存在于地域里的各种利益主体，如何以一种协动的方式进行城市规划和地域社会的建设。这次演讲的主要内容是对地域里面的资源、地域主体的市民得到再认识，在这种多元化主体共识的基础上进行城市规划和居住环境的改善。

日本的城市规划界现今有两个很大的课题：第一个是地方城市的衰退。我说的是除了东京以外的其他城市，比如现在日本的中小地方城市，这成了日本很紧迫的一个问题。为解决这个问题，日本地方城市大力发展造景文化。这些造景文化不只是都市景观，还包括生活的景观。用这些造景文化让市民形成一个共识，然后在这个共识的基础上进行对城市的再生，即不只是行政机构、企业，还包括市民团体等各种中间组织，都要进行一种并肩协动的城市规划的推动方式。第二个就是东京木结构密集型住宅区环境改善的问题。这相当于上海的石窟门，不过结构形式有点不一样。东京在未来近三十年内受到直下型地震攻击的可能性是在70%。在现在的状态下，如果发生高震级的地震将会带来很大的灾难。在遍布东京的木结构密集型住宅区里，住宅环境的改善问题被东京提升到了一个非常重要的高度。要解决这个问题，必须基于地域社会的主体即居民，让他们参加到整个房子和所在区域体系建设的过程中。今天我想介绍一些在日本的地方都市和东京内进行的小规模的项目。

大家也有所知，包括东京在内的日本城市巨大的开发项目已经得到了一定程度上的认知。当政府和社会巨大资本相结合的时候，这些大规模的项目就会产生，比如日本东京六本目地区大规模的开发项目。包括中国在内的很多国家对这些方法论已经有了一定的积累。这些巨大的开发项目多位于其所在城市的一些特殊位置。大部分地域社会的主体即市民还是生

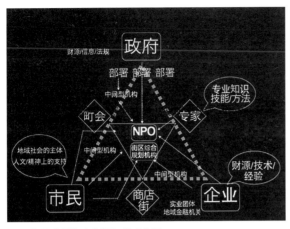

图1 构筑地域协动的组织关系简图

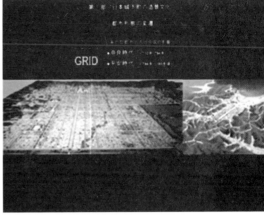

图2 日本都市形态变化图

活在城市的各个既成的街区里面，也就是旧城区。这些旧城区怎么改造？首先我介绍一下日本在组织方面的一些设置。从传统上来看一共有三个主体，即政府、市民、企业（图1）。处于三者中间的是非盈利组织，包括街区综合规划机构等建立的一些NPO组织。多元化的主体在成熟的过程中需要有一个中间组织。这个组织的立场不站在政府、企业、市民的任何一边，而是作为一个中间企业来协调各个利益平衡的关系。由于每个利益主体都会有自己的想法，这些利益主体以一种什么样的协动方式进行，以及在这个基础上建立一种过程成为现在日本都市计划的重大课题。

现在咱们进行第一步，谈谈刚才说的日本地方城市衰退的问题。日本城市的开端是受中国隋唐影响的"条法状"的都市，这是从中国引进的都市规划方法（图2）。日本在方法论的基础上结合自己国土的情况，使都市形态慢慢有了些变化。这是日本城下町的概念（图3），日本城市在城下町这种城市形态上建立起来的大约有400多个。它摆脱了原来那种条网状的、反映中央集权制度的城市形态，它融合在山水之间，但它们没有统一的规划方法，结合地形形态非常的多样化。在日本的高速发展期，也出现过否定这种不规则的城市类型而为近代化的需要做大规模改造的意见。但过了这个高速发展期以后，当地域的主体——市民已经成为一个主体的时候，他们发现自己居住的这个城市有特殊的魅力。这些城市都是当时的日本城市规划家在一种比较复杂的规划思想基础上建立的多

图3 城下町

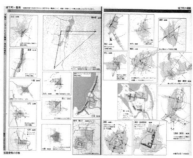

图4 巨大的城下町——东京　　图5 日本各地的城下町形态　　图6 日本鹤岗市城下
　　　　　　　　　　　　　　　　　　　　　　　　　　　　　　　　　　　　町地图

样的城市形态——以一种"庭院风"的感觉考虑城市规划。我们如果分析一下这些不规则的城市形态就会发现一些隐藏着的规划方法。其实东京也是以城下町为基础发展起来的一个很大的都市（图4）。从这张图（图5）上可以看出，日本各地的形态都是不规则的，各有各的特点。由专家对这些复杂的城市规划的方法进行一些分析，然后让市民对这些地域的价值有一个共识。我在日本的鹤岗市参加实施城市规划的工作已经有20年。20年前进入鹤岗的时候，当地的市民对这个城市没有很强烈的自豪感和热爱。在地图上看城市结构非常的杂乱（图6），可是经过分析会发现这个复杂的表象里面隐藏着日本当年的规划师的一些复杂的设计思想。

　　图7左边的那座山叫做岳山，离鹤岗市有40km远。当时的规划者肯定也是用了借景的方法，把庭院的设计方法引进到了城市规划里面。图8所示鹤岗的城市规划是顺应自然、最大地利用自然条件，而且巧妙地利用周围山峰借景，综合考虑当地地形规划而成的。看上去很复杂的城市，也会隐藏许多古代规划的思想。刚才是结合地形确定城市的骨骼，现在是城市内部的一些细部设计（图8右图）。这些细部有可能是把城市作为演艺风景的一个场所规划而成的，里面有许多的相互之间借景的关系。在高速发展期的时候，否定这些统一规划的方法可能让市民对自己所居住的城市丧失一种性情，或者是迎合现代化的城市规划方式。其实我们通过这些分析就会发现这里边隐藏了很多各种各样的资源。我们可以灵活运用一些资源，策划一个个遍布于城市各个角落的小规模的项目（图9）。这要当地的政府、企业、一些公共组织，还有市民达成一个共识，然后再进行现阶段的城市改造。

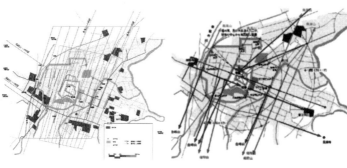

◀ 图7　以岳山为背景的鹤岗市
▲ 图8　鹤岗市城下町分析图

图9　鹤岗市协动设计项目分布图　　　　图10　鹤岗市景观规划保护过程示意图

　　图10所示是鹤岗市景观规划保护的过程。第一张图就是刚才那种分析，用这些东西让市民在对自己城市再认识的过程中达成一个共识。在这种共识的基础上我们一起先理出景观保护的guideline。日本并不是将这些所有的规划过程都定在法律程序里面，当市民达成一个合意的时候就可以在不受法律限制的情况下进行它的项目。比如说市民提出房子对山顶有很大的影响，当市民提出这种意见然后再达成共识的话就可以来影响市政府的城市规划。市民在这个控制方法上已经和我们达成了一个共识。图11这个我不作解释，因为时间有限。它是日本城下町构成的一个都市的重要部分，是原来那些大名的居住地。这个相当于我们城墙外边的护城河一样的东西，在高度发展期的时候被填起来，盖了很多大的设施。现在根据市民的要求，又会把这些池进行一种复原，把当时建设的隐藏在城市形态里的复杂的景观资源都发掘出来，然后再生。

　　图12是现在实施的概念图，下面连续介绍的这几个项目就是在刚才那张鹤岗地图上散布在每一个地点的小项目，这个是基于环境改善的（这个是在市民导入的规划过程中进行的一些DESIGN GAME）。这是一个比较长时间的过程，在最终的一个阶段，在合意形成以后，专家再进入设计的过程。在这个过程中市民会花很多的财力、精力、时间，这源于他们的一种地域主体的意识。图13、图14、图15这是一个敬老院·高龄化住宅，它反映了鹤岗市市民的需要，包括建筑策划、计划、设计都是以市民为主体，现在在建设阶段。市民不只是投入一些时间，他们在一些项目上还会给一些资金，比如说政府的税金、企业的投资结合组成一个基金，来进行一些城市小规模的更新活动。日本政府把原来给城建的资金分配给中间团体，然后委托这些中间团体结合我们大学和研究所与市民一起共建城市。这是一个很

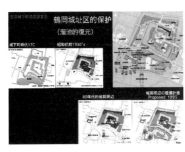

图11　鹤岗市城下町部分区域的保护、恢复示意图　　　　图12　鹤岗市城下町部分区域的保护、恢复实施的概念图　　　　图13　鹤岗市某个敬老院·高龄化住宅设计模型示意图1

 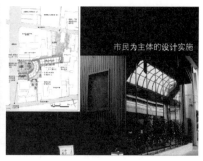

图14　鹤岗市某个敬老院·高龄化住宅设
计模型示意图2　　　图15　鹤岗市某个敬老院·高龄化住宅实景

复杂的过程，所以每个地区的方法可能有略微的差别，但是日本的全国各地都在作这种
尝试。

　　图16所示是日本东京都的木结构密集型住宅区。如果遭受到直下型地震袭击的话会
有很重大的损失。大规模的大开发对政府的负担过大，也并不符合市民的居住意愿。在
这个课题上，我们也导入了刚才说的协动的方法论。图17所示是东京密集型木结构住宅
区的分布图，如果有高震级的地震就会造成毁灭性的打击。在东京的中心，周围有很多
很危险的地段，解决这些地段的问题是东京政府的一个很重大的课题。可是对这种居住
区的改善不会有很大的利润，所以不动产商和一些企业都不会积极地介入。这里举一个
密集型住宅区的典型实例（图18），在这个地区里面，我们把土地的所有者、租借房屋
的居民还有地域里的各种主体结合起来用一种协动的方式去改善。解释一下：那个大高
楼是不动产商进入以后开发的一个高楼。从图18上可以看出，那个项目跟图18上的地域
非常的不和谐。如果土地的所有者和政府、企业三方一起，以一种协动的方式进行开发
的话，可能会花很多的时间，但会产生一种比较好的良性循环效果。在日本，我们把它
称做"共同改建"，一个项目花费的时间大概是2年。图19所示是其中的一个例子。是一
个阶段性的改建过程，并不是一下子就在地域里面做大规模的开发，而是以一个很小的
项目为契机，然后带动其周围的渐进性的开发过程。这跟刚才提到的鹤岗的那个项目一
样，首先是反映市民的意愿，然后跟专家一起进行一种参与型WORKSHOP的形式，从
而确定这个城市街区改善的方向。当多元化的主体达到一个共识之后，参加的这些主体
就会投入自己的资金或者人力等，然后使这些项目能够很顺利地进行下去。这是一个变
化的过程，多主体的参与不只是在建设的过程中，还包括在建成以后的运营、管理和解

图16　日本东京向岛地区　　　　图17　东京密集型木结构住宅区分布图

图18 东京某处密集型木结构住宅区　图19　东京某处密集型木结构住宅区阶段　图20　东京某处住宅区
　　　　　　　　　　　　　　　　　　　　　　　　　　　　　　性改建

决地域文化问题等这些过程中。这些建筑建成以后住民就会自主地去管理、运营这些设施和住宅。

　　1995年日本神户和大阪受到了很大的地震侵袭。大阪和神户在复兴过程中也是用这种方法。可是单单以这种方法在表面上是得不到这个社区建设的效果的。地域资源——隐藏着的地域资源必须让多元化主体达成一个共识，即在这种劣质的住宅环境里面导入一些艺术家环境设计的活动，使这个地域产生一些新的活力。下面我们介绍一下这个例子（图20）。这种房子的现状对于居民来说没有一种自豪感，让他们觉得自己住在一个条件比较差的区域里面。可是有相当一部分的原住民对这个地域有一种特殊的爱和感情。虽然这个看起来不是非常好，可是，它的尺度感很好、非常舒适。

　　地震的防灾也是当地居民一个比较重要的课题。如果全部用大规模开发形式的话，这些反映东京历史的区域就会渐渐地消失。图21这个项目里面就引进了很多环境艺术设计师的作品和活动。图22这个是把以前废旧的工厂、非常破旧的住宅通过艺术家的一些活动进行改建，然后为他们提供一种艺术创作的场所。这里每年会进行一些文化艺术节，看上去非常破旧的城区里面，通过这一系列的活动（图23）使居民对这个地域产生一种自豪感。另外作为活动的环节引入一些国际设计WORKSHOP（图24），重复的让市民取得一些自豪感。这些环境艺术家还通过DOWNTOWN这种艺术活动来引发居民对这些住宅区的感情，这是一个活动的列表（图25）。那么，有了这种感情和自豪感以后，用什么样的方法进行住宅区的改善呢？这张图片（图26）就显示了利用工作模型、利用景观虚拟系统，居民一起参加到街区改善的过程中。图27这套设备是早稻田大学引进的日本第一套景观虚拟系统，利用这个虚拟系统可以使生活的一些问题可视化。通过这一系列的过程，隐藏在居民内心深处的一些不明确

图21　日本东京向岛地区鸟瞰图　　　　图22　向岛地区某处改造项目　　　　图23　向岛地区组织的各种活动

▲ 图24
国际设计 WORKSHOP
▶ 图25
DOWNTOWN 艺术活动列表

▶ 图26 利用工作模型的市民参与街区改建的场景

的希望和要求在这个过程中慢慢地明确起来，然后通过这种方法、这个大概的程序渐进性地、阶段性地去改善居住环境。这不仅是一种硬件上的保护也是包括在地域文化跟进过程中得到保护的一个方法。

图28这是阶段性街区循环发展的设计框架。

图29这张图要说明的是在一个地域里的各种人口的构成以及人口构成的变化质量。譬如说人口到达一个高龄阶段，定会反映到本地区的高龄住宅里。原来旧的房子空出来，就会有新的住民导入，然后根据年龄段的变化或者需求的变化，在这个地域里面提供一些多样化的对应。然后最终实现一种自律性更新的地域内循环。人口的变化会反映于街区的变化上，街区提供的这些硬件就是适应人口结构的变化，从而达到一种动态的平衡。

由于时间有限，我只能简单地介绍各地进行的小规模的项目。协动的方法存在两种可能性：第一，协动的方法会给都市带来很高质量的空间，多样的主体通过相互作用的方法跟居民达到一种共识。对居民来说这是一种非常有魅力的方式，这也反映了居民意识的一些地区条例。第二，这种方法可能会花费较长的时间。可能通过一系列的活动使居民参加这些活动的意欲提高，然后会发展到居民自己出资参与到这些小规模项目的开发过程中。

▶ 图28 阶段性街区循环发展的设计框架示意图

图27 景观虚拟系统使用示意图

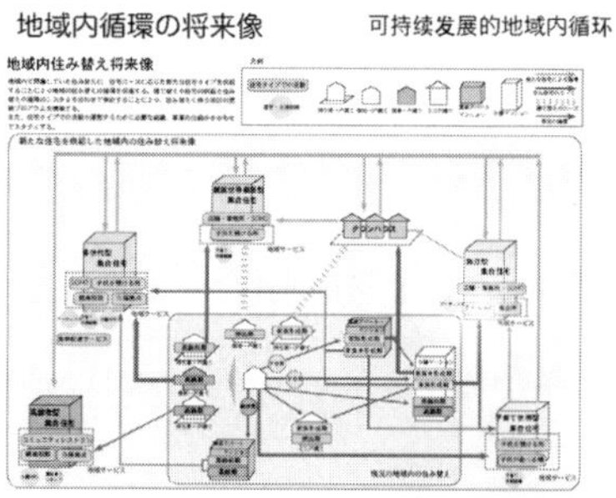

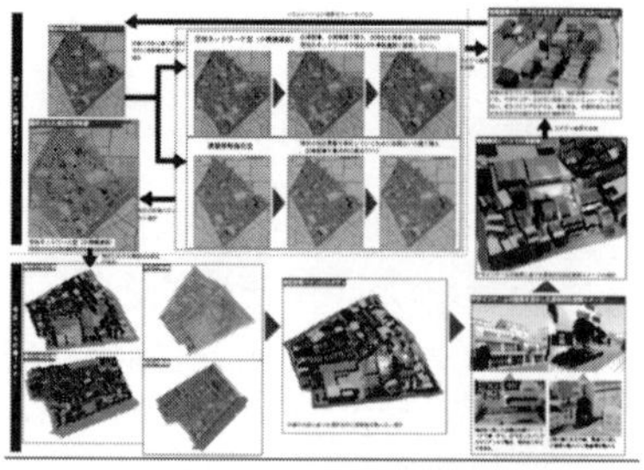

图29 可持续发展的地域内循环示意图

以上说的这些方法论，我在日本建筑协会编制的《城市规划资料集》里都有系统的介绍。在认识到地球处于环境危机加剧的情况下，我们应调动起地域的主体即市民，每个人的力量，从自己身边的环境保护开始做起，自己设计，自己运营和管理，从而建立一种协动的城市规划和城市设计的方法。

最后非常感谢有机会在东华大学作这次演讲，希望今后也有这样的交流机会，非常感谢大家，谢谢！

现场提问

提问：教授您好！看了您的学术报告，我非常感动。我觉得在上海也面临着这样类似的情况，比如石窟门目前有好多的原住居民，他们的生活居住条件有很大的问题，这样的方法论在上海是否具有可行性？如果具有，需要考虑什么新的问题？谢谢！

佐藤滋：每个国家的国情不一样，发展也不一样。作为方法论有一些可以互相借鉴的东西，可是如果把新的方法论直接搬到某个城市或地区运用，可能会需要一个摸索的过程。但是我们可以作一些譬如说在上海或亚洲区高密度的城市进行一些小规模的尝试，在这个尝试的过程中，我们肯定会发现一些适合本地区发展的方法。30年前，我上大学的时候，日本对于这些城市改造的方法还完全没有这种考虑。这种方法也是通过30年才慢慢建立起来的。通过这种小规模的尝试性的工作并到达一定积累的时候，日本会对一些城市的政策产生影响。谢谢！

提问：佐藤先生，您好！听了您的讲座，我感觉日本城市规划设计比较多地强调功能主义。然后，听到您讲日本的环境艺术设计，给我的印象是比较偏重后期的人文活动的组织。日本对环境艺术设计怎么样定义？城市设计、城市规划设计，景观设计和环境设计定位之间的作用和关系是什么？谢谢！

佐藤滋：城市规划、环境设计、建筑设计，每个领域都认为自己在做的事情是主要的，各种多元化的价值观在达到一种共识后才能形成一门学科的雏形。日本建筑学科的构成正在逐渐变化，传统意义上的建筑设计和环境设计正处于一个学科重组的过程中。在建筑投标方式上，日本导入了一些公众的监督机构和公众的评价体系。所以说在学科的划分和建设过程中也应反映社会背景的需要，这样在重组学科的建设当中才具有时代性和科学性。在早稻田大学教育过程中的三年级阶段，我们会把学生带到城市中去，让他们把自己的思想直接跟城市的居民进行一些沟通。

谢谢大家！

蔡镇钰 / Cai Zhenyu

（上海现代建筑设计集团，上海，邮编：200041）

(Shanghai Xian Dai Architecture Design(Group)Co., Ltd, Shanghai 200041)

环境艺术的整体观

Macro-viewpoint of Environment Art Design

尊敬的鲍诗度教授，非常感谢东华大学、中国建筑工业出版社对我的邀请，让我有机会来这里交流。刚才郑时龄院士和佐藤滋教授都给我们作了精彩的报告。鲍教授让我谈谈关于环境艺术的整体观，我谈一下自己的观点。

总体上来讲，我们国家最近20年城市化的速度取得了很大的成绩。我们的住宅提出了要缩小面积，更实惠更实用，我们有很大的队伍在操作这样的设计。我首先在想，什么是环境艺术？这个问题很大，我认为从广义理解，环境艺术包括了城市规划、建筑设计、设备设计、古建筑保护、景观设计、设施等，甚至广告设计，我认为都可以列入到广义的环境设计的内容里来。所以参加这个工作的队伍越来越庞大，包括有城市规划师、建筑师、设备设计师、古建筑保护的专家、园林专家，甚至包括广告师。我觉得有必要对这个庞大的队伍有一点统一性的认识和整体观的认识。

我觉得我们除了对环境艺术要有一个广义的认识之外，当前我们在取得很大成绩的同时也有一些误区。比如说在规划方面，很多城市都推出一条街。街分两种，一种是步行街，另一种是车水马龙，两旁是高楼大厦的城墙式干道的街，这种我不是太赞成。我在1973年跟当时的国家建委出国考察的时候去了巴黎，我很想去看那个卫星城，因为像巴黎凯旋门12条辐射道路的集中规划到了汽车时代基本上就结束了。所以我觉得在卫星城里的城市规划，不是搞一条城墙式的街道，中间车水马龙，车行和人行交叉很厉害。而是设计成一个个步行广场，外面跟高速交通分开，交通是交通，人行广场是人行广场。当然我们不可能把已有的长安街和上海的南京路也这样搞起来，但是我认为这个经验是不错的。另外一个问题，我们在建筑设计上地域性的问题解决得不是太好。我们做的这些房子跟地域的结合，跟我们文化的结合还没有完全到位。所以我想，在对这个整体观有一点认识以后，我们可以把这些问题做得更好。城市规划也好，建筑设计也好，广义的环境艺术也好，都有双重性。首先是物质基础的一面，其次才是我们意识形态的。我们再看看环境艺术四个字，环境是什么？就是物质世界，艺术才是意识形态。所以我觉得我们要搞好环境艺术就要真正认识到它的整体观，首先要认识它的双重性。我们不能废弃一面，强调另一面。到处都谈艺术，艺术是有魅力，但是艺术是怎么来的？首先有这么一个环节，有这么一个物质世界，然后我们通过艺术的手段，把它找了出来。所以这里首先有物质基础的一面，然后才是艺术的一面。环境艺术观对这两个面都要有所认识，我觉得这个双重性非常重要。把这个双重性演化到直接的环境艺术，就是生态和文化。只有把生态和文化搞好了，我们才能有一个环境艺术的整体观。它符合了物质基础的一面和意识形态的一面。

我们对生态的理解才刚刚开始。我也跟我的研究生说，我们现在还不如一棵树，为什么呢？地球进化了53亿年，在干旱地带的树知道怎么吸收最少的水分来养活自己；在热带沙漠的树知道怎样蒸发自己体内的水分，知道怎样和地球协调得很好。而现在我们的建筑师用一块玻璃，也就是玻璃幕墙把所有的氧气都赶到室外，然后关起门来，耗费了大量的能源，去搞所谓的人工环境。这样的动作和形态，跟树比，我们自愧不如。所以生态建筑设计不光是节能的问题，也不光是种绿化的问题，更不仅仅是使用设备时用一点生态节能的设施就可以了，而是要从根本上认识人与自然和谐共存的关系。过去我们说建筑立面很重要，后来又说是空间（Space），后来又说是环境（Environment），但是现在也有人提出建筑是一个"场"，这个场的英文是Field，这是一个物理概念。对建筑的理解越来越深入到人体科学和生命科学中去。所以未来世界我们要研究的不仅仅是一个节能的问题。建筑造出来以后，它与人的生命场有什么关系？这个生命场在建筑立面上怎么来影响整个建筑的设计？我们一定要处理好这样的问题。我们人类的持续发展与地球的结合、与自然的磨合越来越紧密。把大的生态问题解决以后，再把文化问题解决了我们才能有一个整体的观念。我总是举民居的例子，因为民居太好了。陕北的窑洞、云南的竹楼都体现了不同的气候，不同的建筑材料，不同的地方文化。它给了我们一个启示，即建筑要在一个整体的观念下造就。东北民居就是结合当地严寒气候运用原木建造而成。陕北的窑洞，冬暖夏凉，这些都是整体观的体现。

所以我现在讲的一个题目是：放眼世界，回归祖国，要做一个有灵魂的设计师。在大学里面不仅仅要学这些形式，还要有灵魂，我们要用整体观认识，就要有对生态的认识和对文化的理解。在文化方面，我们从事环境艺术这一行的工作者应该吸收其他相关艺术的精华。

 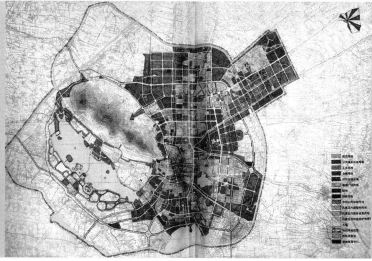

图1 上海实景　　　　图2　常熟总平面图

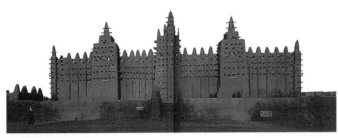

图3　非洲黏土建筑
——德贾尼清真寺

图4　也门的沙漠城市——什巴姆

从文学、从戏剧、从音乐、从美术中吸取精华，这就叫"功夫在字外"，这一点非常重要。我们要借助其他的艺术和文学来学习，这样思路就会更为活跃，创作便也更容易成功了。

如图1所示上海的房子造得很多，能拍到这样的照片是不容易的。这里面从生态和从文化上来理解人与自然的关系非常好，这就是我对整体观的理解。

中国宫殿建筑表现出装饰化的原则。把结构构件变成装饰构件，以及对色彩的选取等都有一个整体观，是先由技术而后到美学的。西藏的布达拉宫依山而建，气势辉煌，它也是首先考虑物质世界。图2是一张江南的小城——常熟的平面图，叫"十里青山半入城"。西北角有个小山包嵌入到城里，去年开展"亮山工程"把这里的房子都拆掉了。难道这样山就和这个城市混为一体了？这是违背自然！

如图3所示非洲的黏土建筑，原始的清真寺。它表现出来的艺术魅力就是它与生态以及与当地材料的结合。

图4是也门的沙漠城市。城市边上就是沙漠，跟自然结合得很好。

图5是凯旋门广场的12条道路规划。实际上这种规划是马车时代的产物。到了二战快

图5　巴黎凯旋门广场

图6　日本桂离宫

图7 大都会教堂外景

图8 大都会教堂内景

图9 傣族某民居内部

图10 广西木楼

图11 广西木楼内部

要结束的时候，西方在城市规划上已经平息了这种大干道的方式。大家去过香榭丽舍，那个干道没有什么特别的，绿化也不是太多，就种了两排树吧，但是他们在卫星城里运用人车分流做了一个广场，公共建筑全在这个步行广场里，这是一个非常可取的环境设计的经验。

图6是桂离宫。日本的园林是东西方结合的产物。但是它创造出来就是非常日本的，确实做得非常好。

图7、图8是大都会一个伊斯兰的教堂，它的设计内外非常一致。我非常反对建筑由一位设计师设计，室内设计又是另外一位设计师设计，因为这样就会使建筑设计丧失了一个取得整体感的机会。当然我们说可以分工，但是不能分家，最好由一位建筑师领导。过去留下来的老建筑都是由一位建筑师从里到外设计的。这样的作品才是浑然一体的作品。这样才符合环境设计的整体观。

我们再看看民居，我们的风水就是生态。什么是风水？就是深层的经验。当然里面有迷信，如果我们去伪存真之后，这是非常好的经验。

图9的这个室内非常自然。我们中国建筑都是Open Structure。现在有人认为Open Structure很Modern，其实我们老祖宗老早都是Open Structure了。

图10和刚才的流水别墅有异曲同工之妙。流水别墅是赖特设计的，它有着时代的背景，有着新的建筑材料和新的建筑结构。这个是原始的，非常自然！

图11这张图片很协调，都在棕色的木质构件和木质制品的统一下。连图中人物的衣服都和环境十分协调，就好像是经过艺术处理的。这充分地体现了生态与文化的相互交织。

……

我们再来看看怎么发展现代的生态建筑。

图12所示的吐鲁番民居，这就像一个空气调节

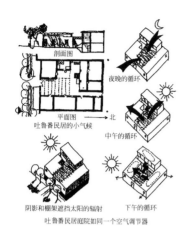

图12 吐鲁番民居

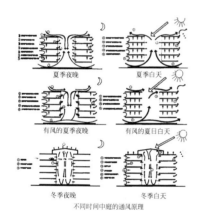

图13 不同时间中庭通风原理

图14 自然通风的分析

器,全部自然通风。我们苏州的民居,朝南的窗户都能转掉,就剩一个坎,这样通风很舒畅。在后院两个角上还有两个小天井用来拔风,很不错。

我现在在研究生态建筑,研读的第一本书是《风环境》。我觉得自然通风非常重要。我们浦东很多楼房是不能开窗的,Sars的时候这些楼房的用户急得不得了。我们千万不能再做这种傻事了,自然通风是生态建筑一个很重要的方面,我们首先要从整体上分析这个风环境是怎么来的。

图13是中庭,现在大家都很喜欢。有的中庭在夏天把人家晒得要死,这是因为没有了解中庭在夏天是怎么样的。中庭在冬天的夜晚是怎么样?夏天的白天是怎么样?有风的夏天怎么样?冬季白天怎么样?如果我们把这些研究透了,我们设计出来的自然就好。现在什么地方都有中庭,比如办公室,Shopping Mall,Hotel等。那么这个中庭到底起了什么样的作用?

图14是自然通风的剖面分析。太阳进来后,日照阴影怎么样?我们通过这样的方式与生态结合好,那么文化的表达也会是好的。因为生态里面也有文化。

图15是杨经文在吉隆坡的设计作品,他在中间做了个空中花园,在高层建筑上作了很多尝试。他就是根据生态并且是经过纬度经度的仔细推敲后进行设计的。这是内部的设计,雨怎么收集,风怎么经过挡风板进入建筑内部等情况一目了然……

图16、图17是我们和建科院在闵行做的项目,是太阳能发电板,当然现在

图15 杨经文作品

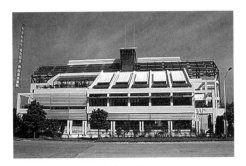

图16 生态办公示范楼外观图

图17 生态办公示范楼剖面图

▲ 图18 白俄罗斯之星
——白俄罗斯电视塔

◀ 图19 绍兴大剧院

这个还比较贵。……

图18是我们在白俄罗斯结合当地的地形和规划用几句诗做的小作品。这个作品在法国、英国等七个国家的设计机构参加的竞赛中得了第一名。

图19是绍兴大剧院，我们用浙江绍兴乌篷船的概念来做设计。

……

以上是我的环境设计的整体观，希望大家批评指正。谢谢大家！

现场提问

提问：您好，蔡老师，我是拉萨尔国际设计学院的学生，因为我们是国际设计学院，受到的都是外教老师的设计理念的传输。但是我发现在外教进行设计理念传输的时候，我们往往无法找到中国的Style，我们可以很容易的发现欧洲Style，日本Style等，却无法很明确地找到中国的Style。虽然看到深圳的万科城市第五园，它用到的是徽派建筑元素，但是我去看过，它还是没法体现真正中国的Style。所以我想请问您对中国展现自己的Style有什么看法？

蔡镇钰：非常感谢！你这个问题很重要。我们中国的服装是不得了的，现在最时髦的西装不过是侧面开叉的，而中国所有的马褂都是侧面开叉的，侧面开叉有什么好处？我作过研究，这样一来面布不容易皱，因为你坐下去，开了叉，衣服可以翘起来。就用这个例子，我很早就发现了中国服装的多面性，不要说长袍了，光说马褂、背心，就不知道有多少种。女同志的服装更是不得了，马王堆出土的衣服现在的人还造不出来。当然，你们也要吸收一些欧洲的特点，但是我想你们是不是也应该办一个中国服饰这样的专业，把它融合进去。只有中西结合好了，才能成为有灵魂的艺术家、设计师。举个例子，我们很多真正的艺术大师，都是中西结合。比如徐悲鸿，他到法国去学的油画，可他的国画是一流的。我们有个美学专家叫宗白华，他是到德国学的哲学，可是他写的美学杂记却饱含了对中国的诗词的理解。所以我们真正应该追求的是中西融合、各取所长，这样才能有所创新。所以你这个问题提得很好，外国人对我们中国文化是很感兴趣的，比如我们电视里经常有外国人唱京戏。我想拉萨尔学院的外籍老师也肯定对我们中国的龙袍、马褂有兴趣。

郑曙旸 / Zheng Shuyang

(清华大学美术学院，北京，邮编：100084)
(Fine Arts Institute , Tsinghua University, Beijing 100084)

从产品观走向环境观的艺术设计系统

View of Art Designing System — From Product to Environment

各位来宾，下午好。我尽可能用半个小时讲完，因为我今天讲的这个内容稍微偏理论性一点，可能比较枯燥。在今天这样一个图像时代，我一张图都没有。为什么呢？我想，如果有图，可能我反而不会在半个小时内把它讲得很清楚。就环境艺术设计来讲，这是一个具有典型中国特色的产物。严格来说，全世界到目前为止还没有一个这么大规模的专业开办模式。我觉得环境艺术设计的概念更多的是代表了一种环境意识的理念，严格地说它不应该定位在一个专业上，而应当是艺术设计系统的未来发展观。当然这个问题是需要有一段时间的认识过程。

我今天要讲的主题是从产品观走向环境观的艺术设计系统。我分四个部分来讲，第一部分是关于引言，重点是讲环境艺术和环境艺术设计之间的关系。最后一部分是今天的核心内容，即艺术设计可持续发展控制系统，这个问题与我们国家的经济发展有关。

20世纪后期，工业文明向生态文明转化的可持续发展的思想在世界范围内得到了共识。这个共识是来之不易，前前后后经历了几十年的认识过程。最早是从20世纪60年代，由《寂静的春天》的发表引发了对整个工业革命负面影响的认识。到现在为止，可持续发展思想已经成为各国发展决策的引用基础。我们国家在1995年把它定为基本国策，十六大以后有关于科学发展观的方针政策都是在这个基础上提出来的。作为以环境为主导的这样一个艺术设计概念，应该说，它离不开所在的历史背景。它的基本理念在于这是一个有关环境意识的根本性转变。

我们现在所从事的艺术设计专业，要从一个单纯的商业产品意识向环境生态意识转换。这个转换说起来容易，但是要真正实现却是一件相当难的事情。应该说我们的设计行业在可持续发展这样一个总体战略布局当中，实际上处在环境科学两个不同的环境中：人工环境和自然环境。如何才能真正协调两者之间的关系，是我们为之奋斗的目标。环境艺术设计要实现的目标应该是人类生存状态的绿色设计，其核心概念就是创造符合生态环境良性循环规律的设计系统。

中国的发展很快，二十多年，世界瞩目。但是我们也知道，我们的发展是付出了惨重的环境代价的。也许这个代价在我们这代人中还没有真正意识到，但是实际上这个问题已经十分严重。所以，十六大提出的可持续发展观不仅仅是政治层面上的东西，实际上它有一个更深层次的内容。在未来作为一个设计者必须要有这样的认识：我们要转化思维的方式，光靠科学技术去修补环境是不可能从根本上解决问题的。

我个人始终认为我们中国的设计师在技术、能力和一些理念方面并不一定比发达国家的设计师差。问题在于我们决策层的观念包括整体社会的观念都没有从商品的意识转化到环境的意识。要从两个根本方面来解决这个问题：人类的社会行为和改变支配人类社会行为的思想。人与自然的关系实际上最后是要走到一个和谐的状态。这需要回到人文科学层面，也就是文化的层面来解决，与科学合作，最后找到一条出路。具体到设计来讲就是如何建立一个生态学的环境理论基础，如何使用更少的能源资源去获得更多的社会财富，如何实现材料应用循环和产品产出回收的循环。这中间关键性的问题是我们在知识经济时代。如何应用我们的智慧和科学的设计来最大限度地合理利用能源，这是我们这一代中国设计者最关心的问题。我个人认为关键是需要从产品设计观向环境设计观的转型。

环境艺术本身是艺术创作的一种表现形式。从人类诞生开始，我们就在进行生存空间的开拓。建筑的历史就非常能够说明问题。但是环境艺术是在20世纪以后才出现的，严格说是由于我们原有的艺术展示空间越来越狭小，我们不得不寻求另外的表现形式。

单从字面意思来讲，环境艺术是环境与艺术相加而组成的一个词汇。但是其中环境这个词在当时创造的时候并不是指向广义的自然，它指的是第二自然：人工环境。我们不能在自然环境中再进行自然的创造。自然环境是地球经过千百年演化，而成为的一个很和谐的环境。我们所说的是后来加在它上面的第二环境，当然这与我们讲的"融合大自然"是不同的概念。其中艺术这个词在最初创造的时候与我们今天所讲的环境艺术不一样，这个也不是广义艺术，而是以美术为定位的造型艺术。所以说虽然环境艺术作品的体现融汇了艺术的全部内容，但是这个创造动机的出发点是造型的，或者说与视觉有密切关系的。造型艺术三大类即建筑、绘画、雕塑都具有环境审美体验的特征。但是创造者不一定是以环境体验的时空概念来进行创造的，他们的这些创造物的综合空间效果也许具有环境艺术的某些特征，但是我们不能说它本身就是环境艺术的作品。因为环境艺术的作品必须符合环境美学所设定的环境体验要求。对于环境美学本身来说，它属于应用美术的范畴。目前世界上对它的认知也是在一个刚刚开始的阶段。

最近刚翻译过来《环境美学》这本书，我个人认为美国的阿诺德写的《环境美学》相对符合我们对环境的要求，它体现的就是关于环境体验。在这本书的序言部分，我们国家的学者对它有一个界定，我在这里引用一下：一、环境美学的对象必须是一个广大的整体领域，而不是特定的艺术作品。问题是我们现在经常是反过来了，我们现是从一个艺术作品做起，然后把它强加在一个所谓的环境当中，这个从本质上来说是反过来了，是不对的。一开始必须从整体考虑。二、对环境的欣赏需要全部的感觉器官，而不像艺术品欣赏依赖于某一种或几种感觉器官，也就是它强调的对环境的整体印象是一个全过程，包括视听觉，所以在《环境美学》中，阿诺德用了大量的篇幅来描述在春夏秋冬不同场景下一个人的感受，这就是一个环境体验。三、环境始终是变动不拘的，以环艺的旗号去创作，但是你创作出来的作品未必能真正称得上是环境艺术，问题就在这里。

环境的内涵很大，它包括了我们制造的所有产品，也就是说包括内在的、外在的、物质的、人类与自然的，这所有的并不是一个对立的事物，而是同一事物的不同方面。从本质上来说人类与环境是统一体，但是在工业文明后我们逐渐走向它的反面。这样一种人工视觉的环境造型必须融汇自然，同时必须要产生人通过环境体验而产生的美感。假如说作品没有经过这样一个时空转换产生的美感，就算再好那也是我们所说的环境的垃圾，而不是环境的艺术。东方的艺术，尤其是中国的造型艺术在形式的传达上更注重意境的传达。我们中国自然的山水画基本呈现的是一种源于自然，高于自然的环境倾向，是似与不似的抽象的意味，要远胜于具象的真山水。但是西方世界的造型艺术一直以来是沿着描摹对象的真实在发展。所以说，如果不是工业文明导致了科学技术在西方世界的进步，可能最早的具有主观创作意识的环境艺术应该是在东方世界出现的。然而实际情况不是这样，这跟我们建筑的历史是一个道理。现代建筑的很多理论尤其是空间理论和中国传统的空间理论是一脉相承的，但是我们没有发展，这是社会进步的问题。真正的环境艺术是在19世纪末到20世纪初的西方现代艺术当中发展起来的，这个环境艺术和我们今天讲的环境艺术是两个概念。它是一种纯粹的艺术形式，而不是我们今天讲的环境艺术的本质内容，也就是环境与艺术关系。之所以要在这里强调这一点，是因为我们今天不少的学术媒体当中都有一种泛环境艺术的表述倾向，甚至把历史上不少建筑园林的案例都归结是环境艺术的创作实践，我个人认为这是一个不符合历史发展的简单推论。固然建筑园林具有某种环境艺术表象特质，但是艺术创作的出发点是有本质区别的。我这里引用了贡布里希的一句话："最年轻的建筑家并不坚持建筑是一种美的艺术的观念，完全抛弃装饰打算根据建筑的目的来重新看到自己的任务。所以环境艺术依然是一种不具有实际功能的纯粹的艺术创造，但又不能简单地与传统的造型艺术划等号。"这是环境艺术的本质内容。

我个人认为环境艺术的创作实践表明它的观念性要远胜于艺术的表达方式。我们到现在为止也没有看到环境艺术形成了一种什么样的表达模式，很难来描述它。但是我们能找到环境艺术所造成的影响，因此在不少现代艺术流派的作品中，都能看到环境艺术的影子。我们讲的环境艺术是讲的环境与艺术的课题，和环境艺术本身不是一回事情。它已不是一个单纯的艺术问题，而成为环境艺术设计专业的研究范畴。

所以什么是环境艺术设计？关于这六个字，在中国至少有三种文字的表述：①环境艺术；②环境设计；③环境艺术设计。

由于中国国情的特点，实际上这三个词讲的是同一件事情，但和我刚才讲的环境艺术不是一个概念，我再重复一遍。这是怎么兴起的？它的发展很特殊，由于中国的发展速度太快，在最早的时候有一个很奇怪的现象，它是从室内设计里划分出来的。为什么是从室内设计划分出来，而不是从建筑设计划分出来呢？我个人认为室内空间是最具备人真切感受环境体验的一种模式。建筑本身有内外两个空间，外部空间不像内部空间感受那么真切。因为内部空间尺度小，真真切切，你在家里这个东西放得不方便，用得不好马上就能感受到，所以它是从室内开始的。始作俑者就是当时的中央工艺美术学院在1988年上报教育部时说我们要改专业了，要把室内设计专业改成环境艺术设计专业。当时20世纪80年代我们的理论还是很活跃的，大家还是能够接受新东西的，教育部批了，这个专业就这么建起来了。但是理论研究严重滞后，到底是怎么回事，大家都说不清楚。我们系本身从1988年到1998年十年时间也没有从事真正意义上的环境艺术设计，还是在从事室内设计。所以第一种表述不像是纯粹的艺术概念。这里讲的环境艺术还是一个艺术设计的概念，也就是如何处理环境与艺术的设计问题，这是环境艺术，跟刚才我讲的不是一个理念。

第二种表述会出现两种版本的解释：环境工程的解释和艺术设计的解释。前者如同机械设计一样很容易被理解为工科范畴。现在我跟大家说环境设计，大家很可能都会想到环境工程的概念。就如同在清华大学，有两个系，一个叫环境工程系，一个叫环境艺术设计系。环境工程系处在院级层次，环境艺术设计系属于美院下面的第三层次。我记得有一次在中国建筑工业出版社开会，有人说是环境系的，我说是环境工程系还是环境艺术系？一般让人理解为第一种，这是工程概念。如果听的人有艺术或者设计领域的背景，他会被具有工科教育背景的人认同。

只有第三种的表述比较完整，我个人认为它是基于环境艺术、环境意识的艺术设计。在词义，按照人们目前的理解范围，相信理解前者的人大于后者。

尽管有三种表述方法，但实际上大家都会认同这三样所表述的内容都是艺术设计的范畴。就好像高考的时候环艺的概念那样深入人心。所以我们也没有必要在这里过多地计较。

现在的问题是环境艺术设计是作为一种观念还是作为一种专业。因为在理论和实践的层面环境艺术设计还存在两种理解，一个是广义的理解，一个是狭义的理解。广义的理解是以环境生态学的观念来指导今天的艺术设计，也就是说具有环境意识的艺术设计。狭义理解的是以人工环境的主体建筑为背景，指的是建筑学专业的这个建筑，在其内外空间展开的设计。具体表现在建筑景观和建筑室内两方面，还不是景观生态学那个层次的东西。狭义的环境艺术设计在中国已经遍地开花了，毫无意义。但是广义的环境艺术设计还没被人们广泛地认知，人们还只是一个产品的概念。

最后一个问题是关于艺术设计可持续发展控制系统。我们现在要大力推广广义的环境艺术设计观念。这是我们未来发展的方向，是我们国家艺术设计可持续发展理论的基础体系。我们过去五年做了一个关于艺术设计可持续发展控制系统的课题。我们发现这个专业的意义在于管理的调节能力，也就是我们更深层次的设计管理。我刚才就说过我们中国设计师的水平未必比发达国家的设计师差，关键是我们设计的管理能力太弱或者太差。纵然有好的想法，但最后还是实施不了。设计本身是一个服务性很强的专业，所以首先要在理论上明白这个道理。我上个月去台湾一所大学，它的设计专业是设在管理学院里面。实际上是要让决策层明白道理才能实施长远的发展。

《中国科学院可持续发展战略研究报告》指出中国艺术设计可持续发展控制系统是按五个方面来界定的。这五大支持系统分别是：①生存支持系统，实施可持续发展的临界基础；②发展支持系统，实施可持续发展的动力牵引；③环境支持系统，实施可持续发展的约束系统；④社会支持系统，实施可持续发展的组织能力；⑤智力支持系统，实施可持续发展的科技支撑。这五方面完全适用于我们的艺术设计。知识创新和知识创造性应用已经成为影响到我们艺术设计包括相关行业生存的关键性要素。

设计的本质就是创造和创新。关键的一点是要建立建全知识产权制度，要建立良性循环、平衡有序的设计市场。这是最基础的条件。尽管中国的艺术设计发展到今天已经20多年，但设计市场的运行仍然很不正常，发展知识系统必须要通过一个资源优化的配置，需要以环境概念来整合而产生新型的设计体系。这是集约型综合发展的道路，是以浮现的专业横向的联合态势来取代单向的纵向发展的模式，是环境艺术可持续发展的动力条件。

环境支持系统是体现于人与自然关系层面上的，也就是说我们是否考虑了过分掠夺资源和能源的问题。比如，国家下令月饼包装盒必须限定体积，说明设计者和决策者对这个概念实在过于淡漠。因为这个问题如果不解决，环境支持系统的缓冲能力、抗拒能力、包括自净能力就有可能失控，这是我们的最终能不能发展的限制条件。

社会知识系统指另一个层面，就是人与人之间的关系，它是一个基础支撑。必须要依据法制程序来实施艺术设计的社会运行的方方面面，然而这一点我们现在还差得很远。很多事情还不能按客观规律来进行。艺术设计的知识产权能够在相关法律保护下通过商品实施社会价值很关键。建立完善的艺术设计政府管理机制在中国目前的现实情况下是一个保证条件。

智力支持系统相对于其他系统而言，是最重要的终极的支持系统。这是与艺术设计的内涵特质直接关联的，因为艺术设计就是人类知识外化的体现。所以智力知识系统的强弱直接关系到战略规划目标实现的成败。这个最终又体现在教育上，就是我们整体的艺术教育。我们只是一个制造大国，还不是设计大国，因为我们的教育实际上不适于我们的要求。我个人认为大学的问题不是主要矛盾，中、小学的应试教育非常贻误人。严格意义上的素质教育指的并不是政治意义上的，而是人的基本素质，因为人的大脑思维就是由形象与逻辑这两个层面组成。中国的艺术设计专业已经到全世界最大的规模，但这需要我们再经过若干年的努力。艺术设计只是我们人类生存系统文化层面的一个子项，在工业文明尚未进入信息时代前期这个情况不是很明显。但是随着我们进入信息化时代，知识创新的问题和知识性创造性应用问题都日益明显。在全球性经济一体化的态势下，在知识经济的时代，艺术设计是以它在学科上文科和理科的综合优势来创办的。但是我们在相当长的时期是以艺术规律来办艺术设计教育的，这是不对的。目前我们的艺术设计在美术的下面，美术又在艺术的下面，艺术又在文学的下面，这是严重错误的。好在教育部在2007年下半年要重新审视全国学科的设置情况有望在2007年年底得到改变。艺术有可能升级为学科门类，由二级学科上升为一级学科。

所以我们必须要明白这样的道理：在艺术设计的生存支持系统和发展支持系统控制下，在环境支持允许范围内来优化它的整体架构，使其得到充分的表达。因此，基于环境艺术的艺术设计，作为广义的环境艺术设计的定义，对于艺术设计的可持续发展具有十分重要的意义。如果说它能够成为艺术设计界、艺术教育界和艺术设计教育界的行动指南的话，我相信我们中国建设创新型国家的任务一定会提早实现。也就是说最终从政治上来说、从国家的发展来说，也就能实现在以科学发展观指导下构建和谐社会的伟大实践中发挥它应有的极其重要的作用。

现场提问

提问：郑教授，您好！听到您的讲座我得到很多启示。谈到广义的设计，我作为一名从事环境艺术的教育工作者，在从事工作的过程当中也有些困惑和疑虑要请教郑老师。在从事环境特别是从事室外景观设计这样一个工作范围内比较困惑，从事规划的人在做，从事建筑的人也在做，从事生态学的林学院、农学院下的种植学院也在做，那么我想知道怎么样能够有更好的办法来解决广义的环境设计的概念，在学科上、在专业设置上、在课程门类上有没有办法来解决这样实际的问题？谢谢！

郑曙旸：我觉得这个事主要体现在景观设计这样一个概念上，景观设计本身在我们国家传统的、原来的概念上叫风景园林，关于风景园林和景观设计的争论，我不想在今天这个会上来讲，因为这个问题已经在业内争论得不可开交。实际中国目前的现实是这样的，它和我们改革开放的整个发展过程很一致，就是，不是说在理论问题争论定论之后才发展的，而是先搁置了理论上的争论，先别在那里吵了，先干吧！也就是邓小平说的摸着石头过河，这个我觉得也适用于我们这个专业，我们环境艺术设计专业本身并不是在什么都考虑好了之后才干，而是干的当中，大家吵得不亦乐乎。但是，并不妨碍它的发展，这是中国的特点。那么具体说广义和狭义之分我个人这样认为：我所说的广义纯粹是一种观念性的东西，就是说要有环境的意识来统领我们所有的艺术设计的观念。因为今天时间关系，我不可能深入展开来说，这是最重要的。

你提出的问题在我的概念上它还是一个专业定位的相对狭义的概念，景观，极其特殊，在目前中国一般来讲是四类人在做：第一类建筑师；第二类城市规划师；第三类原来的园林设计师；第四类是我们原来从事室内后来又转到搞所谓我们今天讲的景观设计。我觉得这个词无非是借用了这样一个名字而已，从我个人的观点来讲，中文这个翻译直译"景观"实际上是容易让人产生误解的。因为这个词从词义表现来说就是一个视觉的概念。所以，我们从词义上看一个"景"，观景，景观。但本身它不是这个意思，如果我们从景观生态学看这个概念，包括从更宏观的概念，它是另外一个理念的东西。那么，我觉得我刚才有一点说的明白——就是搞艺术设计的人，他本身的强项由于中国原来这样一个发展传统，他始终不把艺术与科学放在一个同等位置来考虑的。

凡是进入艺术设计的，为什么要在前面加了艺术这个词，而不是直接叫设计，他的这种造型能力相对要强，因此他比较适合做一些最后终端的东西。比如说一个景观当中最终要实现的时候，它是有一大堆的东西来支撑的，一个小品建筑，一个公共设施，一个标牌上写的一排字，等等。对于这些，你让具有工程背景的人来搞，他是有缺陷的。这个东西又回到1952年的院系调整，1952年院系调整是按照专业分类模式，原来清华文科的那些学生都搞到北大，然后把别的学校的都搞到清华。建筑在解放以后具有强烈的工程意识，而建筑学的另外一个艺术方面被逐渐弱化。到最后再发展到一定层面的时候，需要加强艺术的时候反而是原来搞美术的这些人填充了这个空白，但是这部分人的工程技术功底又不行，所以这个问题是中国的社会现实和历史所造成的。因此，今天才可能四部分人搞的设计都能被认可，也就是设计师最终都能有饭吃的根源，因为有市场。你假如说我们搞艺术设计的人做的东西没市场，谁都不认，那就麻烦了。而恰恰很有意思的是我们目前的社会还没有晋升到那个层面，大家都比较注重表面的东西即好看，所以室内就是这么走过来的。

今天上午蔡大师讲的这个观点我很赞同，应该是一回事，但是为什么中国现在不是一回事，它是由我们目前的决策层和社会公众的水平决定的。因此，这种状态还需要持续一段时间。中国这么大，一个项目也这么大，它是有分工的，它是一个横向的联合的态势，人就是要有分工的，有人强项是这方面，有人强项是那方面。作为一个广义的环境艺术工作者，不可能一个人包打天下。像今天日本教授提到的问题，日本实际上环境问题要比中国严峻得多，房子那么密那么挤，所以它不得不深入到那么细的一个层面来研究。我们现在还远远没到那个程度。所以我认为未来的发展是一个综合的集约型的模式，至于你个人是什么专业，你不要担心到时候没有用武之地，这是绝对不会出现的。那么就是说，不是一个产品的意识，而是一个环境的意识，这种观念同样体现在人与人的关系上，我大概就是说这些。

提问：郑教授您好，我来自广州华南农业大学艺术学院。我听你说我们的艺术设计专业结构会进行调整，我想问一下，我们在上半年邀请了教育部一个专家，他也谈到这个问题，现在学生专业是由清华大学美术学院和中央美术学院等几所高校进行规划和调整，这是不是意味着以后高校里艺术设计学专业会进行全面的调整，而且会按照一个模式进行？谢谢！

郑曙旸：这个问题在教育部艺术教育专业指导委员会会议上基本是专家的共识，包括主任委员王教授，也就是音乐学院的教授，这个已经进行了若干年了。本来上一次在20世纪90年代的时候差一点就行了。是因为有其他几个学科想跟着搭车，这是中国特点，结果弄得教育部有点挠头，那次没弄成。那么，目前的情况是社会环境和整个的背景已经向有利的方向发展，所以估计这次不出特殊原因应该差不多。这个已经有几轮的研究，是由北京师范大学的一个课题组来做，至于最后会达成一个什么样的目的，是不是和我们想像的完全一致，这里面还要打个问号。因为毕竟中国有时候有些问题很复杂，莫名其妙有时候会和政治上的问题，和社会上的问题连在一块。单从专业上是很清楚的。在上一轮的时候大家一致认为是这样的。如果一旦重新调整，肯定会有一个很大的变化，至少像现在咱们学校里的校名就很有意思：服装学院·艺术设计学院，这个东西就是跟那个来的，因为当时名不正言不顺，艺术设计当时只是一个二级学科，你想想，二级学科现在办了这么多学院，这个东西就是很怪的一个现象。而且艺术设计，我调研的情况就是已经上升到第三热门专业。我这个是从哪调研来的呢，我是根据2006年的招生目录来推。就说那一年的招生目录上，排在艺术设计前面只有两个专业，第一，计算机科学与技术，这个一点不奇怪，现在是电子信息时代，这个肯定第一；第二，英语；第三，艺术设计。当然这个艺术设计还包括两个，广义的，就是工业设计和服装设计与工程，这是三个与设计有关的，按道理这三个应该是一回事才对。但是，工业设计在机械下面，服装是在哪来着，反正是三个不搭界的地方。所以这个很可能有一个很大的变化，否则有点名不副实。如何适应这种变化，我们自己也要有个清醒的认识。

我也不是说我们是干这行的，就把自己说得多么重要，但是已经到了要把设计放在一个很重要的地位。因为你看我们的邻居韩国，是要以设计立国的这么一口号，我们把它提得高点，我个人认为也是对的。当然这就需要我们从事艺术设计教育工作者要迅速赶上这个时代。按道理来讲，即使从我们学校来讲，我也感觉，现在的师资的理论水平和学术水平甚至远远赶不上学生渴求的那样一个速度，这是一个最大的难题。这恐怕不是一天两天能解决的事。

提问：郑老师您好，刚才听了你的报告，很受启发，我想向你提一个问题，从我国的国情来看，如何从社会层面上以及各个方面来推动您刚才所讲的广义的环境艺术设计，也就是有哪些措施来推动这些?谢谢!

郑曙旸：这个问题还很不好回答，这属于社会层面的。我觉得我们所有从事艺术设计和艺术设计理论研究的工作者，包括我们教育工作者，要不遗余力的，要大声地呐喊大声地呼喊。就是要通过各种各样的媒体媒介，首先自己要明确这个目标，然后要通过各种舆论要让我们的决策层明白我们这个专业在整个国民经济和整个国家的位置。明白设计是怎么一回事。我说个不好听的话，在我们的决策层，设计为何物，至今不明白。不是我在这里危言耸听，因为我们经常一说，人家就说你们是不是画画的，你们是不是搞"工艺美术"的。我这个"工艺美术"是带引号的，1956年中央工艺美术学院当时建立中央工艺美术的时候，老一辈的那代人认识的工艺美术和当时的决策层认识的工艺美术是两条路，当时的决策层认识的工艺美术就是文革前我们讲的特种工艺的那个概念，像象牙雕刻玉石雕刻等。老一点的可能还知道，以前每个省的省会都有一个工艺美术服务部，就是卖这些产品的。但这个行业在后来迅速的衰落，这一点都不奇怪，它没有创新，还是老一套。

我最近去台湾的故宫，是梦寐以求想去的，看了以后你会发现，可能我这个话说得绝对了，我们永远也不可能在这方面超过我们的祖先。也没有那个精力和时间，他是把那个当成他的命来做的，而且这个东西你只有看到实物你才会被震撼。我们今天做不出，没有人那么奉献，它是那个时代的产物，农耕文明的产物。我们是这个时代，所以当时我们学校老一代的创立者认为，他们所讲的工艺美术实际上就是我们今天的设计这个概念。只不过，为了实现，这一代付出了惨重的代价。1957年的那些右派是怎么打的，就是因为在这个问题上的认识，核心在这。不要手工业管理局来管，要由文化部来管，为什么，因为手工的在做那些特种工艺，我们不是搞这个的。关键就在这，那个年代就提出这个问题，到现在我们这些领导层决策层还是不明白设计为何物。老以为它是美术下面的一个什么东西，这怎么能行呢？就跟建筑的概念一样，举个建筑例子，为什么这些年一下子那么多境外设计师，许多很奇怪的建筑一下子占据市场呢？它就是物极必反，好长时间没见过，决策层觉得好看，这个新奇。是不是真漂亮打个问号。但至少很新奇。它根本不是功能层面的，完全是审美层面的。所以我说我们在座的所有的人就要给我们的学生大量灌输这些观念，大量讲这些东西，要做大量的宣传工作。首先要让决策层明白，因为严格说起来，我们现在这些决策层的文化水平和素质，我可能话又说得过了点，应该属于民族文化历史上的最低潮。

我说这话一点不为过。我没有讲其他，为什么？我今年53岁，我们这代是"文革"的一代，"文革"，1977年，跨两边的一代人。这代人恰恰美育是最弱的。而我们现在看看我们的决策层，差不多就是这些人在执政。那你想想他怎么可能一夜之间美学修养一下子上升到你所希望的那个层面。不可能的，所以也不奇怪的。咱们中华民族到了我们描述的那个复兴时代，21世纪中叶，达到中等发达国家水平。到那时候，我们现在培养的这代人正好到栋梁了，那我们有可能又要拆一批东西了，原来的实在受不了了。所以说我们教育者的责任是十分重大的，关键要靠我们去呐喊，关键在这，谢谢！

鲍世行 / Bao Shixing
（中国城市科学研究会，北京，邮编：100835）
（Chinese Society for Urban Studies, Beijing 100835）

论山水城市
——兼论中华民族的山水情结

Research on Urban Landscape
— A Study of Chinese Landscape Complex

今天我给大家介绍一下20世纪90年代以来中国关于21世纪社会主义城市的大讨论，我的演讲题目是《论山水城市》。20世纪90年代正值世纪之交，每到世纪之交，人们都要回顾一下过去走过的历程，总结经验教训，探索今后城市化发展的道路和城市化发展的模式，然后展望并迎接新的世纪。我们中国就展开了一次21世纪中国城市发展模式的大讨论，各种观点都有，我们着重讲一下关于"山水城市"这方面的讨论。

一、山水城市的理论

20世纪进入90年代，正值世纪之交，人们都在回眸即将逝去的世纪所走过的历程，展望和迎接新的世纪，总结经验和教训，探索今后城市化发展的道路和城市发展的模式。在中华大地上掀起的这场关于21世纪社会主义中国城市发展模式的讨论中，有各种观点，而其中钱学森院士提出的"山水城市"是最强音。

关于"山水城市"的构想，最早是1990年钱学森教授在一封信中说："我近年来一直在想一个问题：能不能把中国的山水诗词、中国古典园林建筑和中国的山水画融合在一起，创造"山水城市"的概念。如何正确理解"山水城市"的概念？不同学科、不同专业的专家、学者，从不同角度有不同的认识。城市生态方面的专家认为山水城市是具有中国特色的生态城市。城市园林方面的专家认为山水城市是园林化的升华，园林化是山水城市的基础。他们认为山水城市是从城市建公园发展到城市变成公园。建筑方面的专家认为山水城市的灵魂是"中国特色"，它既要有良好的生态环境，又要塑造完美的文态环境，做到两者并重。城市规划方面的专家认为：山水城市的核心是处理好城市与自然的关系。他们认为建山水城市是要使城市人工环境与自然环境有机地结合起来。有的专家更是形象地认为由于城市化的进展，人们用钢铁和混凝土造就了大量的人工"山水"，这里的"山"就是钢铁的大厦，"水"就是道路上滚滚如潮的车流。"山水城市"的概念就是要协调好这些钢铁、混凝土的山水和自然山水之间的关系。也有的专家认为不能把山水城市只理解为与自然的关系问题，还要理解它的文化、艺术方面的内涵。

老子在《道德经》中称："道可道，非常道；名可名，非常名。""山水城市"正因为其概念上的模糊，才显得其博大精深，需要我们不断深入探索。"山水城市"是代表"人与自然"，代表"生态与人文"，代表"科技与艺术"，代表"物质与精神"，代表"历史与未来"，代表"传统与创新"，代表"为老百姓"的思想。总之，"山水城市"的思想有很大的包容性，正是这种巨大的包容性才使"山水城市"闪烁着智慧的光芒。

城市当然离不开自然环境，离不开山和水，所以山水城市首先要处理好人工环境与自然环境的关系。但是山水城市不能仅理解为城市与自然的关系，它还包括城市与历史文化。所以这里的"山水"不仅是自然的山水，而且还包括文化艺术中的山水。钱老的信中大量谈到山水诗词、古典山水园林和山水画，就是这方面的问题。我们在"山水城市"的英译中，没有采取意译的方法，把"山"译成mountain，把"水"译成water、或river-lake，而是采取音译的方法，就是从这个角度考虑的。山水城市实际上是城市的中国传统特色的问题，所以它还包括人的心理、感情，所谓诗情画意，建筑情、园林意。山水城市还是一种愿景、一种理想、一种奋斗目标、一种长期坚持的方向。

实际上山水城市是一种学术思想，是一种理念，是一种愿景，是中国未来城市的发展模式。就好像汽车设计中的"概念车"，所以我们绝对不能形式主义地去理解它。

在讲到钱老的山水城市思想时，有必要介绍一下有关的著作，这就是《杰出科学家钱学森论城市学与山水城市》和《杰出科学家钱学森论山水城市学与建筑科学》两本书。前者1994年9月初版，1996年5月出版增订版；后者1999年6月出版，两者共达150多万字。根据钱老的意见，这是两本"多家言"的书，不仅有钱老的论文、信札，而且还包括其他专家、学者的相关文章。2001年6月，又出版了《论宏观建筑与微观建筑》一书，此书仅收入钱老有关城市与建筑的论著并辅以必要的注释。在短短的几年内有如此丰硕的成果，而且有的书一经面世即告售罄，因而再版，这在当前学术界中还是少见的，足见它的强大生命力。

二、时代背景

1. 21世纪是城市的世纪

1996年在土耳其伊斯坦布尔召开了世界人居二次会议。这次会议被认为是联合国召开的20世纪最后一次全球性会议。这次会议上，很多代表在展望21世纪时都认为"21世纪是城市的世纪"。根据有关部门预计2008年世界人口中将有一半人住在城市里了，这对世界来说是根本性的变化，是一个里程碑，也就是进入了一个新的时代。未来世界上的经济竞争主要地将表现为城市与城市之间的竞争。

2. 世界关注中国的城市化

21世纪的城市化有一个突出的特点就是主要是解决发展中国家的城市化问题。因为对发达国家来说城市人口增长的任务已经基本完成了。很多发达国家城市人口的比例达到了80%

以上，甚至90%以上。这样，发展中国家的城市化任务就突出来了。所以说21世纪城市人口的增长主要是在发展中国家，是这些国家中的农民向城市集中。21世纪的百万以上人口的城市主要也将在发展中国家了。有些专家预计，可能墨西哥城将成为世界上最大的城市。这里有两个问题值得我们注意。第一是城市化道路问题，因为发达国家走过的城市化道路是让农民破产，然后强迫他们进入城市。工业发展是走先污染、后治理的道路。这是一条不可取的路。所以发展中国家应该根据自己的具体情况走一条崭新的道路。另一方面，对发展中国家的城市化来说，一则喜，一则忧。因为城市化的来到是经济发展、社会进步的结果和表现，这一点发达国家是如此，发展中国家也应如此，但是，发展中国家的经济发展本来就比较滞后，过早的城市化的来到可能会在城市化的过程中带来一系列的问题，即城市的质量可能会急剧地下降。也就是说农村人口大量拥入城市，城市人口迅速膨胀和集中，但是国家经济还没有发展到那个地步，于是"城市病"可能会蔓延。总之，21世纪的城市化应该走什么道路？未来城市是什么模式？这是大家关心的一个问题。

3. 我国的城镇化进程是曲折的

总的来说，在改革开放以前，我国的城镇化进程发展是缓慢的，基本上处于徘徊和停滞的状态，城市化水平长期低于20%。改革开放以后至20世纪80年代末，一方面由于乡镇企业的兴起，小城镇有了飞速的发展，另一方面外资的引入还只是在沿海的部分城市，而且不少工业是采取"三来一补"比较低级的方式，特别是当时采取"控制大城市发展，合理发展中等城市，积极发展小城市"的城市发展方针，政府在控制城市化进程方面起到了积极的作用。因此1978~1990年的12年间城镇化水平只提高了8.5个百分点。进入20世纪90年代以后，城镇化有了较快的持续发展。1990~2000年10年间城镇化水平提高了近10个百分点，特别是在20世纪80年代后期改革了土地无偿、无限期使用的制度。政府可以通过协议、招标或拍卖等方式实现土地的有偿出让使用，为旧城改造、新区建设和基础设施建设提供了大量资金。城市建设飞速发展，城市空间结构发生了深刻的变化。但是在飞速发展的城市建设中也出现了不少问题：城市的资源短缺、生态恶化、环境污染、交通拥堵、历史文化消失。正如钱学森先生在一封信中说："现在我看到北京市兴起的一座座长方形高楼，外表如积木块，进去到房间则外望一片灰黄，见不到绿色，连一点点蓝天也淡淡无光。"这不仅使他发问，"难道这是中国21世纪的城市吗？"这就是讨论"山水城市"的时代背景。

进入21世纪，我国的城镇化呈现鲜明的新特点：在经济高速发展的同时城市建设以更大的规模迅速发展。由于户籍制度的松绑，农村剩余劳动力以更大的规模涌入城市。党和政府在"十五"计划中有专章论述，明确了实施城镇化战略的目标、要求和方针。13亿中国人民如何走出一条城乡居民共同富裕、城乡经济共同繁荣的富有中国特色的城市化道路，是世界瞩目的事。

4. 在转型期的中国提出"山水城市"绝非偶然

我要给大家介绍上一个"世纪之交"发生在西方的一次关于城市发展方向的讨论。有意思的是它和这次世纪之交在中国发生的大讨论有许多十分雷同的地方。

大家知道英国是最早实现资本主义工业化的国家，所以这次讨论的两个代表人物都是出生在工业革命的发祥地即英国。这两个人是谁？一个叫霍华德（Ebenezer Howard）（1850—1928）；另一个是盖迪斯（Patrick Geddes）（1954—1932）。盖迪斯比霍华德小四岁，他们是同时代的人。当时一些先进工业国家的城市化已经开始高速发展起来。1850年城市人口占总人口比重的11.6%，到1900年已达26%，由于人口迅速向城市集聚，带来众多的城市问题，如住房匮乏、交通拥挤、环境恶化等。但是，当时的一些建筑师却对此反应迟钝，他们只热衷于局部地区的规划设计竞赛和小规模的住宅区改善。倒是这些政治家、思想家、"业余爱好者"和"外行"看到了问题的本质并进行了可贵的探索，他们无愧为"先驱者"。其中霍华德是一个富有社会理想的职员。他的职业是速记员，却发表了《明日的田园城市》这部著名著作（1898年10月初版，1902年发行第二版）。田园城市的出发点在于向往和缔造具有城市和乡村优点又避免两者缺点的"新型社会城市"。另一位是生物学家盖迪斯，他是积极的社会活动家和教育改革家。他的著作是《演变中的城市》（1915年出版）。他的贡献在于强调区域调查，最早推动区域规划研究。他还提出生态的问题和城市进化理论。他提出的"我们不仅要'煤气和自来水'而且要'阳光和空气'"的观点，耐人寻味，发人深思。

遗憾的是这些作为城市规划先驱者的思想在当时并未被人充分认识，一直到二战前后他们的著作才一而再、再而三地出版，特别是在1942—1944年由P·艾伯克隆比（P. Abrcrombie）主持的大伦敦地区的规划方案中汲取了霍华德和盖迪斯的关于周围地域城市作为城市规划考虑范围的思想，体现了城镇群的概念。盖迪斯的学生刘易斯·孟福德（Lewis Mumford）（1895—1990）则使他们的思想影响流传得更深远。

历史有很多惊人相似之处。和百年前一样，最近的一个"世纪之交"，中国的经济和社会也正处在"转型期"，城市化的进程也开始进入高速发展的阶段。因此，在中国由钱学森先生提出"山水城市"的思想也绝非偶然。因为他和上述两位"先驱者"一样都是阅历广阔、富有想象力、思想家式的人物。所不同的是霍华德是一个空想社会主义者，盖迪斯是进化论者，而钱学森则是马克思主义者。他自觉地运用马克思主义哲学作指导，把城市和区域看作开放复杂的巨系统，通过现代科学技术体系的分析提出了"山水城市"的概念。

三、文化背景

1. 中华民族对于山水的特殊感情

为什么中华民族有特别强烈的山水意识呢？第一，我国国土上有众多的名川大山。第二，中华民族是农耕为主的民族。农耕文化受自然条件的制约，依赖自然。人们获得赖以生存的物质资料，大多与自然山水有密切关系。第三，我国自古是一个多灾的国家。人们认为各种灾害是山川神对世人行为不满的惩罚。我国自古以来把名山大川作为一种神来祭祀。传说中舜曾巡视"五岳"。宗教（道教、佛教）的基本理论、理想境界、修习方式和和教徒的日常生活都和自然山水发生十分密切的关系。"仙境"实际上是名山胜水的升华。所以人们说"天下名山僧占多"，就是这个道理。中国古代的文人学者十分重视山水环境对自身的熏陶。孔子说："智者乐水，仁者乐山"。它反映了中国哲学思想中的山水观，深刻地代表了儒家对山水的看法。"动观流水，静观山"。精神品格不同，对山水之趣的爱好也就迥然有异。这里把山水也人格化了。

2. 中国古代在城市的命名、选址和规划中都突显山水文化

中国的大部分城市名称都与山河有关，如鞍山、牡丹江。山之南称阳，山之北称阴；水之北称阳，水之南称阴，如洛阳、汉阳、丹阳、江阴、淮阴等。还有辽源、济源、汉口、汉中、临海都无不与山水有关。中国古代城市选址首先要考虑城市与山水的关系。《管子》称："凡立国都，非于大山之下，必于广川之上。高毋近旱而水用足，下毋近水而沟防省。"中国古代文人墨客描绘城市特色也抓住了山水环境。

济南："四面荷花三面柳，一城山色半城湖。" "家家泉水，户户垂杨。""三泉鼎立，四门不对。"

苏州："万家前后皆临水，四槛高低尽见山。"

扬州："两堤花柳全依水，一路楼台直到山。"

常熟："十里青山半入城，七溪流水皆通海。"

杭州："水光潋滟晴方好，山色空濛雨亦奇。"

台州："四廓青山连市合，一江寒水抱城斜。"

福州："一条碧水练铺地，万叠好山屏倚天。"

桂林："群峰倒影山浮水，无山无水不入神。"

肇庆："借得西湖水一圜，更移阳朔七堆山。"

歙县："几处楼台皆枕水，四周城廓半围山。"

阆中："三面江光抱城廓，四围山势锁烟霞。"

合川："三江会合水交流，拥抱岚光送客舟。"

乐山："嘉州地僻天西南，重叠江山绕城廓。"

3. 我国文化的特色之一是综合艺术

国画是绘画、诗词、书法、金石的综合艺术；京剧是"唱念做舞"，脸谱、服装、音乐、舞美的综合艺术；中国饮食文化强调的是"色香味形"体现了东方艺术的综合性。中国古代不少城市、风景名胜区、园林有"八景"、"十景"。这种"集景文化"始于隋唐，盛于两宋，它是风景、建筑、绘画、音乐的综合艺术。"西湖十景"体现了四时朝暮、阴晴雨雪、生物多样性等深邃意境，文人墨客为之吟诗绘画，作曲题咏、立碑勒石，建台筑栏，蕴涵着丰富的传统山水文化。端午节的龙舟赛和有清华、北大学生参加的国际大学生皮划艇比赛，同是划船比赛却代表了东西方两种不同的文化背景。也许您参加过潍坊国际风筝节，当你见到那栩栩如生的蜈蚣、蝴蝶、燕子状的风筝和西方几何形风筝翩翩飞舞在蓝天之上时，就会体会到迥然不同的文化韵味。

四、结论

自有人类以来，人们一直在探索着两个与自己有着切身关系、却又难以解决的问题。人们不断加深对自身的了解和研究，治病强身，发展医学、预防医学、养生学，这就是人体科学。自从人类从树上走下来，从山洞里走出来，人们也一直在探索适合自己生存的环境的研究和营造，发展建筑学和城市学，这就是人居环境科学（或称建筑科学）。人体科学与人居环境科学是两门互相联系、关系十分密切的学科。从狩猎、采集到农耕社会，再到工业社会，生产力在不断提高，人口在不断集聚。人们通过实践摸索到"城市"这种特殊的人居环境模式。可能只有城市才是最理想的人居环境。但是事实并非完全如此。虽然城市由于巨大的集中创造了高度的文明，给人们带来了高度的生产力，提供了各种丰富多彩的选择，方便和舒适，却同时也带来了众多负面影响：环境在不断恶化，各种疾病环生，人们的身体素质每况愈下。人口规模的扩大为疾病的流行提供了土壤。可以说人类集聚的历史，也同时是疾病增加的历史，这一点已成为研究人体科学和人居环境科学者的共识。人们开始思考，离开了自然又要返回自然。随着现代科学技术的发展，物质文明创造的速度愈来愈快。由于竞争的激烈，人们过分地把注意力倾向于物质文明的发展，而精神文明的创造是需要继承和积累的，它不可能凭空创造出来。可是近几年来，我们在生产力高速发展的同时，祖先创造的不少历史文化却在我们手中毁掉了。其规模之大，速度之快，也是空前的。我国是一个具有悠久历史和丰富文化的国家，保护好历史文化是我们这一代人不可能推卸的历史责任。

中国古代很重视山水文化，强调山水环境对自身提高素质、陶冶性情的作用。在养生方面又强调"养生莫若养性"。在养性方面，又强调山水的作用。"诗书悦心，山林逸兴，可以延年。"所以"山水城市"是现代文明和我国传统文化相结合的体现，是21世纪具有中国特色的城市发展模式。

时间关系，今天就讲到这里。谢谢大家！

山下昌彦／ Yamashita Masahiko

（日本株式会社UG都市建筑设计事务所，日本 东京，邮编：107-0052）
(UG TOSHI KENCHIKU, Tokyo, Japan 107-0052)

营造有魅力的城市——连续感

Research on Constructing an Attractive Urban Enviroment

　　大家好，我是山下昌彦。我个人认为我既是一个建筑师也是一个城市规划师。在日本和中国，这可能并不是一种普遍的概念，但是在欧洲有很多建筑师同时也是城市规划师。

　　我们公司的名称叫UG都市建筑，即URBAN GARDE。GARDE是法语，意思为"先进的"。所以合起来的意思就是：先进的都市，就是领导整个城市规划潮流的这样一个公司。"都市建筑"这四个汉字在日语里面就是说从城市的大范围一直到建筑这样的小范围。我们认为，设计应该是通盘考虑的。大约二十年前，我们这个公司也是由城市规划设计公司和建筑设计公司合并而成的。大家看下面三张图（图1、图2、图3），比例尺分别是1/3000、1/1500和1/300。按照常规，在做规划时1/3000是常规的比例尺。而做建筑时，比例尺一般为1/300。中间的1/1500，我们认为是一个新的比例概念。我们现在的很多工作就是在这样一个尺度下进行的。

　　下面简单地介绍我做过的一些项目。图4是日本第一个高层住宅项目（20世纪70年代）。在这个高层建筑的项目中，由我们公司首先在日本提出"滨水设计"（Waterfront）这个概念。图5这个模型是在东京湾的一个综合开发项目，当时是国际招标，我们公司获得一等奖。这个项目也是十年前就开始进行的，现在已经快完工了。图6是大森的五十铃汽车总部，包括办公、商业和室内等开放空间，其中有一部分是为公众提供的。图7是川崎solid

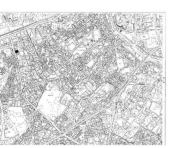

图1　比例尺为1/3000的平面图　　图2　比例尺为1/1500的平面图　　图3　比例尺为1/300的平面图

图4 日本第一个高层住宅项目 River City 21　图5 东京湾的芝浦 IsLand　　图6 大森的五十铃汽车总部

图7 川崎 solid 广场

图8 日本东京大旗车站

图9 目黑地区的公寓楼

广场。这个项目和大森的项目比较接近，也是由商业办公和大型室内开放空间组成。

下面给大家简单介绍几个我正在着手进行设计的项目。图8是日本东京大旗车站西边出口附近的一个综合性开发项目。主要大约有1200户的住宅、公寓和9600m²的办公楼，同时还有沿街的商业设施。图9是东京市中心目黑地区的公寓楼，这个在东京叫度心居住区。日本非常推行回归度心的概念，所以以"度心"为主题，设计了这样一个项目，现在正在施工中。图10这也是以住宅和商业为主的综合开发项目，有1300户住宅。它也是和商业作为一个整体来开发的。图11是一个住宅和办公的综合性开发项目，在东京最繁华的涉谷地区。

东京的南面是横滨市，它离东京非常近。我在横滨做了几个项目，简单地和大家做个介绍。在横滨的沿海新开了一条地铁线，叫横滨港头未来线。这是日本现在最新的地铁线，刚刚开通。这条地铁线从总体规划开始一直由我们公司来负责。我则具体负责了其中一个高岛车站的建筑设计。图12、图13这两张图就是车站出口和内部的照片。图14这个建筑是他们的俱乐部，同时还作为展示场。图15是和上两个项目连为一体的，也是属于附近的尼桑汽车总部的规划。这个尼桑总部的规划是由我做的，建筑设计方面，我们另外组织了国际招标，邀请国际上最著名的设计师进行了设计。

图10　以住宅和商业为主的综合开发项目

图11　涩谷地区住宅和办公的一个综合
开发项目

图12　高岛车站出口

图13　高岛车站内部

图14　MARINOS俱乐部

现在再给大家介绍一个离东京大概有30公里远的叫幕张的地方，这是填海造出来的一块地。我们在这里做了一些项目。这个是大规模的开发，除了总体的规划以外，还包括商业住宅和办公的规划。其中住宅区的规划都在15年以内，预计建造10000户的住宅。我们公司担任其中1000户住宅的建筑设计。在这1000户住宅里，包括了4个街区，还包括了和住宅相关的开放式的中庭空间、景观设计、会所，以及相关的商业设施等。我们将这些作为整体的设计提供给开发商。图16、图17是我们设计的一些住宅外观。当时设计的时候我们推测将来是什么样的人住进来，这些人有什么样的个性。我们根据他们的喜好，对建筑的立面进行了设计。我有三位助手辅助进行设计，另外，还有很多景观设计师，大概有五人组成的设计小组，用了15年的时间，来设计这些住宅。

下面是我们在设计中比较注重的五个观点。

第一点，就是在做建筑设计时不能只考虑这一个地块，而是要对周围的情况进行整体分析，对周围的环境进行整体考虑。我们在做模型的时候也是首先把周围所有的模型，所有建筑都做出来。然后再来考虑中间我们这个地块的形式。

第二点，就是公共空间的连接。因为不同的建筑由不同的开发商来开发，他们之间是没有连续性的。而我们认为城市中的所有建筑都应该有连续性，都应该通过绿地和步行空间把它们联系起来。由于日本的土地都是私有的，所以这些事做起来就非常费劲，但这一点一直作为我们坚持的主张。

第三点，作为一个建筑，尽量让它成为一个开放式的建筑，包括建筑周围的开放空间，同时也包括建筑本身。在尽可能的情况下，通过大型的玻璃幕墙尽量使阳光能透射进来，使建筑和外部有更多的接触。

第四点，和不同领域的专家接触，包括做城市设计的、景观设计的和土木构造设计的。我们在做项目的时候，尽量让不同领域的专家学者能够参与进来，使项目能得到更全面的沟通和认识。同时，我们作为

图15 尼桑汽车的总部图

图16 幕张地区2号街图

图17 幕张地区17号

城市设计的专家，也积极去和土木构造这样的专业领域学者去接触，和他们进行沟通。

最后一点，也是最基本的，作为一位建筑师，应该将最大的精力花在对建筑本身进行设计上面。在城市环境里的建筑对城市的影响是非常大的。建筑本身应该具有一定的美观性，它不仅仅是私有财产，同时在城市中也是大家的财产。

综合以上观点，下面给大家介绍我们最近做的项目。首先介绍这3座建筑，这是在东京市中心的外苑东路上的3座建筑。图18这个建筑主要是由办公和住宅组成的，下半部分基本上是办公。图19这座建筑下面三层是办公，上面都是公寓，我们公司本部就在这座建筑里。图20这座建筑刚完工，还没有投入使用。它的下面三层也主要是商业和办公，上面是高级公寓。对这3座建筑，我就不作详细的介绍了。我想对它地面的部分作一些介绍。这3座建筑的特点是它们下面的空间都是和其他的建筑公共空间相连，从其中一座建筑可以走到其他建筑，这在日本和中国大概都是一样的。建筑属于自己的这一部分都是用墙围起来的，别人一般是进不去的。而我们应该把这里面的墙都打破，使所有的空间可以让大家来共享。这是具

图18 青山 Tower place

图19 AXIA 青山

图20 青山一丁目 Square

图21 外苑东路平面图　　　　　　　　　　图22 地下停车场入口

有一定难度的，这也是由我们公司来完成的。我们跟这些土地的所有者进行交涉，然后让他们同意我们对建筑的下部空间进行统一设计。图21大家看平面图上黄色的箭头，指的就是不同的建筑之间可以自由穿行，从其中一条道可以很容易地穿行到另一条道，中间没有隔墙作为阻碍。左面这一侧是其中公共开放空间的一部分。图22这张照片中间是一个地下停车场入口。这张照片上的空地其实是属于3栋建筑，而这3栋建筑是属于不同的所有者，但他们共同享用这一块空地，这就需要一个协调工作。这个协调工作做好以后，大家看这张图上，包括铺地的地砖颜色都是一样的。这就是通过商量，地可以由不同的人来铺，但铺出来的效果是一样的。

下面给大家介绍这座建筑，AXIA麻布大楼（图23），麻布是地名。这是最近我比较引以为豪的作品，这座建筑在日本获得很多奖。它的特点就是对将来入住居民的个性进行分析并表现出来。我们对将来居住者的样子作了一个预测，根据总居住者的个性对建筑的立面作

◀ 图23 AXIA麻布　　　　　　▼ 图25 AXIA麻布局部2
▼ 图24 AXIA麻布局部1

了表现，一共有200户。200户不是很多，却有60个户型，变化是相当大的。其中有很多是两层的高度，做成了跃层的形式。上面这个箭头所指的部分是建筑的居民所拥有的会所。这个会所在这座建筑里面，是非常大的、玻璃式的、开放的、非常强的空间。由于这座建筑位于东京繁华的市中心，所以它的设计要与周围环境融合，不能太抢眼。但是又要有自己的个性，尤其要符合将来居住者的个性。虽然这是一座住宅建筑，但是它每层的空间层高非常高，同时采用从上到下贯穿式的大玻璃。这样的设计在白天有很多阳光照进来，是一个亮点。而在晚上，灯光能从这个建筑内部映射出来，使建筑成为街道景观里的亮点。

图24、图25、图26是建筑内部的几个片断，该建筑内部构造确实非常复杂，有些将浴室甚至做在了跃层中间的部分。这座建筑的特点是没有大梁。把梁去掉后，整座建筑的构造的空间感更加强，而且使跃层空间能很容易地实现。大家从这张剖面图（图27）上能很清晰地看出这点。但是日本是一个地震非常多的国家，对没有大梁的建筑的构造要求非常严格。我们用电脑做了很多次测算，通过其他方式使建筑达到了有大梁的强度，这也费了很大的劲。这完全是为了满足内部开放空间而做出的构造。因为没有梁，内部可以做得比较自由。这样的房子如果是有高空恐惧症的人住起来会比较难受。但是这房子建成以后销售非常好，而且受到好评。

以上就是我要介绍的内容，谢谢大家！

▲ 图26 AXIA 麻布局部3
▼ 图27 AXIA 麻布剖面图

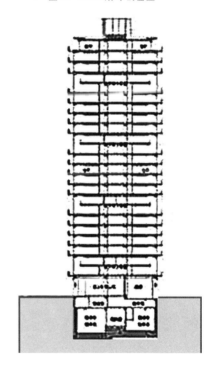

周小平 / Zhou Xiaoping
((德国) 上海德汇金格建筑景观艺术设计有限公司,上海,邮编:200063)
((Germany) Shanghai D.HJG Architecture Landscaping Art Design Co.,Ltd, Shanghai 200063)

开放的艺术空间

Exoteric Art Space

各位专家、各位同学,下午好。我今天主要讲的是开放的艺术空间。好像这个题目挺大的,其实我主要想让大家熟悉一下这个词汇,这个"开放的艺术空间"的词汇。这个词汇也是我在德国学习和实践的一个课程,通过学习和在中国的实践,这个"开放的空间"给了我很多的启发。

我在这里插个曲子,20年前,我和东华大学有个缘分。我和油画系的两个女生勤工俭学,一起做了圣诞卡片,然后到各个学校去卖。在市三女中卖得特别好。那些小女生都买疯了,当时在那个学校里人手一卡。她们老师觉得挺好的,就邀请我们去长宁区教师进修学院讲课。那个时候我上大一,效果非常好。但是到了东华大学,同样的卡片,同样的售货员,同样优秀的服务质量,我们三个女生却在大学校园里站了一个下午一张也没卖掉,销售额为零。这是我人生当中的第一次滑铁卢。当时我在想,为什么? 所以现在要是有人问我,谁给你上了环境和艺术结合的第一课? 我会说不是我在德国的纽伦堡造型艺术学院,不是我后面获得的硕士学位,也不是别的。我觉得给我上第一课的,是东华大学的大学生。为什么他们没有接受我们的这些艺术呢? 因为他们对艺术的要求比市三女中那些小女生要高。另外,也有可能他们的零用钱比小女生的重要,所以不肯花在我们这个艺术上。开放的艺术空间,它里面不单单是在研究艺术、规划,也不是单单研究建筑,还牵扯到艺术的策划和操作,我觉得这个学问给我的帮助很大。

接下来我多放些图片,这些图片里面有很多成功的例子,也有不成功的例子,以及我们在国外、国内做过的一些作品。

环境和环境艺术品与我们

图1 这个是德国一所银行建筑上的雕塑

图2 这个是北京朝阳公园的一座塔。它除了有塔的意义，还可以观光

图3 这是在欧洲一个小巷里的雕塑

图4 这是北京朝阳公园里一个以"水"为题目的雕塑。艺术家用了"曲水流觞"这样一个故事

图5 这是闵行的一个雕塑

图6 这是法国的教堂前的雕塑

图7 这是上海一个公园里的雕塑。它突破了雕塑只在一个立体上的限制，将两维和三维结合在一起

图8 香蕉皮是个垃圾。艺术家把它拿来当成一个艺术品来呈现

图9 这是一个既是建筑又是雕塑的一个范例。它有48家建设者，所以当时就是被要求做48个碑。设计师认为做碑不是很吉利，不是很好的一个想法。他打算做在墙上，做成玻璃砖，48家都在上头，和环境很和谐。而且这个地方还可以作露天的演示

图10 这是在北京一个院子里的雕塑。这个雕塑也是一个很好的特例。没有人，但让人感觉到我就是这个雕塑里面的一员。它给人提供了一种参与性，而且参与了，他还偷着乐，就是这种感觉

图11 这是在美国纽约曼哈顿广场上一个临时性雕塑。它在教堂的拐角上，是一个树根。但是你看了以后会觉得它就应该在那，它不应该被拿走，感觉树根和教堂的宗教气氛特别的协调

图12 这是杜布菲在华盛顿的一个雕塑。很轻快，和后面的建筑产生了一种反差，使得环境不那么呆板。我这里面，有成功的，有不成功的；有好的，有坏的；有中国人做的，有外国人做的。这都是选评，让我们大家来看哪些是好的，哪些是不好的

图13 这是德国西部一个小镇医院门口的雕塑。我拍的时候，那天刚好有一辆急救车赶过来，旁边围了几个人。在德国，不大会有聚在一起的事情，那天围了几个人，大家都觉得这个雕塑不那么舒服。天气很热，那边在急救，这个雕塑会让人觉得心里很烦躁

图14 这是罗丹几组不同时期的塑像。陈列的时候留了一个开口空间，你可以走进去安安心心在这个环境里思索，而不仅仅是个陈列室

图15 这是柏林的威廉二世纪念教堂，二战的时候几乎被炸了，后来在它旁边又再造了一个。这跟我们国内的情况完全不同。我去年在国内开会的时候，有一位老师告诉我，现在我们中国不叫China，而是"拆啦"。就是说我们整个中国都在拆。但是德国是用不同的方法来纪念，而且对比也做得非常好

平常生活中所说的艺术品不一样。它是艺术品，同时还要兼顾功能。这也是开放的艺术品空间的关系研究里的一个课题。

接下来我们要回答一个问题，环境和艺术怎样结合？这就牵扯到学科和教育的问题。我们的教育非常注重应用。就是说我们现在大学里哪个学科能挣钱，哪个学科有用，哪个学科就是门庭若市。如果哪个学科不能挣钱，哪个学科挣钱挣得慢点，那么就要门可罗雀了。你看我们这么多学生都是学艺术的，但这里说的是艺术，不是美术。艺术这个东西是学不来的，是靠潜移默化的感情。和别的科学技术不一样，艺术的教育是靠积淀，积淀到一定程度，得到一种感悟。所以，它是不能马上带来钱的，但是它一直贯穿在我们的生活当中。正因为它贯穿在我们的生活当中，生活才有味道。艺术贯穿在我们生活当中，贯穿在建筑当中，贯穿在环境当中，贯穿在我们这个开放的艺术空间当中，它才能够有灵魂。

如果我们的教育是都学有用的，不学无用的，当然就是说我们只学应用的，而不学慢慢来效应的学科，那么我们就变成了一种工具，我们就违背了我们教育的真正目的，即让人成为全面自由发展的人。不能我们自己行里的东西很懂，行外的东西就说不上来了。所以我们不管作为一个什么学科的人，都要放下自己。我原来是学建筑的，也必须学别的东西。因为，如果没有别的东西作基奠，作叶子，你这朵花是开不起来的。现代设计院有一本书，是一个摄影集，龚学平作了序，里面有一句话是这样说的："专业划分了职业的界限，但是博爱把这个界线模糊了。"我觉得这句话很好。就是说我们现在学的东西都是有各个科目的，将来我们从事的职业，有可能就是从我们这些科目里找到的。但是，如果我们只停留在这些专业、这些科目上，我们就不能做好一个艺术家，不能做好一个真正的建筑师，也不能做好一个好的环境设计师。所以，我们要博采众长，要博爱。在这个开放的艺术空间里，我不知道国内有没有，当时我上学的时候，学到了策划，学到了操作，很大一部分是学到心理学。对人在这个环境中的体会的心理学，我们学到了很多。设计师赖特有句话："空间是艺术的呼吸。"我们过去强调雕塑要做得对空间有一种震撼力，要对空间有一种冲击力。好像是艺术家决定了这个雕塑应该是什么样子。其实我觉得这句"空间是艺术的呼吸"应该反过来理解，就是空间给了你多大场，你才能做一个什么样的雕塑，什么样的体量，什么样的形态。所以不是我要怎么样，而是这个环境要我怎么样。

不是国外什么东西都好，国外也是同样的习惯。规划师先做规划，然后建筑师设计建筑，景观设计师设计景观，最后艺术家来配置一些雕塑。艺术家来的时候呢，他就觉得我是来画龙点睛的。其实如果真正能把关系协调很好，达到你追求的目的，你不是来画龙点睛的，你首先不能想着你是来画龙点睛的。我举个例子吧，一个插班生，他本身非常优秀，但是到上海来插班了，就不能老是抱着方言。听不懂上海话，也不学普通话，怎么知道别的同学在干什么，怎么知道别的同学的风格和意志。所以就一个插班生来说，应该心胸宽大着进来，学他们的语言，懂他们在说什么，然后和他们一起玩，和他们一起造房子，一起做园子。也就是说艺术家要知道原来的建筑师，原来的规划师他们是怎样的意向取向，他们有怎样的风格。在这样的情况下，你懂了之后，再来决定你是做什么的。所以你不是来画龙点睛的，你是来找立身之本的。我认为艺术这东西，苦恼也很苦恼，快乐也是很快乐。如果你知道怎么和他们一起玩，怎么和谐，那么你的立身之本就找到了。这样你会被他们衬托，你也衬托他们，才能真正起到画龙点睛的作用。

另外，开发良性的社会互动。其实这个问题今天上午和下午几位老师说了很多。我们有上面的旨意，甲方意见和公众意见的左右，我们的建筑师，我们的艺术家很难有真正的自我。确实有这样的问题，但我是这么想的。我们的艺术发展有个轨迹。最早的时候，是艺术功能化，我们是为神权服务的，我们做的雕塑，我们的绘画都是为了神权，它有功能。发展到第二个阶段，就是艺术家为本位，尼采说的：上帝死了，艺术家就是上帝。艺术家的作品在博物馆里、在展览馆里，那艺术就是最大的。拿斧头随便削两下也是艺术。现在发展到了公众艺术，就是公众参与的艺术，那么就带来混乱。艺术家想，怎么能让公众参与我们的艺术呢？政府又说，你的作品就应该歌颂社会啊，所以艺术家也很乱，到底应该怎么样？那么在这样的情况下，定定心。我觉得，应该从小做起，我认为艺术家没有那么大思想。先从小做起，就是说我本着自己妥当的精神，自己要有责任心，要有见识，要做出妥当的作品，然后传递给公众，他们呢，就会有妥当的反应。如果你自己不妥当，你利欲熏心，你自己知识也不够，你对环境的尺度把握不好，对材料也把控不好，然后你想公众给你一个妥当的回应，那是蛮难的。我们中央有一份党报，党报上有一家很厉害的公司，是南京的一家雕塑公司，做了很多优秀的雕塑，如"腾飞"、"站起来"等。使得领导人认为这个东西才是雕塑，所以他来做评审的时候，他就认为只有这个东西是雕塑，别的东西都不是雕塑。一个雕塑家，弄得不妥当的时候，就会带来恶性的反馈。甲方也好、公众方也好，会要求艺术家继续做不妥当的东西。我觉得应该保持一个良性的反馈，就像一个丈夫和妻子那样。我是丈夫，要担当起家庭的责任，要有社会心、有责任心，要有文化的底蕴和艺术的修养，之后我带领我的妻子，或者妻子和我互相沟通，让她也提高她的艺术修养。这样妻子对丈夫也会更体贴，产生更好的更正确的一种要求。这样的良性互动，在开放的艺术空间中，是我们的艺术家应该要首先做到的。如果首先去埋怨的话，生命是很有限的，埋怨、着急，用处不是很大。应该从自己做起，即我是一个艺术家，我是一个艺术者，我就从自己本位做起，尽量做得妥当一些。

下面，谈谈艺术家首先是什么。这就牵扯到我们前面说的教育问题。环境艺术家不是我们原先的那个艺术家范围。如果你的作品仅限于自己欣赏，在家里欣赏，没问题。昨天和朱校长一起聊，谈到德国议会大厦那个雕塑，我把它叫做雕塑，也就是说，现在对环境艺术家的要求非常高，要兼备。他必须是一个幻想家，要有创意，提出问题，有幻想、有冲动。当在筹划准备阶段的时候，他要是个管家，他要知道怎么来办，怎么来策划；当他要把自己的艺术观点、艺术倾向推销给别人的时候，他必须是个政治家；到了实施的时候，他必须要懂这些结构，这些工程，他是手拿着指挥旗的一个工程师，他要懂这些材料，懂到底会发生什么事情。还有一点非常重要的，也是在环境艺术领域里面非常特殊的，就是他必须是个环保家。我们不能做陈凯歌的那个《无极》。我们有些艺术家发生过这样的问题，我们做了一个艺术品，然后毁坏了一大片森林。我们也不能做像河南的那个"祖龙"，弄了250米长的一个水泥的龙，这是很可笑的。所以，我们必须是一个环保家。当你面对媒体、面对社会的时候，你详细的阐述自己的艺术观点，呈现你美好的艺术时，那才是一个艺术家，才是一个环境艺术家。

这里还有一个环境和艺术结合的标准，这个标准有可能不是很全，但我一直是以这样的标准衡量的。不管是我在做我的方案的时候，还是我在做评委的时候，都要求在空间当中寻求和谐。过去我们觉得要在空间当中寻求震撼，你有震撼你才伟大。现在就是要在空间当中寻求一种和谐，要恰到其位、恰如其分、恰到好处。在时间里要经得起看，今天看明天看，五年以后看，十年以后看，甚至一百年以后看，那样的东西就是经典。特别说一下经典，我们很多雕塑都是有主题的，甲方也给我们限制了主体。所以，我们应该尽我们所能把主题模糊，让那个主体永恒一点。不能像政治运动一样，比如萨达姆的像，做的挺好的，但是政治运动一来，把它拉倒了。所以在这个方面也需要一种技巧，在空间把控上、主题把握上，要制作精美，主题比较永恒，与环境协调，那么你的东西就可以经典。就是说雕塑怎么样和环境配合才能达到一个好的标准。雕塑要长在环境里，而不是从工作室里搬出来，或者在大棚里头放大了以后，拿过来放上去，下面电焊，上面草坪一铺，就在那了。那样感觉它不属于那块地，不是长在那块地上的。雕塑应该要与环境共生。雕塑要体现后面的环境，要展现后面的建筑，这样，建筑就是雕塑的衬托，环境也是我的衬托，要"共生"。

我就讲这些，谢谢大家！

王兴田／ Wang Xingtian

（日兴设计．上海兴田建筑工程设计事务所，上海，邮编：200092）
(NIKKO Architects ． Shanghai Xingtian Architectural Design Firm, Shanghai 200092)

回归建筑本体

Return of Ontological Architecture

　　这次我讲的主题是回归建筑本体。建筑应该属于环境，再大的建筑实际上也是环境的一部分。去年，我和我们室内设计协会有一个交流，谈了同样一个话题，大家觉得挺好，有共鸣。今天又能和我们在座的来自各地的专家学者一起探讨建筑也应归属于我们环境艺术这样一个话题。首先简要地把我们的建筑方针和其修改启示回顾一下。近几年，国家对于建筑方针有一些新的思考。在20世纪50年代，我们的建筑方针是适用、经济，在可能的条件下注意美观。实际上适用是谈功能方面的，经济是我们国家在发展过程中对建筑的成本控制，美观是我们的一种意识形态。这三点应该说前两点至今还是有指导意义的，在我们投入和产出的比例上，我们还是要追求效益。在可能的条件下注意美观方面还有一些争执。我认为，应该改为注重文化内涵，美观也属于文化范畴。另外最近我们国家对可持续发展、生态环境也很关心。因此，我们对建筑方针作了修改：适用、经济、注重文化内涵、关爱我们的生态与环境。我觉得应该把"注重文化内涵"，"关爱生态环境"列入建筑方针。

　　在建筑创作中，存在许多问题。第一，就是城市的千城一面和惊人的一城千孔。千城一面是相对于每个城市都应有自己的特色和差异，而现在每个城市无论南北东西、平原、山地、沿海、内地……都有相似存在着。一城千孔就是指每个城市都被弄得千奇百怪、无所不有。第二，就是自我缺失、文化迷茫。这个是由于我们受到外来文化的影响，认为现代化就是西方化，有"拿来主义"思想，失去了自我文化的存在。第三，就是城市建筑被遗忘的秩

图1 安藤忠雄作品——神户　图2 安藤忠雄作品——神户兵库县立美术　图3 南通珠算博物馆平面图
兵库县立美术馆　　　　　　馆局部

序，现在的建筑创作和其他的设计有点像，存在着多、快、粗、抄，建筑的新、奇、特等不良的特征，使城市的建筑和空间处于无秩的成长状态。

建筑本体的"三关"，这也是我创作的基本思想。

第一个方面是关注文化。图1、图2的这个作品是安腾忠雄做的美术馆。他这个作品是世界性的，但是含有一种很深的日本文化底蕴，有东方建筑的一种轻逸、飘逸的感觉在里面。图3是我在2004年底2005年初完成的中国南通珠算博物馆。这个是总图，整个面积不大，在南通，紧靠濠河，有5000多m²。周边有很多明清古建筑。在做这个建筑的时候规划有明确要求，必须与周边环境和建筑相协调，如何在建筑创作中不拘泥传统表象而追求文化的内涵，实际上我们江南的园林布局体现了空间的流动性。设计中运用在两个方向采用两个轴，一个是我们主入口进来的电视塔方向，另一个是朝向"明清建筑"濠西书院，在濠北路上看到的是整个建筑博物馆的主体。整个建筑用的都是非常现代的材料，在尺度、高度上与周边环境相协调。在色彩上我们还是采用中国建筑的黑白灰，这是江南建筑自己的颜色，一种"水墨的意境"。我们更关注建筑的外部空间对于环境的把握。因为考虑到南方雨水多，建筑多采用石材，产地是山东和山西非常廉价的石头。通过我们的处理，使山石自然劈开、刻线等，显出自然的肌理，和我们传统的青砖的尺度、色彩非常接近。室内基本上也是黑的、白的、灰的感觉，是外部空间和肌理的延续。珠算是中国的文化，组成部分从结绳记事开始，珠算伴中华民族的发展，记录着我们民族的智慧。

图4　南通珠算博物馆全景

第二个方面是关爱我们的环境，我说的环境是广义的环境。人类的发展是为追求高水平的生活质量，归根结底是对整体环境的一种追求。日本在现代化进程中也经过了工业时期造成的严重教训，也曾反思人类对于环境的破坏所造成的惨痛打击。所以，日本把可持续发展的生态观列为第一原则。我国近几年在这方面下了很大功夫，制定了各项政策。图5这个表格，是我国创造一

图5　我国创造一美元所需的能源、资源与美国、日本之比

美元所需的能源、资源与发达国家之比。我们创造一美元所需的能源资源是美国的4.7倍，日本的11.5倍。也就是说我们生产一美元的东西消耗的能源、资源是发达国家的4.7倍，11.5倍。从这点可以看到，我们对于环境的贡献太小，甚至不能说贡献，应该说是惊奇了。这个是我讲

图6　建筑的能耗分析图

的广义的环境，由于时间关系就不展开讲，要提醒大家的是，我们创作中，每走的一步，每画的一笔都与我们的环境息息相关。它不只是美观，也不只是文化，它与我们的生存环境有着必然的联系。图6是建筑的能耗和二氧化碳排量。二氧化碳排出在整个建筑的形成和运营中占据相当大的比例，在发达国家甚至达到50%，二氧化碳大量排出的后果是不言而喻的。整个建筑从材料生产制造到它的运营排放的二氧化碳是触目惊心的。

　　图7是建筑影响环境的一些因素，横向表示的是地域环境，纵向的是与环境共生的项目。我们建筑师在做创作的时候要把这些选项列出来，到底我们所做的对环境有没有影响，有多大影响。我们国家应尽快建立这一体系。下面介绍太湖饭店国宾馆的创作。

　　图8是在2004年完成的作品。国宾馆只有8000m²，建在小土丘上。整个土丘原来有一个800m²建筑，我们在看了整个环境以后提出一个原则，就是要把建筑尽量让给自然，把8000m²建筑多半埋在地下〔图9〕。有60%的面积都在地下，我们就减少了对地貌的破坏。另外一方面我们尽量把基地内的大树都保护起来，让自然成为第一轮廓，建筑隐藏在环境中。墙身采用一种叫石岛红的刻线石材，唤起人们人对曾经存在的旧红砖建筑

图7　建筑与环境共生核查表

图8　太湖饭店国宾馆

图10　江南水乡

将地上部分体量化整为零，层层叠落，与山体和自然融合，极大限度保护原有植被

图9　太湖饭店国宾馆剖面示意图

的回忆。屋顶瓦则采用了地方材料紫砂陶，是传统地方工艺的一次尝试，也与环境相融合。

第三个是关联城市。1997年陆家嘴中心绿地建成，观察周边建筑都是各自为阵，方圆扁长，红黄蓝绿。我称它们是各不相关的"八大金刚"，来看看我们的祖先营造的江南水乡，整个城镇在一个和谐意象画面中（图10）。这就是我们要提的如何让我们的建筑融入我们的城市。"上海湾"是最近完成的一个项目（图11、图12、图13），地址在八佰伴西侧。整个建筑是由南面商业街和北面高层建筑构成的写字楼组成。东南角的广场空间从城市设计的角度来进行布局。整个项目完成之后应对城市有贡献的。设计手法还是采用统一中的变化的手法，考虑了沿大道车行的速度下对建筑的观察和行人步行状态下对建筑的品位的不同要求进行刻画，包括了人的步行速度。继承海派文化也对中国文化有一定的拯救作用。在创作中也始终把握这一文化主脉。

◀ ▲ 图12 "上海湾"效果图

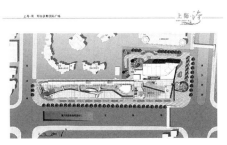

图11 "上海湾"平面图

图13 "上海湾"实景

陈丁荣／Chen Dingrong
(中国建筑卫生陶瓷协会，北京，邮编：100831)
(China Building Ceramics & Sanitaryware Association, Beijing 100831)

空间文明交响诗——材料与设计

Metrical Space—Material and Design

在座各位，大家下午好！

从今天早上到现在，大家听到了很多大师的演讲。他们谈到重视环境和设计的关系，谈到设计跟环境相融的思维和做法。是从一个非常宏观的角度去谈。今天我是从另外一个角度即微观的角度，从材料的角度来谈设计，也从营销的角度来谈设计。

我个人从事材料这个行业三十几年了，在台湾15年，在大陆15年。其中大概三分之一的时间是在国外。今天要跟大家讲的各个案例，基本上是从材料使用和设计的概念与环境融合的角度去思考材料设计、室内设计与环境相结合的关系。这里面大概80％都是我从现场拍来的，包括我自己实地操作的。其他的是我通过搜集、观察跟材料与设计相关的资料得来的，在这里提供大家参考与分享。

首先，今天关于材料的演讲题目是"空间文明交响诗——材料与设计"。交响诗的概念，事实上是如何把材料与设计相结合。

文艺复兴三杰之一的艺术大师，Michelangelo（米开朗琪罗），大家都知道，他既是画家，雕刻家，又是设计师与建筑师，然而，很少人知道，他对材料的坚持与独特的看法。

为了雕刻梵蒂冈教堂的所有艺术雕像，他花了很大的心血去寻找适当的石材。米开朗琪罗有一句名言 "I saw the angel in the marble and carved until I set him free." 意思是说：我在石材里可以看到天使，然后我要去雕刻它，解放天使。这句话表明材料对设计的作用与重要。

唐朝禅师，青原惟信大师在参禅的三重境界中，禅有悟时，参悟到"见山不是山，见水不是水。" 因此，同样一块石材，我们在看石材的时候，是看颜色好不好看，纹路是否流畅、自然。我们希望颜色再淡一点，纹理再自然些，却求之无门。

然而，米开朗琪罗，他却也是 "见山不是山，见石不是石"，他在石材里看到的是，他心目中的angel，他的天使。为什么？因为他对于材料和设计，雕刻与建筑设计梵蒂冈教堂，有他的整体中心文化与思想，一贯的想法和看法。

举个例子，如果你去意大利的梵蒂冈教堂，从右边门进去的第一座神像（图1）就是米开朗琪罗在24岁的时候所雕刻的，这是罗马圣彼得大教堂的镇殿之宝，保存有一座优美典雅的雕塑《圣殇》，当时米开朗琪罗只有24岁。大卫像是1501年米开朗琪罗26岁时开始创作的，用了三年时间才完成这件不朽的杰作。

全世界信教与不信教的人都去看。为什么？因为米开朗琪罗六岁时，母亲就过世了，他雕刻圣母像和别人不一样，这是全世界最年轻最漂亮的圣母像。这曾经在宗教界引起一大震撼。在意大利，曾有人因不满这尊雕像而企图破坏。就米开朗琪罗来讲，事实上，他并不是在雕刻圣像，而是在雕刻对母亲的爱，对母亲的思念。圣母是属于全世界人民的，他把对母亲的爱投射在雕刻上。

为了雕刻这个像，他带了二十几个人在意大利北部的深山里，花了九个月的时间，终于找到这个属于他心目中理想的石材。他要找一块有灵性的石材肌理，而这个肌理能够把圣母的表情，把她慈爱的关怀的那种感觉，用石材雕刻出来。所以大家仔细看一下，这个石材现在是找不到的，这个石材从面部表情到整个肌肉，到耶稣，到整个裙摆都是一整块石材雕刻出来的。

刚才有人问我材料和设计的关系问题，以我从材料的眼光来看设计，我个人感觉材料要与设计一起呈现整体美，就要找出材料跟设计建筑共同的DNA。这个DNA是什么？就是材料本身的内涵与灵性。材料事实上有它的DNA，有它内在的东西，设计本身也是一样。

所以材料和设计就像男女朋友关系一样，男女朋友在一起是找共同点，大家才能在一起，但是这不是永恒的。建筑物如何让材料和设计永恒的结合在一起是一个问题。建筑设计不能像交男女朋友那样花前月下，大家开始时情投意合，但经不起时间的考验。男的有男的缺点，女的有女的缺点，男的要接受女的家族和朋友带来的一切，女的也要接受男方带来的一切问题，就开始产生冲突了。

材料和设计，就是要经历从男女交往到在一起这样的抉择和过程。所以米开朗琪罗看到了"angel in the marble"，文艺复兴时代，全世界只有米开朗琪罗才能看得到。

事实上，目前世界上很多好的建筑大师，他们也找到了设计与材料共同的DNA，也设计出他们经典的设计作品。

刚才大家看到圣母像是阴柔之气和慈祥之气，大家再看大卫像（图2）。在圣经里大卫是去挑战巨人，大卫的手里拿着小石头，他紧锁眉头两眼怒视前方，他在瞄准巨人，他要去打败巨人。雕刻他的石材是具有阳刚之气的。这个石材还有米开朗琪罗自己的写照，迫切希望能够有一位象大卫一样的英雄站出来。

我开玩笑讲米开朗琪罗其实是神不是人，为了画西斯汀教堂的壁画，米开朗琪罗一个人躺在18m高的天花板下的架子上，以超人的毅力和勇气，画了4年零5个月，终于给世人留下了无与伦比的杰作《创世纪》。

对材料的使用，对建筑的设计，都要在材料里寻找灵感。勒·柯布西耶希望材料能显现出它本身的东西。他把大自然当作他的材料。他最著名的作品是他做的修道院。我今天不是要秀修道院，今天要秀的是柯布西耶的另一作品，是我亲自去意大利拍

图1 米开朗琪罗作品《圣母　图2 米开朗琪罗作品　图3　勒・柯布西耶作品
像 》　　　　　　　　　　《大卫》

的照片。

　　图3这个作品很少在书上看到。这是在意大利的一个城市博洛尼亚，这座城市很多大师都在这里住过并留下作品。这里有意大利最老的大学，里面有很多建筑师在这里做过建筑设计，包括丹下健三，他还留了一个作品在那边。大家看这张照片在建造房子时留着的这棵树，设计建筑时保留它原本弯弯曲曲的样子不去动它，还特意给它留了生长的空间。我还有个概念就是环境跟艺术、跟材料的结合。这是老天送给你的树，你去迁就它。当你不能改变环境的时候，你就去迁就环境，但是你要让它与环境共生共荣。现在去意大利，这里已经被作为纪念馆，不对外开放了。

　　下面谈赖特。从文艺复兴谈到柯布西耶再谈到赖特，都是谈环境与设计是怎样结合在一起的。讲的是来自老天爷的原始自然材料，如何让这些材料能与你的设计结合在一起。图4是春天的落水山庄，图5是冬天的落水山庄。你的设计可以在这里面去体现， 大自然与四季变化就是最好的静态与动态材料。

　　下面来谈材料。刚刚是谈石材、木材，那么再谈到一个和陶瓷有关系的。各位知道这位约翰・伍重先生吗？他的作品获得过大奖。他的作品就是世界最著名的贝壳歌剧院（悉尼歌剧院）（图6）。这座歌剧院用了100余种面砖，他当时要考虑的因素是如何能在海里呈现出一个发光体。有人说它像贝壳，有人说它像海龟，有人说它像海鸥，有人说它像鱼，也有人说它像船……，其实，这些都是"为赋新辞强说愁"。我们看到这些东西好， 就去

图4 春天时的落水山庄 图5 冬天时的落水山庄　　　　图6 悉尼歌剧院

图7　安藤忠雄作品——梦舞台

图8　安藤忠雄作品——兵库县淡路岛
国立公园广场

图9　安藤忠雄作品——光之教堂

做大力营销作为卖点。约翰先生说他当初考虑这个竞赛项目的时候，剥开桔子，想到这个形状应该可以放在澳大利亚海边。他没有那么伟大，想到贝壳，想到海龟，想到船，没有。我们谈到建筑的时候常说要对当地了解，这是个策略。但是约翰先生在设计这个建筑时也没有去过，没有去过澳大利亚，更不要说悉尼。可是他的作品设计出来竟被采用。这些东西事实上能给你带来心得。假如你看到是水泥，你把这材料换成石材，换成金属，这是什么概念？那么，要在适当的地方放上适当的材料，为什么？从材料角度来看，这是海边。海水是碱性的，材料不对，肯定经不起时间的考验。如果材料会腐朽，现在的悉尼歌剧院，就会是黄色的生锈的贝壳，而不是这样白色的经典建筑，它的建筑设计，让雨水自然排掉污染。所以材料与设计的关系就像女人一样，要嫁好的、门当户对的男人；好的男人也要选择好的女人一样。

下面我从材料来谈安全。这里我谈两个地方Yumebutai & Omodesando Hills，淡路岛梦舞台，这些地方都是我2002年的时候去看的。

那么，谈到"清水混凝土"，大家都知道，事实上最早把清水混凝土发扬光大的是安藤忠雄，他在意大利和法国南部等地区得到一些灵感，所以他把清水模做得很漂亮。这是梦舞台（图7），我当时也很惊讶，这个梦舞台是怎么来的？这个地方经过人为和自然的两次摧残。第一次是大阪关西机场填海的时候在这里挖土方过去。第二次破坏是阪城大地震的时候。两次破坏之后，日本决定让它重生。安藤当初在做的时候，那个地方是高高的，他希望能把整块土地还给自然。光教堂，大家都知道日本人结婚有个习惯，喜欢上教堂，因此日本很多酒店，多设有教堂。这些案子大家都耳熟能详，我要谈的是他在这里面所花的心血。各位看到这张照片（图8），知道这里有多少贝壳吗？100万颗贝壳散布在这个池子里，很漂亮。在设计时对这些贝壳的第一个要求是要有一个手掌那么大。日本人的手掌可能大小不一样，这可能是按安藤的手掌去做的。100万颗贝壳，怎样找到，安藤忠雄当时就想，日本人喜欢吃海产，只要把这些海产拿过来就好了。但是当他去募集这些海产时他发现海产店老板因为仰慕安藤先生的大名，特地把贝壳里的肉拿掉而得到贝壳。这还得了！它要的是废弃的贝壳，他不要因100万颗贝壳而残害了100万个贝壳肉。后来这100万颗贝壳是通过网络从每一个家庭征集得来的。可见，这是日本人对生物的热爱。这里面一共有104万片贝壳，有没有听说过104座庙？所以他就放了104万片贝壳。这些贝壳来了以后，安装是很不容易的。从白天到晚上，水池里面的贝壳的光的折射都是不一样的，安藤做到了。我问过很多人，很少人会注意到，池里的贝壳到底是从哪里来的，是安藤在演讲的时候自己讲的。安藤也有失落的时候，他说有一次一个日本的大婶看到池底的贝壳就说："哇，这个池底的塑料贝壳很漂亮哎！"他听到差点晕倒，心想他花了那么多心血做的这些贝壳，那些大婶们竟然以为是塑料做的。实际上他是在想如何让社会大众去接受共生的概念。这是从材料的角度去看设计的案例，我给大家看的东西会比较不一样。图9这个光之教堂就不讲了，大家都知道。

现在我们看Omodesando Hills 表参道（图10），这是我2007年2月13日、14日去拍的，我从白天拍到晚上。这是旧楼改造，体现的是材料的使用和设计的共生。费了很多时间才做成这个案子，就好像在淮海路把房子打掉重新做一样的概念。它位于东京的"淮海路"，是东京的"败家街"。这些地方女人去了，没有10个包，20个包是跑不掉的。这个地方LV、阿玛尼都有。只要是有名气的大师，在这里都有作品。但是这个小溪流中的石头（图11）听说是东京附近的，原来这是个水沟，设计师把它变成小溪流，去结合这里所有的礼品店空间。图12是这条水沟的源头，从这里延伸下去。这里往下走是日本的温泉酒店。它的温泉来源地都有溪流的起源，所以就用水晶玻璃等去贯穿。这幢建筑一看就知道是安藤先生的作品。他把这些东西融入在这个地方。

我们把场景再拉回到欧洲。我们现在谈到当红的建筑师，就是Santiago Calatrava，西班牙人。很凑巧的，他的出生地是西班牙的Valencia，这个城市我去了很多次，每年的展览我都去看。我从五六年前看这个作品（图13）看到今年完成，每次看都叹为观止。Valencia

图10 Omodesando Hills 图11 Omodesando Hills 的小溪　图12 Omodesando Hills 的小溪
的源头

属于西班牙大都市。

Santiago Calatrava的作品是在一条河流上面，现在这条河已经没有水了。他的概念就是要把水定位为Valencia最重要的元素，运用水的镜射产生建筑物如梦似幻的倒影。图14是建筑大师高迪先生的作品"圣家族大教堂"，太雄伟了。图15是高迪的另一作品古埃尔公园的座椅，他用碎瓷片做这样的设计，太妙了！现在大家看到碎砖都会想到这个作品。

图16是Botta先生两年前在韩国首尔作的"三星博物馆"。这里有三座博物馆，都是大师的作品。只有他使用意大利佛罗伦萨的陶板的建筑材料。到韩国首尔，在地铁站最后一站，住君悦酒店就可以看得到这个博物馆。我建议大家去看一下。每到一个地方，好吃、好喝、好看这是人生三乐，也是我的人生观。我搞了三十几年企业，现在的定位就是玩理念、玩设计、玩材料。

接下来这三个案子就是我实际参与的，大部分是在室内设计这个领域。

第一个是在上海瑞金南路，把老的上海塑料工厂变成世界材料美学馆（图17），去年刚刚开幕。大家可以看到，这里运用了一个威尼斯的概念。水流由这里流出，通过小溪流到室内。里面是美学图书馆，展示的大多数是一些世界范围内的高级材料，就是用博物馆的概念来做材料，实际上是一个材料图书馆，对外不开放，只接受预约，采取会所行销的方式。刚刚是在上海，现在我们马上到台北。图18是今年刚刚完成的台北的材料美学图书馆。这是一个巷子里面的旧建筑，我们把它改造成台北的美学博物馆。

把原有的建筑立面用这种陶砖与陶管包装起来，使它焕然一新，也是最新的LOFT概念。图19是台北真正意义上的小巷，这条小巷位于台北师范大学的隔壁，与经过包装过的不一样，这个东西一包装就会变成这样了。那我把流水的概念也放到这里面去。不谈太多，我还有最后一个作品。

图13 Santiago Calatrava作品——巴伦西亚科学城

图14 高迪作品——圣家族大教堂

图15 高迪作品——古埃尔公园

图16 Botta作品——三星博物馆

图 17 上海 Art-500

图 18 台北 Art-500

图 19 台北小巷

图 20 北京的同仁堂

这个作品是三年前我个人从头到尾参与设计完成的。我不是学设计的，为了这个设计，我收集了我自己拍摄的全世界各个地方，600多张设计图片。从外观、从室内去做，这个作品叫做"北京同仁堂在台北"。为什么？图20是北京的同仁堂，图21是台北的同仁堂。我当初做这个案子，条件很苛刻：这整栋楼都是新的，是巴洛克的建筑。上面是日本资生堂在台北的总部，隔壁是台北市银行，就在这个地方要开同仁堂的店，这是第一个；第二，要开这个店一定要有中国的元素，因为北京同仁堂在台湾开店是一件大事，这是三百多年的老店第一次进驻台湾，代表的是祖国大陆的养生文化，要在台湾发扬。正因如此，所以这个案子压力很大。他们要求我把北京同仁堂的匾额放上去，一块中式匾额放到巴洛克的建筑上去，很难想像。所以，完全按照新的概念去做，也就是"后现代中国"Post modern China"的设计概念。从大门口（图22）进去，这个大家应该有点记忆，这我是从北京故宫博物院门口"移植"的，它的门口不是有这种红色的木门与铜扣吗？可是物主跟我讲这个门很贵，所以我就用有机玻璃代替木头，然后将铜钉贴上去，喷漆弄起来。用这个代表北京的元素！

运用后现代中国的概念，再往里面走，我们原来的老同仁堂店面，多用木匾额，木匾额放到巴洛克的建筑上怎么办？因为常跑欧洲，欧洲有种威尼斯玻璃，是现代的工艺品，所以我就把伟大了三百多年的木匾额，用这样的方法去把它呈现出来了。结果，大家多非常能接受。里面养生斋的文化区还很多古药材器具，并介绍了古中药文化历史，因为现在大陆的药不能进台湾，在台湾只能卖药材，如野山参，燕窝等，连那些牛黄解毒丸都不能卖。有些营销的概念也受环境的制约，我们只好卖养生食品。我不是设计师，但是我希望设计的东西都有来源，我用卖阿玛尼的陈列方法，卖中国的药材。所有中国的古代与现代元素都有了：图23这个门用了瓶子的造型，寓意买了同仁堂的药是平平安安；药材打灯光；红色的琉璃；这个宫灯是简约的中国风格的宫灯，我用的是有机玻璃，里面的灯是节能灯……所以，现在从老外的东西到中国的东西，从大陆的东西到台湾的东西，我们都有很多东西要去表现。

我觉得就像刚才说的设计与材料，就如"夫妻修得同船渡"、"百年夫妻一世恩"。图24是从同仁堂走出去时能看到的一块匾额，是故意安排的北京同仁堂的堂训，"修合无人见，存心有天知"。

我们做设计、做规划、做材料的，应该也可以考虑以这个概念作为参考，做出经典的建筑设计作品。

谢谢各位，再见！

图21 台北的同仁堂

图22 台北的同仁堂大门

图23 台北的同仁堂内景

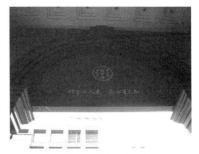

图24 台北的同仁堂出口处匾额

鲍诗度 / Bao Shidu

(东华大学环境艺术设计研究院,上海,邮编:200051)

(Environment Art Design Academy, Donghua University, Shanghai 200051)

论环境艺术系统设计

Research on Environment Art System Design

一、 引言

"环境艺术系统设计"一词经几种途径检索没有结果!通过"google"、"百度"等搜索引擎没有查到这一词汇以及有关联的内容;在"CNKI数字图书馆全文数据库","中国期刊全文数据库〔CJFD〕"、"中国重要报纸全文数据库(CCND〕"、"中国优秀博硕士学位论文全文数据库"等网络和数据库中,没有查阅到有关的论述文章。偶尔能检索到"环境系统设计"这样词,基本上都是视觉设计范畴,它所涉及内容及概念与"环境艺术系统设计"内容及概念是有本质上的区别!由于没有人在前面使用过这一词语和论述它的内容或者界定它的含义,而我来使用它必然是冒一定的风险!为了体现学术的严肃性,需十分认真谨慎地对待它。为了进一步论述和分析,对当今环境艺术设计的基本概念、含义作一些陈述。

环境艺术,《辞海》解释:将绘画、雕塑、建筑及其他观赏艺术结合起来,创造出一种使观者有置身其中的艺术环境。今天,它的含义已经随着时代的发展而发展,不断地渗透新的内涵,也不断地外延。我们熟悉的环境艺术一般有两种,一种是旨在以艺术行为改变空间环境的纯艺术环境作品。其为纯艺术行为。它是以人的主观意识为出发点,建立在自然环境美之中,为人对美的精神需求所引导,而进行的艺术环境创造。另一种是以精神和实用相结合,以各种设计元素组织的人类生存环境的美的创造。这种环境美的创造,不一定是以绘画、雕塑等观赏艺术结合。它可以自在于自然界美的环境之外,但又不脱离自然环境本体,它必须植根于一定的环境,成为融入其中与之有机共生的艺术环境。如果用古罗马著名建筑师维特鲁威的对"建筑"的概括是:适用、坚固、美观;那么,我们在这里谈的环境艺术应概括为:"美观"、"适用"、"坚固"。虽然也是三位一体,只是把几个字的位置作了调整,其意义就不一样。"美观"是第一前提,其次是"适用"和"坚固"。而这个"美观",不仅是外在的,更多是内在的、精神的。其含量比前者更大、更广。

我们对环境艺术设计的认识不能仅仅停留在室内设计这个已经过去的概念,今天的环境艺术设计,它也不仅是以室内外环境空间以造型和视觉效果为目的的认识、思维、判断和准备的计划行为。而且是以现代科学研究成果为指导,以科学与艺术的手段协调、创造人类理想的生存环境，这样的环境体现于：社会的文明进步，资源的合理配置，生存空间的科学建设。这中间包含了自然科学和社会科学涉及的研究领域。是个多元化、多学科、边缘化的复合体，它涵盖了当代几乎所有的设计与艺术。它的基本理念就是强调环境的人文性、科学性、整体性和人的主体性，是集生态学、设计学、社会学、材料学、心理学、美学、管理学等多种学科于一体，以整体优化为目的的系统设计。

二、 社会设计现状

城市景观、视觉导向、建筑内外空间等都属于环境艺术设计的范畴，我们对于城市的建设，无论是规划方面还是建筑单体设计、景观设计等方面都倾注了极大的精力和投入。建筑设计、景观设计、室内设计也有了较大改观，功能、造型、材料、色彩等都令人感到该建筑、景观、室内等是经过精心设计的。但是，实际的效果却在整体性上、在人的主体上、在系统的优化上是远远不够的！

一个建设项目从设计到最终全部建成，之间要经过：规划设计，建筑设计，室内设计，景观设计，有的还要经历环境设施设计，导向系统设计等。虽然，这些单项工程之间是有一定的内在联系，但是由于学科、专业的不同，社会分工的惯性思维，各个设计环节都是独立的、单体化进行的。在设计的内在行为和设计内在关系上，互相没有直接的、紧密的联系！这是由于各个不同专业的设计单位分散独立去完成各自不同的专业设计。建筑设计院去完成建筑设计，装饰公司去完成室内设计，景观绿化由园林设计单位去完成，导向系统由广告公司去完成。虽然它们各自在本专业上是独到的，但是由于社会分工的惯性思维，由于没有在理论上和方法上有一个系统体系认识来指导，没有系统的总设计行为，造成各单体专业设计行为阶段之间是分散的，整体上是不联系的，设计的单独性、分散性、无序性即无系统性，造成项目的建设设计考虑全局性不周，整体性不强，科学的内在联系不够。各单体设计都不能得到最大限度的统一在整体下的优化设计。而结果是：造成设计遗憾之多，重复建设之多，资源浪费之多，不合理的地方之多，设计品位和文化底蕴低下等。最重要的还是造成设计资源、物质资源、人力资源等最大的浪费。

三、 点性思维与系统思维

这些根源产生并不是相对独立的专业设计单位因社会分工的客观原因造成的！主要是在设计上我们习惯于从各自专业的本体上考虑问题和解决问题，即我们习惯于"点性思维"，而当今建设项目的设计，是不同学科、不同领域之间相互交叉、结合，以至融合，对此我们需要的是"系统思维"，科学的发展需要运用系统性的方法解决问题。

什么是点性思维呢？思维活动是从局部开始，理性认识的过程是从一点上、局部上、本体上去发展思维。它所考虑和解决问题方法着重点是在本体上、局部上。所产生的结果：在单个的本体上问题解决得比较完善，欠缺整体上考虑和解决问题的方法。

那么什么是系统思维呢？系统：由元素组成的有机整体。系统一词，在古希腊语中带有组合、整体和有序的含义。系统思维又称整体思维。整体是由各个局部按照一定的秩序组织起来的，以整体和全面的视角把握对象，整体地、全面地考虑和解决各个方面因素的一种思维方式。也就是一切从整体出发来考虑问题和解决问题。

从点性思维到系统性思维转化，一个重要的标志：以系统论作为指导思想，用系统的观点对客观事物进行逻辑思维下而产生的系统性方法。

人们认识事物是需要一定的、正确的世界观作指导的。为了科学地认识事物，改造客观事物，我们要用系统论的方法来指导实践。

系统论是属于关于宇宙的结构组成模式的世界观，是用系统论的观点来指导改造世界的活动的。系统设计与单体设计最突出的差异就是设计目标。单体设计目标注重对某单一设计范畴进行概念描述，以物质个体的特征和目的为中心展开设计活动。单体，往往不是孤立的个体，而是基于某种概念形成的一个相互关联的单体系统，并且和其他单体或非单体系统形成一个更大的系统集合。

系统设计是系统方法之一。是把单体放入到整体中分解、组合的思维，是把对象作为系统进行定量化、模型化和择优研究的科学方法。其根本特征在于从系统的整体性出发，把分析与综合、分解与协调、定性与定量研究结合起来，精确处理部分与整体的辩证关系，科学地把握系统，达到整体优化的设计方法。

四、 环境艺术系统设计

环境艺术系统设计的外在特征是从系统的整体性出发，跨学科合作、跨专业结合。环境艺术系统设计的内在行为是打破传统的单体设计，是把建设项目中的规划、建筑、景观、环境设施、视觉传达、室内设计等专业设计进行统一的科学性的系统性的"整合"。环境艺术系统设计的核心是注重系统中的各部分之间内在联系和相互作用，精确处理部分与整体的辩证关系，科学地把握系统，达到整体优化。

1. 环境艺术系统设计的控制元素

人们生活、工作在一定的时间空间环境中，功能环境达到基本需求后，对环境的精神上需求往往是第一需要的。环境精神方面的体现即文化和文脉。文化和文脉是有传承性的，文脉有历史性的、时代性的、地域性的、民族性的等方面，文脉的这些特征性可以通过符号、造型、色彩等各种语言来体现，而这些体现要通过能够表达这些语言的目的，把"文脉"浓缩成元素；把"元素"提升为符号；把"精神"演变为形态；把"思想"移嫁于"造型"。而这些便成为了系统设计的控制元素。

2. 环境艺术系统设计的方法原理

根据系统论的规律，选择一个优化的设计系统，使之总体优化，就大系统而言，要想得总体优化是相当困难的。因为大系统结构复杂、因素众多、功能综合，不仅评价目标众多，甚至彼此还有矛盾。所以尽可能选择一个对所有指标都是最优的系统。如果采用局部优化的办法，一般不能使总体优化，甚至某一局部的改进反而使总体性能恶化。因此，需要采用分解和协调方法，以便在系统的总目标下，使各个子系统相互配合，实现系统的总体优化。所谓分解，就是把一个大系统分解为许多子系统；而系统再将信息反馈给大系统，并在大系统的总目标下加以权衡，然后大系统再将指示下达给各个子系统，这就是协调。在大系统与子系统之间如此反复交换若干次信息，就可以得出系统的优化设计。

3. 环境艺术系统设计的系统认识

认识系统：环境艺术系统设计以各种设计元素组织的人类生存环境的美的创造为目标系统，以生存环境的使用为功能系统、标识系统。

环境艺术系统设计主要包含三个内容：环境艺术设计目标系统、环境艺术设计系统、环境艺术设计方法系统。

以各种设计元素组织的人类生存环境的美的创造和最大优化的功能元素组合为环境艺术设计的目标系统。

功能设计系统、环境设计系统、人文设计系统为环境艺术设计系统的三个方面。

功能设计系统包含：建筑设计、家具设计、陈设设计、灯光设计、视觉设计、交通设计等一些功能性设计范畴；环境设计系统包含：绿化设计、景观设计、生态设计等一些环境性设计范畴；人文设计系统包含：文脉设计系统、心理设计系统、形态设计系统、管理设计系统等一些精神文化性设计范畴。

环境艺术系统设计方法的三个方面：定位、提炼、组合。

定位：整个设计思想的定位。设计思想的定位是十分重要的，它是设计品位高低的难点之一。它决定了设计内容与形式的内在精神和具体走向。

提炼：对设计元素的提炼，提炼成能够体现设计语言的符号。

组合：对多种设计思维进行组合，使之得到准确的目标设计。

4. 环境艺术系统设计的元素提炼

对历史文脉、民族文脉、地域文脉、时代文脉等诸多设计元素的提炼，提炼后的符号元素要能够准确地反映和概括其被提炼的文脉精神。

提炼：对设计思想、精神的提炼；对所要反映的文化与文脉的提炼；在形态上提炼，在色彩上提炼等。经过多层面、多空间、多角度、多形式的概括，提炼，提炼成能够体现和表达所要反映的客体的文化与文脉的语言即符号。

符号有色彩符号，形态符号，材料符号，形象符号，文字符号，生命符号，造型符号等。只要能够准确地反映文化与文脉精神和思想的符号元素，种类、形式越丰富越好。在环境艺术系统设计中单纯地使用一两种符号是难以达到系统设计目的，设计也是肤浅的！

符号的外延不受主观意志的影响而转移，用在设计中可以体现诸多的实用价值。内含是其形式与外延结合体的主观价值，不受客观构想的符号规则的制约，用在设计中是可以体现象征价值。符号经加工整合，使其成为空间语言而实现传达意义和价值的目的。符号成为把握文化和文脉的有效工具和切入点。

理念的提炼，主体设计理念的提炼是根据具体的需要表达的对象，通过对理念在精神上的概括，经过转换或者分解，使其更加准确，更加适合表达主体理念的精神。它对主体理念是一种解释行为，完善行为，补充行为。

5. 环境艺术系统设计的组合思维

第一，对建筑设计、家具设计、陈设设计、灯光设计、视觉设计、交通设计等一些功能性设计系统分析，再对各个功能设计范畴进行功能性的设计思维组合。既要保证单个功能子系统设计的完善，也要使各功能性子系统之间设计密切协调、吻合，甚至是达到功能性互补。如此反复要经历过多次。

第二，在对各个功能性设计范畴进行功能性的组合设计思维后，得出初步的分析结果，与绿化设计、景观设计、生态设计等一些环境性设计系统范畴进行环境性的组合设计思维。淘汰出与之不协调成分，找出与之相协调的部分；解决和处理功能与环境的矛盾，最大限度地优化两大系统之间各自独特的优势进行组合性设计思维。

第三，通过的对文脉系统、心理系统、形态系统、管理系统等一些精神文化性设计元素的提炼和一系列概括，得到了可以用于设计的色彩符号，形态符号，材料符号，形象符号，文字符号，生命符号，造型等符号，融入到与功能设计系统和环境设计组合性设计思维结果之中。

最终选择一个优化的设计系统，使之成为环境、功能优良，目标准确的设计。这一切是按照系统论方法论的研究分析、综合、优化规律进行的。

6. 环境艺术系统设计的基本框架

环境艺术系统设计分三个层次进行。意识形态层次：认识系统从设计思想与系统分析入手；思维方式层次：分析系统从设计方法与系统分析结合；实践手段层次：构建系统通过设计技术与系统组合进行。

系统设计理念：打破传统的单一学科、专业设计行为，是多学科多专业的综合设计。具体操作：由一个总设计师和一个各专业职能具备的设计群体，把建设项目的规划、建筑、景观、环境设施、视觉传达、室内设计等学科专业设计进行统一的科学性的系统设计。

基本要点：

（1）环境艺术系统设计是用系统论来考虑和解决问题。

（2）从系统的整体性出发，把择优化的元素进行提炼，然后再分析与结合、分解与协调、定性与定量研究结合起来，再进行系统设计分析和综合。

（3）把功能系统、标识系统、生态系统、环境系统、人文系统、形态系统、景观系统等系统的大集成设计方法，既按照各自的规律又进行系统优化组合的设计。

（4）精确处理部分与整体的辨证关系、科学地把握环境系统设计中的子系统设计，达到整体性优化设计。

（5）设计理念提炼：在一个总设计项目中着重抓住能够体现建设项目的精神文化或者其特点、特征，提炼为具有代表性的设计符号即精神和形式的元素，贯穿到各个子系统的设计项目中。

（6）规划、建筑、景观、环境设施、标志、绿化、室内为环境艺术设计所涉及的学科和专业；功能系统、标识系统、生态系统、环境系统、人文系统、形态系统、景观系统等为环境艺术系统设计的各个子系统。

（7）大系统设计理念的确立，各子系统体设计思想的分解，设计行为的互相组合，元素符号在各子系统的运用等，是系统设计必须要考虑的步骤。

7. 结论

在环境艺术设计中把涉及到的各学科专业统一进行优化设计"整合"，把功能系统、视觉系统、生态系统、环境系统、人文系统、形态系统、景观系统等子系统大集成式设计方法是环境艺术系统设计的基本方法。精确处理单体设计与整体设计的辩证关系，科学地把握系统，达到整体性优化，便是环境艺术系统设计的精髓。

马西姆 / Massimo Franzoso

(MAX International Ltd.)

生态建筑的环境设计

Environment Art Design of Ecotypic Architecture

译者导语

首先我介绍一下Massimo Fransozo先生，他演讲的题目是：生态建筑的环境设计。Fransozo先生是经验非常丰富的建筑师，曾就职于美国、欧洲、日本、阿拉伯等国家的建筑公司。他曾与贝聿铭建筑师事务所合作设计过香港中银大厦，还曾与Cesar Pelli合作设计过纽约777大厦和753大厦。也与RTKL合作过，这是一家具有世界影响力的多门类设计公司。Fransozo先生在上海也设计过许多项目，如北外滩的建设。

整个演讲内容会给我们介绍一个在立陶宛的现代生态建筑，由天使基金会赞助，以供那些没有钱学艺术的有志青年接受再教育。整个建筑采用的是绿色设计的理念。这是Franzoso先生第一次将其展现在公众面前。

首先，Franzoso介绍了这个项目的赞助商天使（Angle）基金组织，这是欧洲与美国等多个国家参与，在艺术、自然、语言等方面的教育基金组织。它有着完善的董事会管理组织和设计团队，并真诚地邀请中国加入。这个教育机构打算在维京公园的一个历史所在地实施"拉氏宫殿"。有一点非常有趣，一个关于保护和重建的文件提议也包括了这个地方。学院的建设目的是为了使有天赋的年轻人受到教育并提供继续的专业艺术教育和相关的语言教育。随着时间的发展，关于这个庄园的历史文献将会越来越重要。维护和保护已成为教育机构计划的一部分。一个主要的核心思想是将这所学校融入到整个欧共体的教育体系当中。天使学院位于维京公园的中心莱里河边，是一所混合学校。浓烈的知识氛围一直延续到现在。坐落在有着特别风景的河道边，带给人非凡的愉悦。计划中的学院设计希望能够创造一个适合时代演变的新建筑，而不是与周围文化的危险碰撞。我们力求做到与传统建筑共存，不去破坏道路两旁的风景。历史建筑"Traku Voke"将被重新利用，可以特别用作学术会议的召开、研讨会、特别讲座、国际展览、财政和经济峰会、具有国际水平的国际接待处等。

下面是关于生态建筑。在超过3.8亿年的时间里，自然始终是最成功的设计者。动植物在最适宜的环境中找到了生存之道。天使设计小组回到大自然的画架上去思考如何做建筑。设计师和工程师开始通过仿生创造生态建筑。建筑的实践证明，有五点是值得注意的。天使设计团队为如何建出更好、更安全的生态建筑已总结并列出了这五点：表面、结构、习惯、能源、废物。

图1 水晶宫

如图1所示，150年前，一位名叫Joseph Paxton的花匠捡起了一片树叶并汲取了其中的灵感设计了水晶宫。他发现每一片树叶都由叶脉来支撑，并由此变得坚固。Paxton的工作使得创建自然光线成为可能，整个水晶宫由玻璃和铁架构而成。

图2 慕尼黑奥运会馆

如图2所示，慕尼黑奥运会馆因其遭到恐怖袭击而闻名，但这并不妨碍它成为具有标志性的奥运建筑。它就像蜘蛛网一样运用着力学与美，用最少的材料涵盖大部分的区域。

图3 室内绿化

如图3所示，在室内简单地放置一些植物并不会对环境起到多大作用。但从另外一个角度看，如果是一个有人类进行呼吸作用的环境，放入植物可以增加湿度，去除人类对周围生态的影响，并净化空气中的细菌。

图4 白蚁窝

如图4所示，白蚁在极值温度的沙漠安家，并利用地表温度成功地制造了其内部的凉爽常态。当其他人看到的仅仅是一个窝时，Loughborough大学的动力手工学博士却潜心研究，他看到的是一个先进的、富有创造性并蕴含着许多秘密的白蚁的窝。

如图5所示，这位设计师从白蚁巢穴中汲取灵感，设计了类似的通风造热管。自然资源被很好地利用，运营成本降低了45％。

如图6所示，共生意味着不同个体间互相获利。在这里，共生的概念被应用进了工业生产，公司之间开发对方的剩余物和副产品，所有项目的商业运作与环境共存。

图5 白蚁窝的仿生设计

图6 共生设计　图8 ING 银行

图9 "Plantation
Place" 项目

图10 荷叶功能

图7 "Eden" 项目

如图7所示，"Eden"这个项目触及了生态建筑必须的五个方面，它将人类与植物、资源的关系导向可持续的未来。

如图8所示，ING银行的设计者使用了很多能源节省装置。如采用外立面双层玻璃结构减少了对空间的使用并提供了自然通风系统，有效地节省了能源。

如图9所示，和许多采用外立面双层设计的建筑一样，"Plantation Place"有一个自净系统。在任何时候，只要有日光需求就可以照到。这系统也很类似人类的肺，脏空气出去，干净空气进来。

图10所示，在20世纪70年代，Barthlotf教授发现荷叶有自洁功能的性质。他在研究了其毫微结构之后，将其应用在玻璃、塑料和其他材料表面。这样，在不久的将来，将不再需要人类的清洁工作。

能源与环境设计的领先之道即绿色设计是美国评价设计的标准。结构、操作等必须符合绿色建筑的要求。LEED有一个可量化的测量标准，从而推动了整个建筑可持续化发展的步伐。LEED总结了六点：可持续发展点、水节约、能源有效利用、材料选择、室内环境质量、可持续性。每一个项目都要承担起为后代负责的义务从而去保护有限的能源。从项目观念完成来看，天使设计团队实现了可持续设计的实践，友好地达成节能环保认证。天使设计团队是非常专业的，他们希望能够铺就一条可持续发展的未来之路。关于功能、美学和财政目标的关系应达到和谐的最大化。这个建议整合了设计背景和投资组合，创造了可持续的产品与实践。并且最终，他们建成了集功能、健康以及舒适为一体的场所，延续了灵活性和可靠性。而可持续性要做到以下四点：直接或间接的环境影响、能源的有效保护、室内空气质量的提高、能源的节省和循环利用。

下面介绍在立陶宛的这个新型绿色建筑。

如图11所示，当这个建筑出现在城市的地平线上，矗立在一片建筑森林中的时候，意味着一个环境艺术新纪元的诞生。天使学院艺术中心的建筑就如植根于这片绿色潮湿土地的有机形体一般。从俯视图看很像古老的绢布上一朵正在盛开的花朵，有着雕塑般的形态。正是这个建筑表达了几个世纪以来对自然形态建筑的尊敬并架起一座通往环境艺术设计新纪元的桥梁。快速的经济增长导致城市建设变成无节制的扩张，最终引发环境问题。大都市的天空一旦被污染将会变得暗无天日。我们要留心这样的危机并去寻求一种保留城市文化的方式。这个建筑设计预想能够为城市今后的绿色生态建筑设计提供一个模型。作为未来多元化发展的一个方面，希望能够激发出对生态环境的敏感性以及危机感，探讨人类社会与自然环境如何和谐共存。

如图12所示，天使设计团队的设计灵感来源于对生态与科技认知。这是一座两层的公共建筑，整个设计体现了流动性和通透性，将室内空间延伸到室外。建筑采用了波浪形的屋顶并做屋顶绿化，营造了一个适宜的内部小气候。共生关系的方案由自然界材料的应用决定。这是一个多维空间的构造，楼层交错，大规模的曲面，有角度的隔墙。在可持续性方面，天使设计团队在概念

图11 位于立陶宛的老别墅

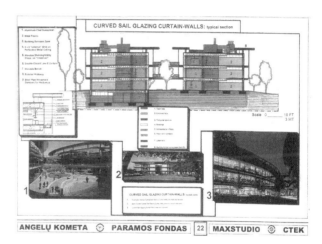

图12 建筑结构

图13 玻璃幕墙结构

设计上和技术上都采用了相对复杂的方法。这是由客户与建造者共同对新型绿色产品和方法的探讨试验。可持续设计包括建筑方位整合周围环境、热能控制、自然通风和太阳能，并且使用可循环利用经济型材料。这所建筑寻求最优的方位设置，同时避免不必要的太阳光穿透，墙体被固定以抵挡低角度的西晒，但又能维持一定的可见度，有与周围环境开放的感觉。另一边的凹陷造型减弱了东边日出的光芒，另外一系列的半户外平台造型可以俯视周围公园潮湿的绿地。外部特写是一系列的交织和重叠，确保阴影部分能够感受到室外活动性并且室内空间能够自然通风。双层外墙构成了一个保护缓冲系统。顶部的太阳能电池板为照明提供无污染能源确保了能源利用。屋顶结构与植被有效节约了能源。

如图13所示，抽象有机形态的绿色滤光玻璃幕墙将整个建筑融入周围环境当中。大厅以小型瀑布结构激起对东方花园的记忆。室内还包括大型走廊和一个听众席，使整个建筑的流线形态得到延伸。同时值得一提的是室内设计第一层所用材料。当地石材与可循环合成木板，这是一种由废弃木头和树脂制造的视觉效果类似石材的小型粒状材料。所以整个设计对结构构造提出了挑战，这是需要解决的建筑难题。这个不寻常的几何学需要墙面倾斜同时弯曲常引起结构变化，这是精确的定位合适的材料，包括长时间高效率工作的过程。木制品的选择有效地推动了关于资源紧张的意识。循环利用木材通常限制了室内设计，但有利于可持续性的发展，这是一项有效保护自然木材之道。这个建筑被周围的水环境包围着，意味深长地表达了动态经济节约逻辑的概念。想像与真实材料的融合代表着广泛的生态学紧紧地将人类、居住地、自然和社会联系在一起。

除此之外，天使学院打算为更高级的国际组织服务。从"威尼斯的和谐别墅文化"到"俄国沙皇法院"，投入了极大的研究热忱。

这就是天使学院所希望并为之努力的延续历史。这是人类共同的财产，不让它消亡。同时也希望教育机构所做的努力能够使得地方经济发展，有利于维尔纽斯城生活水平的提高和工作环境的改善。

现场提问

提问：Fransozo先生您好！高科技建筑造价太高，请问怎样去解决这个问题？

马西姆：高科技建筑需要使用最优解决方法。高科技建筑并不意味着使用全自动化，那当然会很贵。未来的建筑发展有很多趋势，高技派只是一个方面。也可以采用木头等与自然结合的材料融合当地的生态环境。很多西方建筑师到中国来作研究，就高科技建筑能否得到回报，以及建了之后将来会怎么样的问题，展开争论。这些都是很值得研究及认真思考的问题，还需要更深层次的探讨。

朱祥明 / Zhu Xiangming

（上海市园林设计院，上海，邮编：200031）
(Shanghai Landscape Architecture Design Institute, Shanghai 200031)

对风景园林教育的几点思考
——从设计行业的需求谈风景园林人才的培养

Ideas on Education of Landscape Architecture
—Discussion on the Education and Demand of Landscape Architects

摘 要：

当前我国的园林事业正蓬勃发展，社会对风景园林专业人才的需求也越来越多。与发达国家相比，我国的风景园林专业教育体系还处于摸索和发展阶段。因此，如何建立一个合理的培养目标？如何在园林专业教学中保持中国传统园林文化教育的特色？如何引导学生将中国传统造园思想的精华运用到现代园林设计之中？都是值得我们关注和思考的。

Abstract:

At present the rapid development of Chinese landscape architecture leads to the larger demand of landscape professions. Compared with some developed countries, the education of our landscape architecture is still under a beginning and developing process. How to find a reasonable teaching objective? How to preserve features of Chinese traditional gardening teaching? How to lead students to exercise the ideas of Chinese gardening on modern landscape design? These questions are what we should concern and think.

关键词： 风景园林教育　学科快速发展　培养目标　传统园林文化教育　人才培养

Keyword: landscape architecture education, rapid subject development, teaching objective, education of traditional gardening, profession teaching

　　众所周知，园林是一门既古老又年轻的学科，虽然园林在我们国家具有悠久的历史与深远的影响，但过去曾经有的辉煌不能掩盖我们现代园林建设与发达国家相比的不足。当前我国的园林事业正随着改革开放的深入而日新月异，与此同时，社会对风景园林专业人才的需求也越来越多。本人在园林设计院已工作了25年，深刻感受到我们从事风景园林教育的同志们很不容易，在极其艰苦的条件下，不断探索、不断改革，为我们设计行业输送了一批又一批的专业人才。同时20多年的工作实践，也引发了自己对当今园林教育的一些思考，尽管对园林教育是外行，但也衷心期望能在此提一些"繁荣"中的问题，以一方之砖引来众家之玉。

一、由学科快速发展、学校盲目扩招而引发的思考

1. 对学科快速发展的担忧

与美国等发达国家相比，我国的风景园林专业教育体系相对是比较落后的，美国的园林专业已经有100多年的教育历史，形成了多层次、多规格的系统制度和完善的理论和教学、培养体系。20世纪30年代，我国只有少数几所大学开设造园学等相关课程。直至20世纪80年代后，随着城市建设的快速发展，我国的园林专业高等教育才得以快速发展。据不完全统计，现在我国大约有80多所院校开设本科园林类专业或课程，农林院校几乎都有了园林专业，更有甚者，上海的一所商业学校也开办了园林专业……可以想像这样的学校，其规划设计的教学力量是如何的。在大干快上的热潮中，园林专业高等教育暴露出严重的师资问题。一些学校的师资配额不足，学生与教师的比例差大，而且具有实践经验的教师更是稀缺。

2. 学校扩招的担忧

我国的高校经历了连续几年的扩招，就积极意义而言，大学的扩招对于提高国民素质、增强国家的整体竞争力有相当有利的。

但是，假如扩招承担了诸如"教育产业化"、"缓解就业压力"等太多的社会责任、假如园林专业的扩招没有师资力量壮大的配合和高校专业设置的市场化取向，学生扩招了，仅有的一点师资力量被"稀释"了，那就另当别论了。事实上，原来一个教师指导几个学生的课程设计，现在却要指导几十个学生的课程设计，原来教师亲临现场的实习辅导讲解，也只能靠印一些实习参观地点清单，让学生自由参观来打发……因此，我个人认为，如果以牺牲教育质量为代价进行扩招，其恶果迟早要由一整代人的青春来买单，要由用人单位来买单。

3. 该是我们反思扩招的时候了

随着我国园林大规模的建设，许多院校成立了园林专业。同时，园林专业也成为许多大学生的选择，但我国园林专业教育体系还处于摸索和发展阶段， 在这一非常时期，盲目扩招是很不理智的。

美国斯坦福大学校长约翰·亨尼斯在上海召开的第三届中外大学论坛上的讲话就很值得我们思考。他说，目前世界上有20多所顶尖级的大学，如果这些大学实行扩招，起码要用20年的时间准备，才能维持原有的教学水准。由此看来，现在该是我们反思高校扩招的时候了！

二、 对培养目标的思考

1. 各个院校教育方向缺少明确的风格

从各个学校的介绍内容可以看出，各校的教育方向都似乎偏向大而全，缺少明确的各自风格。每个学校不论有多少师资，差不多都有风景园林的规划设计方向，这是很不理智的表现，成熟的高教格局，应该有各自独立的特色，在专业方向上有所侧重。

2. 中外大学在培养目标上存在本质差异

国外：经过几年的大学教育，培养出"毕业后便能进行独立工作的成熟的专业人员"。

国内：直到今天，大部分的学校还只是在培养着一批"设计院的学徒工"。

"专业人员"与"学徒工"的差异，也许值得我们从学校的培养目标上引起必要的思考。

随着社会的进步以及园林技术的日新月异，西方的大学早已把培养学生全过程的设计知识（包括建造知识）以及自主能力作为基本的培养目标，通过系统的训练，使学生逐步认识到园林的建造活动是如何从方案构思到施工前的全过程，初步建立起与各工种协调的概念，初步积累了作为从业设计师的基本素养，许多人毕业后便成为专业事务所的项目负责人。而我们的园林教育理念却还停留在当初计划经济时代学生在校学习方案设计技能，工程知识的学习留给了社会。于是，大学毕业生走进设计院后必须经过3~5年的"学徒工"实践阶段，才能真正独立工作。不论是在专业知识方面还是在社会工作能力上都需要有一个再培养的过程，与大学阶段不同的是，在再培养的过程中他们可以领到一份工资。

3. 过分追求"形式"是风景园林设计教学中的一个误区

大部分学生在园林设计的"功能"与"形式"的关系中选择了"形式"，"形式"成了我们一些学校园林规划设计教育的重头戏，在我们的教学体系中基本上缺少园林的建造理念，我们用了4年的时间重复着相同的方案设计技能训练。这种观念误区也导致了今天风景园林实践的畸形现象：相当一部分青年设计师抛弃了必要的逻辑思维和理性思维，缺乏建造技术支撑的"概念"、"构思"以及大量时髦的理论将学生引向空中楼阁的大师梦！导致了学生对风景园林设计师职业认识上的严重误解。

4. 建立一个合理的培养目标

在园林技术含量不断提高的今天，传统的教育方式以及培养目标已显然不符合目前行业的发展，更谈不上与国际接轨。如何扭转学生把表现技巧看做是高于一切、而忽视扎实的自然和人文科学知识积累的不良倾向，是值得我们大家关注和思考的。

对于园林设计教育来说，让学生建立一个关于设计工作全过程的基本轮廓应是我们培养的首要目标。

从我们的工作实践来看，学校不能过多地指望将大学生送进设计院参加施工图实习，力图以此来弥补设计教学中的不足。实际证明：这种实习很难有理想的结果。原因在于现在大多数设计单位都是生产性的企业，承担着很重的经济压力和项目负担，很难担负起像学校这样的教学重任。

三、 对传统园林文化教育的思考

1. 园林专业教学应保持中国特色

中国园林已经有3000多年的造园历史，特别是古典园林取得了举世瞩目的成就，承德避暑山庄、苏州园林、北京颐和园等都被列入世界文化遗产，这些都说明了园林在我国具有悠久的历史与深远的影响。

园林教育应该具有自己的特点，也应该引进发达国家成熟完善的教育培养体系，这些都是无可厚非的。但是，保持园林专业教学中的中国特色却是不容置疑的。

2. 应重视对学生传统文化的教育

文化从来都是有继承性的，如果否认传统，现代文化就成为无源之水，无本之木。传统文化是现代文化的基石，现代文化只有在传统文化的基础上才能继续发展。

纵观近年来一些青年园林设计师的作品，有些完全抛弃了我国传统造园的精髓之一"因地制宜"，不分东西南北、不问青红皂白，一味照搬外国园林设计的时髦概念，许多作品不伦不类，缺乏内在美的欣赏品位，忽视了园林设计应有的历史和文化内涵。这是否与我们轻视对学生传统文化的教育有关呢？

3. 如何引导学生将中国传统造园思想的精华运用到现代园林设计之中

现在的青年学生普遍对中国传统造园理论的研究兴趣不大，认为"源于自然，高于自然"、"诗情画意"、"意境"等都是老生常谈、更愿意花时间去盲目模仿一些西方的"极简主义"和"后现代"的做法。而同在亚洲邻国的日本和韩国的在校学生却在"如何将传统造园文化运用到现代造园手法之中"这方面作了大量有益的探索和研究。这又不得不引起我们的深思和担忧！我们是否应该研究如何在教学中发挥中国传统园林艺术博大精深的优势，引导学生将狭义的园林概念扩展到广义的园林领域呢？

人才的培养是一项复杂的系统工程，随着我国风景园林教育改革的不断深入，园林教育思想的发展和认识水平一定会不断提高，对园林设计人才培养途径和方法的改革也必将会不断深入，通过大家的共同努力，一定会对我国风景园林教育工作起到一个积极的推动作用，为我们国家培养更多更好的专业人才。

王淮良／ Wang Huailiang

（安徽工程科技学院，安徽　芜湖，邮编：241000）
(Anhui University of Technology and Science，　Wuhu,Anhui 241000)

诗画语境中的驿站
——宁淮高速公路永宁服务区环境系统设计

A Relay Station in Poetic Environment
—Ninghuai Highway Yongning Service Area Environment System Design

摘要：
宁淮高速公路永宁服务区设计以整体环境系统设计为中心脉络，结合地区文化背景，运用现代简洁的设计手法，营造出既体现南京深厚历史人文又充分满足其高速公路服务区使用功能的良好空间环境。

Abstract:
Ninghuai highway Yongning service area takes the overall environment system design as the central vein, unifies the area coutural context, uses modern succinct design, creates a satisfaction of highway service atmosphere, and also manifests the Nanjing deep history humanities.

关键词：服务区　环境系统设计　人性化　艺术品
Keyword: service area, environment system design, user friendly, artware

　　服务区是高速公路沿线设施的重要组成部分，更是高速公路运营管理的必备设施，对保证高速公路正常高效地运行起着重要的保障作用。宁淮高速公路南起江苏省会南京，北止于淮安。主线采用双向六车道，全长约200公里，沿线设有4个服务区。永宁服务区坐落在南京西郊，环山依水，风景秀丽，紧依服务区的是郁郁葱葱的山林，服务区征地规模140亩，建筑面积11000m²，服务区两侧分别设置有餐厅、商店、客房、休息室、公厕、停车场、加油站、汽车维修站、泵房、变电站、暖通设备用房、宿舍、管理中心等设施。

　　永宁服务区的设计充分利用自然环境条件，注重建筑与环境的和谐统一。重视环境选择，服从自然，利用自然，以"借景"方式精心设计，使内外之景相互映衬。

　　服务区在总体设计上强调各专业的系统整合，把建设项目中的规划、建筑、景观、设施、标识、室内等专业设计协调统一起来。注重系统中各专业之间的内在联系，有序地把握各单体专业的特点，使之设计都能得到最大限度的统一和优化。整个服务区的环境系统设计理念，是发挥金三角地域和六朝古都历史名胜的优势，突破服务区传统设计框架，以现代的建筑装饰写历史。它的品牌效应突出在以下几个方面：

一、尊重传统文化，延续地域特点

永宁服务区在设计上充分体现南京的特殊历史文化特色，以当地的历史、人文、自然特色为起点，衍生出永宁服务区别具一格的建筑、景观主题，营造出浓郁的绿色生态环境，使服务区不仅具有宜人的休闲、餐饮、停车环境，而且还蕴含深邃的历史文化、人文文化、自然文化内涵。

经过提炼、分析，整个服务区的建筑外观、景观规划、室内装饰、标识导向等设计方面，都从南京古城"明文化"和永宁的地理、自然环境出发，以金陵所特有的文化属性及历史渊源来构成集餐饮、休闲、观光为一体的服务区。借助服务区设计各个方位的细节来宣传、展示、树立服务区所在地的整体文化形象。

永宁服务区建筑以南京明式建筑为主要设计特质，把明式建筑博大、恢宏、开放的特征用极具现代、明快、简洁的手法来诠释，使其既能体现历史文化地域特征，具有中华民族传统建筑风格，同时又蕴含中国传统建筑向现代建筑演变的脉络。在设计构造、风格上通过传统构成原素与现代功能的结合，传统造型规律与现代建筑技术手段的结合，用现代简洁的表现手法，重新演绎传统审美意识与现代审美观念的融合。

1. "黑白灰"的独特色调

主体建筑综合楼及管理中心的深灰色坡面屋面是用层层起翘相互叠复的彩色水泥瓦对立反向而建，一方面与立面芝麻白花岗石剁斧板及灰色青砖组成理性而和谐的关系，同时，层叠坡面屋顶的"黑白灰"建筑与山峦自然环境形成呼应与延续，赋予了永宁服务区建筑更多的精神。在这里用现代建筑语言诠释坡面的屋顶外型增强了艺术感染的魅力，坡面屋顶或扬或抑，加强了建筑本身的审美情趣。而传统材料石材、木材、青砖的运用仿佛一曲悠扬的古筝乐曲，它以最朴实无华的建筑形态唤醒人们对厚重历史的回眸，缅旧怀古情绪深深地打动人心。而正是这种"黑白灰"简单纯净色调所表现出来的含蓄与沉静的美感，最接近人们的心理审美标准，使服务区建筑空间的色调稳重而不沉闷。

2. 精致节点与材质美感

永宁服务区建筑气势恢宏但追求简洁，在表达建筑独有的气势和魅力的前提下，对各种细节做了新的处理，门窗格子崇尚素雅，重功能、巧装饰，有独特的框架线条和几何图案。其框架线条，无不与明式家具线条制作相通，框档表面以优美的几何圆弧、方框与双股线的截面形成变化统一，不仅是在平面上表现为退进隐现的关系，在高度上也以高底起伏的态势营造空间的丰富变化。木制百叶窗表现出质朴、清新、素雅的意境和氛围，追求一种简朴的语言风格。青砖形成一种极具历史深度和怀旧氛围的质感效果，铺贴时局部缀以图案变化，令建筑立面细腻鲜明、纯朴自然，避免了材料运用的单调性。芝麻白花岗石剁斧腰线的简洁几何造型增添了建筑的动感，腰线在尺度的设计上非常考究，层次显得极为丰富。入口处轻盈通透的玻璃雨篷采用氟炭烤漆钢架结合夹胶钢化玻璃制作，其坡度与屋面斜度相等，通过雨篷同建筑立面的组合，设计师试图用最简单的元素来解决两者之间厚重坚实与轻盈灵动配合的复杂问题。

3. 轻快通透与美景对话

永宁服务区建筑立面出于采光而设计的大尺寸金属框架固定窗，显现出精致而纯粹的通透感，使建筑内外的景色达到了融合、呼应。室内可以欣赏到室外的景观，而室外又能透视室内的空间。门窗尺度的调整，使视觉空间显得轻松流畅，这种设计也潜在地表达了永宁服务区的双重功能——传承着地域历史、文化，又以新时代的特征迎接八方来客。

西区靠水域一边用钢结构表现的连廊设计富有强烈的现代感，连廊从建筑中悬挑出来，贯穿在建筑与水域之间，为人们提供了一个明确的开放空间，形成一种独有的休闲、宁静的场所。连廊的开放式处理让人仿佛置心灵于大自然中自由呼吸，同时又安享驿站建筑给予的身体呵护和精神情绪的调剂。

二、处处有景、步随景移

明代南京城墙的扩建，发自休宁文士朱升"高筑墙，广积粮，缓称王"之建议，而太祖朱元璋善之。筑城历时二十余年，劳役工匠至数十万之众。金城汤池，坚固无比，即在国外，亦未有能逾之者也。至今城垣已历六百余载，而当年规模尚存。

永宁服务区砖文化浮雕墙所要表达的也正是南京城墙文化的深厚底蕴，它运用多种城墙砖浮雕的变化，通过文字与图案、层次与明暗、体量与色彩的巧妙设计，体现出京城城墙文化的独特意境。

砖文化浮雕墙后面配植了一组潇洒挺拔、清丽俊逸的竹子，来柔化浮雕墙和建筑物之间的直线，同时渲染烘托出砖文化浮雕墙的艺术效果。竹子与砖文化浮雕墙的动静结合，增强了人们的观赏意趣，无论是在日出、日落、风中、雨中、雪中，赏物、赏景、听声各有情趣，使人迷醉，信步于此不忍离去。

《北七星》的设计概念源于明式勾阑的望柱和柱头。设计者从天体学和风水学中获得灵感，想用一种现代构成方式将古人对天体运动的规律再现出来。作品通过调整望柱与柱头的比例关系来重新展现一种元素的构成美，不拘泥于旧的制度和营造法则。

"印"系列雕塑小品采用质感完全不同的材料相互搭配，构思独具匠心。印——"天圆地方"以精美纯正的山西黑抛光花岗石为底座，托起晚霞红大理石雕刻的印章，上端看似粗糙随意却能看出纹路变化的火烧面芝麻灰花岗石和外围拉丝不锈钢交融渗透，构成完美的"天圆地方"。"外圆"大面积的不锈钢能映射出周围的景色，"内方"则以一枚印章来浓缩历史的精华。印二"照玉"和印三"瑞福平安"是两个互补的半圆，前者在半圆形山西黑抛光花岗石中，镶嵌一枚晚霞红大理石雕刻的阴文印章，并通过地面的镜面不锈钢巧妙地倒映出来；后者则在半圆形山西黑抛光花岗石中，嵌入一块艺术琉璃，有很强的透光感，并能折射出美丽的眩光。

大型停车场通向综合楼的景观通道在空间与变化上得到妥善解决，充分利用原地貌的高低差，将停车场与综合楼之间的路径做为重要的景观轴来设计。强调人车分流，使人们的休息场所更为安全，在提供通行的同时，让客人有一个室外休憩、观赏的场所。主通道路面材料选择青砖与鹅卵石的曲线交插铺设，印系列雕塑的"照玉"与树池巧妙地在通道路中相互呼应，景观设计的意境在这里得到了延伸。

不同的视点处星罗棋布若干若隐若现的艺术品，既统一又独具自身的个性，为服务区创造了一个移步易景的连续的空间体验。让服务区不仅仅为人们提供一个简单的功能空间，而是要从平凡的功能中衍生出一个充满阳光，人性化、诗意化的休息场所，让简单的项目设计变得富有品位和观赏价值。

三、标识导向、系统化一

服务区的标识导向作为"环境系统设计"的内容，是高速公路服务区设计倡导"以人为本"理念之必然。标识导向系统设计进入服务区，立即显示出独到的功能，无论是在解决具体的车流、人流等疏导问题，还是色彩、造型清晰的展示效果，都充分体现设计师在设计该项目的标识系统时，高度融合了永宁服务区的自然生态、建筑风格和人文精神，让人耳目一新。也为提高服务区系统性、整体性、艺术性起到了画龙点睛、美化环境的作用，使服务区呈现其洋溢亲情的文化氛围，为服务区树立良好形象、全面提高永宁服务区的品牌，起到了积极的推动作用。

在材料的运用上，面材采用3mm厚高弹性优质铝合金板V形断面直角机械折边而成，表层经氟炭烤漆处理，外形简洁、线条流畅。文字图案在铝板上经电脑镂空雕刻，内衬有机发光板，这种文字图案的凹入设计给人一种立体的视觉观感，别具一格、颇有韵味。标识导向牌的骨架结构用轻质钢方管制作，牌底脚12mm厚钢板与混泥土基础中的预埋件连接固定，使得标识导向牌稳固牢靠，可抗大风。

色彩上充分考虑到既要与整体环境的协调统一的系统性，又要让驾车者和行人都能容易看清标识导向所传达的具体信息。设计者在停车场标识中通过在基调色彩钴兰中调和了些许墨绿把握得十分巧妙，与周围的环境景观融为一体，而白色的文字和标志却让人一目了然。服务区入口分流导向牌和综合楼服务设施导向牌的设计在基调色彩上用的是银灰色调，文字表现材料选用了德国新产品——"黑白板"。白天文字在自然光的照射下呈现的是黑色，到了晚上导向牌内部的灯光亮起时，文字又变成了通透的乳白色。这种"黑、白、灰"的交替变化会带给你一定的惊喜，在演绎个性的同时，也与整个环境及建筑的色调呼应起来，让每一个独立的设计单体都从系统设计的角度来考虑其功能性，为传承服务区的文脉而发挥出特殊的作用。

在高速公路上行驶，人的精神往往处于一种压抑状态，而在不经意间，一个充满宁静、温馨的服务区也许能将你带入诗画语境的意念空间，让你充满遐想，使你的心灵得到一份恬静、一份安闲。这也正是在永宁服务区环境系统设计中除了满足功能性之外实现其以人为本、做到人性化服务的一项重要使命。

崔笑声 / Cui Xiaosheng

(清华大学美术学院，北京，邮编：100084)
(Fine Arts Institute, Tsinghua University, Beijing 100084)

消费诱惑中的当代室内设计状况

Contemporary Interior Design in the Era of Consumption Enticement

摘要：

随着改革开放的逐步深入与国际交流的日益频繁，现阶段我国的社会发展与日常生活方式在一定程度上表现出消费文化的特征。由此本文将当代室内设计纳入消费文化的背景中进行研究，对室内设计的诸多现象进行社会学层面的分析。对消费文化背景下室内设计观念的变化及其审美特征等方面进行论述。强调保持传统文化精髓的主体地位并有机结合当代设计观念的设计策略，为室内设计在消费文化时代的良性发展提供思路。

Abstract:

As the gradual deepening of Reform and Opening-up as well as the increasingly frequent international exchange, the economy in our country is rapidly developing, and the living standard of people has been tremendously improved. And in the current stage, The social development and the daily life style in our country have expressed the characteristics of the consumer culture in the certain level. Therefore this paper will bring the contemporary interior design into the background of the consumer culture, to have the analysis in the sociology aspect for the many phenomena in the interior design. Make the discussion for the aspects like the change of the interior design concept and its aesthetic characteristics in the background of the consumer culture. It will emphasize the design strategy of keeping the principal status of the traditional cultural essence, and organically combine with the contemporary design concept, to provide the idea for the good development of the indoor design in the consumer culture times.

关键词：室内设计　消费文化　文化　符号
Keyword: the indoor design, the consumption culture, the culture, the symbol

一、引言

消费是当今世界社会中的重要现象，其含义也随着社会生活的变迁而变，"在过去，消费一词一直被定义为浪费、挥霍，被理解为一种经济损失或一种政治、道德价值的沦丧。从18世纪后期开始，消费开始作为一个技术性的、中性的术语被人们使用" [1]。法国学者鲍德里亚有更精彩的论述："要成为消费的对象，物品必须成为符号"。因此消费并非是物品的买卖那么简单，它是一种关系，真正的消费不在于物品的物质性，而是物品之间的差异性。审视当代室内设计领域，在各种各样的装饰装修广告的怂恿下，在电视里、家居杂志中不同风格样式的诱惑下，人们不断地追赶着潮流，加入到装修消费大军之中。几年间，我国室内设计呈现出惊人的转变。强调符号化、片断式、场景式的设计实践越来越多，在大众传媒不断制造的"生活品味"之中，寻找能代表"身份"的室内设计样式成为当今室内设计追求的"目标"之一。因此，从当前社会、人文的层面来看，有必要将室内设计纳入消费文化视野之中分析。

二、当代室内设计的消费文化表现

1. "符号化"设计

"符号化"设计表现主要关联于"炫耀式消费"的发展、转变。"炫耀式消费"并非起源于现代，远在封建社会中"炫耀式消费"已经普遍存在。在礼教、等级制度明显的社会时期，一个室内设计作品除了应该具有的功能之外，还要能显示出某种社会地位、名望。当代室内设计中，炫耀式消费变换成一种较隐蔽的、道貌岸然的方式，虽然当代社会以民主、平等为口号，但是在消费过程中还存在着阶层、等级的差别，只不过是变换了方式，不再强调礼教、等级、血统，而是通过对"物"的消费来暗示差别。根据布尔迪厄的"场域"理论，[1]正是不同的场，如艺术场、经济场、宗教场等构成了高度分化社会中的和谐统一。同时不同的"场"相对其他"场"具有特殊性、不可简约性。由此，当代室内设计的"炫耀式符号"表现主要在自身所属的"场"之内，而不同"场"有不同的"符号"物。比如，在文化知识场内，其室内设计"炫耀式"符号可能是藏书或珍藏的传世之作，而在经济场内则可能是名贵的消费品，家具、洋酒，购买的古董等。不同场之间的室内设计"炫耀符号"并不具有明显的可比性，因为他们拥有的资本类型不同，而在同一场域之中也具有等级的高低分别，因为他们的资本积累有差别。但是在我国当代社会以经济为重点的潮流下，基于经济场的室内设计"炫耀式"符号表现似乎掩盖了其他"场"的表现。

因为不同的场有不同的符号表现，所以，当代室内设计"符号化"设计追求也因为不同的社会背景、审美趣味、文化水平的差别而不同，在设计实践中呈现多样化的表现。大体可以归纳为如下几类：

（1）追求身份、地位"符号"的设计取向。

（2）以喜欢追赶潮流的人群为主要对象的"流行符号"设计。

（3）差异化的"另类符号"设计。

（4）"传统符号"形式在当代室内设计中的演变。

（5）全球化背景中的"中西合璧符号"应用。

（6）对未知的符号形式的探索。

---

① 包亚明编译.文化资本与社会炼金术——布尔迪厄访谈录.上海：上海人民出版社，1997：143.
"一个场也许可以被定义为由不同的位置之间的客观关系构成的一个网域，或一个结构。由这些位置所产生的决定性力量已经加到占据这些位置的占有者、行动者或体制之上，这些位置是由占据者在权力（或资本）的分布结构中的目的、或潜在的境遇所决定的；对这些权利（或资本）的占有，也意味着对这个场的特殊利益的控制。"

2. 对传统的"戏剧化"再现

传统元素在室内设计中出现并非新鲜事，不同社会、文化发展阶层中的设计都可能向它以前的传统学习。但当代室内设计中传统元素的运用受到消费文化的冲击表现出与以往不同的状态。在设计实践中，设计师无暇顾及对传统元素的深入研究，在设计中不太可能像老一代设计师们设计人民大会堂时那样揣摩传统元素运用的技巧。他们把传统元素仅仅作为"符号"应用在空间中，这时候传统元素符号与空间的关系往往是"戏剧化"的，它们既可以紧密，也可以疏远；可以一致，也可以对抗。其在空间的整体性中可以是装饰元素，也可以是结构元素，它还可以作为空间的他者身份与空间对话，传统元素的多重角色为设计师的创作提供了更多的机会，也更容易符合当代设计的审美变化。其表现为：首先传统建筑构件在当代室内设计中基本失去了其本质的结构功能而多数表现为装饰语言。它们也是被缺乏文化价值判断力的设计师滥用最多的传统元素，但消费文化下价值判断的大众化掩盖了此种状况的不利影响，设计师也可逃避对传统文化不负责任的自责。其次，传统器物在当代室内设计"戏剧化场景"中的作用突出，其可移动、更新、复制的特性成为当代室内设计文化价值表现的活跃因素。此类"物件儿"能体现主人的社会身份和空间的格调。再次，历史积累下来的民间艺术和传统文化特征突出的非物质遗产成为室内设计"戏剧化场景"中活跃的因子。这几类传统元素在当代设计思潮的影响下，其表现手段也呈现出多样性，或以平面的状态存在，或以立体的形式出现，还可能被夸大成巨型装置。无论表现如何，当代室内设计中传统元素的频繁出现表明设计师、业主从感情上、认识上看到室内设计发展要与传统文化相关联。

3. "大众化"设计

社会发展到消费文化语境之中的时候，人们看到了审美与文化的另一个层面，审美不再专注于令人敬畏的高雅层面。人们开始学会放松自己、娱乐自己、用各种方式来使高度紧张的神经松弛下来，因而产生快乐的体验。因此当代室内设计不再那么严肃了，不再一味强调使命感与意义，它好像不在乎被人们评价成什么，关键是令人愉快。这时候创作的目的可能不再是为了留下经典之作，而是自由自在的快乐主义。正如哲学发展的历程那样，康德认为只有在经过判断之后才能产生审美的快感；到了叔本华那里则去掉了判断的过程变成了直接的快感，而到了尼采笔下干脆称"上帝死了"；[2]接下来是福柯，在他那里"'疯癫'被赋予了'天生善良的他者'的形态，而'理性'则被简单地痛斥为压制的代表"[3]。到鲍德里亚的理论中最终成为了"符号消费"、"符号娱乐"。莫里斯曾指出"人这个出类拔萃，高度发展的物种，耗费了大量的时间探究自己较高级的行为动机，而对自己基本行为动机则视而不见"。笔者曾在许多中式餐厅（包括在国外的中餐厅）就餐时观察其室内设计，有意思的是很多地方乍看起来雕梁画栋、十分华丽，走近仔细观看却发现它竟然是用打印出来的纹样裱糊在墙面或顶面上的，稍高级的有用塑料合成材压制而成的，这种让人啼笑皆非的室内设计却正好符合了大众要少花钱多办事的心态。即便是典型的传统样式物件也大多数是用机械加工完成的，其成本大大降低而效果却十分显著，而真正用传统工艺、材料精心制作而成的作品却因价钱昂贵而少有大众问津，只能留给少数秉持"精英"气质的人士去收藏了。同时许多先前只能为少数精英拥有的物品也由于大规模生产与复制技术的发展而得以走入寻常百姓家，经典似乎已经没有什么"特权"可言。从认识与时效性方面分析，对室内设计"大众化"的趋势是须谨慎的，因为从这种趋势的文化基础——大众文化分析，它是肤浅的、无深度的、即时行乐的。这些特质在室内设计方面也有所表现，以家庭装修为例，人们普遍认为家庭装修在几年以后就要更新，酒店、娱乐等行业的室内设计更加甚之。这么短的时效对于一个设计来说，可能还没有被人们认识到、谈论到已经被拆掉重新设计了，这里何谈"经典"呢？它们充其量只能是不断地追逐流行风格。但其在某种程度上刺激了室内设计的多元表现。

4. "泛审美化"倾向

德国哲学家沃尔夫冈·韦尔施这样评述当代的美学危机："美学在当代社会中危机深重，是因为审美泛滥无边，到了叫人忍无可忍的地步。我们的世界实在是被过分审美化了，美的艺术过剩，……凡事一同美学联姻，即使是无人问津的商品，也能销售出去，……而且由于审美时尚特别短寿又使潮流产品更新换代，如走马灯般替换。"[4] 其描述也正好反映了当代室内设计行业的审美症候。

在当前，在世界各地的大街小巷之间，一间间装修整洁、装饰考究的商店，一处处正在翻新的旧宅、老街，都上演着一次次审美表演，时髦、华丽、充满生气、引人入胜等词语成为人们关注的重点。可见审美已经成为普遍的社会生活形式。鲍德里亚将这种现象称之为审美的泛化或者审美价值的扩散。"世界上所有的工业机构都要求具备一种审美的维度；世界上一切琐屑的事物都在审美化过程中转变。"在当今世界中"当一切都成为审美的时候也就无所谓美丑"[5]。回顾一下周边的室内设计市场以及大量的室内设计作品，不得不承认我们的确处于一种审美的过剩之中。在材料市场上数目繁多、形式各异的门、窗、五金、石材……个个形式精美、诱人；在名目繁多的室内设计大展、论坛制造了一次次室内空间审美大餐之后，不知道我们的专家、评委们是不是会感到"腻"了；大量的家居杂志连篇累牍地介绍着什么是好的家具？什么是流行的布艺？什么是时髦的饰品？或者是某某名人的家居如何？某某艺术家的工作室如何？某地的派对如何……韦尔施这样评价这种审美状况："但是，我们不能忽略这个事实，这就是迄今为止我们只是从艺术当中抽取了最肤浅的成分，然后用一种粗滥的形式把它表征出来，美的整体充其量变成了漂亮，崇高降格成了滑稽。拿破仑早就指出，崇高与滑稽不过是一步之遥。"[7] 韦尔施揭示了当代审美的"肤浅"之处。

当阅读报纸、杂志中对于生活空间的评论词时，最多的恐怕就是"舒适"与"美观"了。在当前的室内设计中，不论是酒店、会所还是住宅、别墅，时时刻刻都在刻意地为使用者设计供他们享乐的空间和相关的饰物。并且这种以"享乐"为指导的室内设计之风从有钱有闲阶层自上而下漫延至寻常百姓。没有能看得见风景的浴室，可以在浴室中挂一幅风景画或者设置绿色摆设；没有足够大的起居室，可以在墙上装一面镜子以扩大空间感；没有高级皮革或织物沙发，亦可以用仿制品替代。不用管这些物品的真实性，其目的就是为了增加室内享乐功能。"在表面的审美化中一统天下的最肤浅的审美价值；不计目的的快感、娱乐和享受。这一生气勃勃的潮流，在今天远远超越了日常个别事物的审美掩盖，超越了事物的时尚化和满载着经验的生活环境。"[4]韦尔施如是说。

在这种审美经验的作用下，室内设计的决定权交到了大众、市场的手中。因而出现了诸多让专业人士无奈却又"同情"的室内设计样式。比如不合空间尺度的"欧式"设计，这从一定程度上表现出了平民百姓（或是某种低水平设计师）对于欧洲传统贵族生活"肤浅"的崇拜心理。在这种"肤浅"的心理作用之下，人们有可能义无反顾地走向心目中的"欧式"殿堂，全然不顾自己面对的现实空间是否可行。

三、消费文化状态下室内设计的策略

从以上论述中表明，当代社会发展状态以及消费文化的蔓延使室内设计发展面临种种问题与挑战。要清醒认识、分析才能健康发展。

1. "关系"的问题

当代室内设计的开放性使设计过程中各种关系的处理成为十分显著的问题。如材料的关系、形式的关系、功能的关系、空间的关系、人与环境的关系、设备技术的关系、社会的关系，文化的关系……只有当各种关系在设计师的调配、组织、计划之下和谐共存，并以完整性传达一定文化价值时才能算是好的设计。鲍德里亚旗帜鲜明地指出：消费并不是一种物质性的实践，消费的东西永远不是物品，而是关系本身。所以室内设计的关系处理也可以被认为是消费文化中设计生存的关键。

第一，人与人的关系。在消费社会中室内设计作为一种消费过程是受人控制的，在这个过程中，不同的人扮演着不同的身份与角色。室内设计从项目立项、整体策划、概念方案、设计深化到施工结果，整个过程中要有诸多人参与。业主、设计师、使用者、还有评价者，这几类人在设计推进的不同阶段，其意识、权力、地位的相互转换直接影响设计的进程。过去设计师在设计过程中无疑是主导者、控制者，其思想认识可能影响设计的方向与结果。现代主义是极力推崇设计师要以精英、救世主一般的角色来影响设计的，设计师建构空间、安排功能、解决交通、运用技术，然后再使人们接受这些。这在消费文化盛行的当代社会是很难发生的事情。当前设计过程中的各种角色不再是一种控制与被控制的关系，而更多的是一种多边合作的状态。业主、设计师、艺术家、文学家、社会学、哲学家等许多人可能为一个项目而共同工作，从不同的视角审视设计作品，这种设计作品应当是具有社会性的、全面的、有价值的作品。

第二，人与空间的关系。在当代条件下人与空间的关系变得有目的性。由空间的专制、功能的主导地位到空间的多元、多边界以及功能的隐退、社会性事件生成等转变，室内设计的重点环节——"空间创造"发生了根本性的变化，人在空间中的地位、角色被大大强化了，空间不再是设计师自我理想的表现；不再是固定的、单一的属性的表演；空间会有不同人的不同认知与解释；会有不同人与空间的不同互动，这便是当代社会、文化环境中空间与人之间应有的一种和谐的、松弛的、互动的关系。人不再强制空间的属性，空间不再强迫人的神经。人与空间的地位不像以前那样固定，两者之间往往根据时间的变化而相互吸引或排斥。

第三：人与"内含物"的关系。室内设计中的内含物是在消费文化影响之下变化最活跃的因子，其身份、意义、功能从传统到当代的变迁可以说是当代文化转型的缩影。对物的符号意义分析的深入使人们更加重视它的"所指"的层面。其中家具与陈设的功能、身份的变化是当代室内设计发展的重要表现之一。在父权统治之下所谓"温馨的家"表现为人与家具、陈设的一种相对固定的关系，家具、陈设本身的摆放位置和对应关系使人产生一种精神上的图式，就是所谓"物的临在感"。在消费文化中人与内含物关系的维系由形式、功能、价值、时尚性等因素决定，其组织关系完全按照人的需求与喜好来决定，人与内含物的关系变得单纯且不受拘束。此时内含物大多数在消费的刺激中变得很短命。它们大多不是因为老化、破损而消亡，是因为过时而死去。因此在当代室内设计中，人对于内含物的选择有绝对的主导权。这种情况在传统室内设计中是不可能的，那时候人们把对内含物的选择交给了习俗、文化传统等自身不能支配的因素。

2. 国际化与体系化建构

从发展的角度来看，室内设计必将走向国际交流与发展的方向，在全球的视野中寻求自身的特点。在此不妨描述一下我国当代室内设计国际化应具备的体系特征。

首先，该室内设计价值体系须是一个在保持自身系统特色基础上的开放体系，我国传统室内设计体系在国际同领域中是十分有吸引力的，如果摆脱封闭的观念束缚进一步以开放的胸襟融入国际交流中定能产生更深远的影响。

其次，该室内设计价值体系须具有多元化发展的机制，当代室内设计在目前的社会、文化、经济、技术条件下不可能是单一的发展模式。在这个室内设计体系中，传统、现代、个性、时尚、流行等多种设计的风格共同构建体系的整体性与特征。

再次，该室内设计价值体系具有自我更新、自我调节的能力。我国传统文化之所以维系、发展几千年，主要依赖于传统文化的自我调节性。当代室内设计体系要保持良性发展一定保持这种自我调节的能力，我国室内设计与国际交流的资本是传统文化精华的延续及在当代社会条件下的更新所表现出的状态，所以保持自我更新的机制是国际化的重要保障。

四 、结 语

当代室内设计在消费文化的冲击中走向国际化是大势所趋。重要的是在国际对话中必须有自身独立的、独特的话语才能产生有效的交流，否则只能是被动的接受、模仿，那不是国际化的策略而是国际化的"俘虏"。如英国学者Alain de Botton所言："要我来建议中国的新建筑应该是什么样子是绝无可能的——而且非常冒昧无礼。不过，有一点还是可以肯定的：你要弄清楚了中国想要成为什么样的国家以及她应该秉承什么样的价值观之后，才有可能讨论中国的建筑应该是什么样子。"

因此，我国室内设计国际化之路的基础是自身价值体系的完善及其在国际交流平台的吸引力。

参考文献

[1] 罗钢，王中忱.消费文化读本.北京：中国社会科学出版社，2003.

[2] 汪民安，陈永国，马海良编.福柯的面孔.北京：文化艺术出版社，2001.

[3] 赵巍岩著.当代建筑美学意义.南京：东南大学出版社，2001.

[4] [德]沃尔夫冈·韦尔施著.重构美学.陆扬，张岩冰译.上海：上海译文出版社，2002.

[5] 周小仪.日常生活的审美化与消费文化.文化研究网，2003.

[6] 包亚明编译.文化资本与社会炼金术——布尔迪厄访谈录.上海：上海人民出版社，1997.

[7] 罗钢，王中忱.消费文化读本.北京：中国社会科学出版社，2003.6.

[8] [法]让·波德里亚著.消费社会.刘富成，全志钢译.南京：南京大学出版社，2001.

[9] [法]尚·布希亚著.物体系.林志明译.上海：上海人民出版社，2001.

王海松、史丽丽 / Wang Haisong, Shi Lili

(上海大学美术学院,上海,邮编:200444)
(Art College of Shanghai University, Shanghai 200444)

"大环境"中的设计与环境中的"大设计"
——当代环境艺术设计的趋势

From "Environment System" to "Comprehensive Design"
—The Trends of Contemporary Environment System

摘要:

本文试图从全球可持续发展的新趋势出发,重新探讨"环境"和"设计观"的新内涵。文章提出:传统意义上的"环境"应演变成为一个包含社会、经济、人文及自然的"大环境"系统;而相应地,"设计"也将由原先对形式美学的追求,转变为从全局观、集成观和生态观出发的综合性的"大设计"。

Abstract:

The article aims to arouse the re-thinking on meanings and extents of "environment" and "design concepts" on the basis of the new global need for sustainable design. It is proposed that ① "environment" shall be regarded as an "environmental system", including social environment, economic environment, cultural environment and natural environment; ② correspondingly, "design" shall be considered as a comprehensive design process, rather than only pursuit for beauty.

关键词:环境艺术设计 "大环境" "大设计"

Keyword: environment art design,"environmental system","comprehensive design"

一、引言

"环境艺术设计"学科的界定,离不开两个关键词:"环境"、"设计"。

"环境"一词是一个含义丰富的概念。狭义地来说,它与空间、场地有关,而且包括空间中的各种东西。从"空间"及其内含物的概念出发,环境应该包括各类建筑物室内、外空间及其附属物,它们可以是城市公共空间、私人园林,也可以是雕塑、假山石、广告牌、路灯、座椅……广义地来说,环境是一个包容度很高的概念,它可以指自然环境,也可以指社会环境、文化环境、经济环境等,是一个涉及场所、人文、社会发展等范畴的"大环境"。

"设计"是一种非常具体的人为活动,它的目的是创造一种新的东西,或改善某些东西——建筑可以被设计,家具可以被设计,场地可以被设计,同样,环境可以被设计。设计的进行取决于设计对象和设计目标的确定。相对于狭义的"环境"概念,设计的对象就是空间及其附属物，相对于广义的"大环境"概念，我们的设计就应该是"大设计"。

二、"大环境"中的设计

当今世界是一个"高速发展"和"高度消耗"的社会，越来越多的人们已经认识到了"可持续性"发展的重要性。可持续发展需要我们创建一个保护自然资源、关注人类需求、倡导社会和谐、促进经济稳定持续发展、传承人类文明的整体环境。环境艺术设计将不再仅仅满足于解决最基本的功能需求和审美问题，应该成为促进社会可持续发展的载体。在社会新发展需求下，环境艺术设计学科中"环境"的意义和范畴应该得到拓展。

传统认识中的"环境"范畴多为具体、物化的人类活动环境，通常情况下，它包括人造环境与自然环境，它同时也是建筑设计、城市规划、城市设计等学科所关注的对象，还是雕塑、陶艺、壁画、广告、产品设计等行业的载体。

Buchanan在1988年就为"环境"一词提出了一个更广义的概念——"语境"，它不仅是"狭义的形式上的"环境，还包括土地利用模式和土地价值，地形学和微气候，历史和象征意义，以及其他社会文化等。1994年，Lang则提出所有的环境都可依据四个紧密关联的组成部分来理解，其中包括"地理环境"、"生命环境"、"社会环境"、"文化环境"。这些对"环境"的新定义，再次扩大了"环境设计"的研究范围。[1]对"环境"涵义的拓展将把传统上较为具体、物质的环境意义上升为较为宏观、体系化的综合概念，它将是一个集自然、社会、经济、文化等因素的"大环境"，是一个广义化和全面化的"环境系统"。

"环境"意义的被拓展，主要应从"社会"、"经济"、"文化"、"自然"等几方面去考虑。

1. 和谐发展的社会环境

把社会问题纳入"环境设计"的范畴，是"大环境"对设计师提出的新要求之一。创造和谐社会环境，需要关注社会公平问题，即指用设计的手段尽可能地解决社会资源私有化的问题。比如，为更多的公众创造可供享用的公共环境，使公众更便捷地接近并喜欢这些公共环境，同时合理控制和分布私有环境，使其私密性得以保护。通过设计手段促进社会和谐，还可使人们能够在建成环境中更好地进行情感、文化等交流。

2. 可持续的经济环境

把经济因素归入"环境设计"的范畴，是"大环境"对设计师提出的另一个新要求。经济因素不单纯指设计和建造成本上的节约，更重要的是指对社会综合资源的最大化利用，其中包括："高效的资源调配"，"稳定的增长模式"。环境设计，尤其是在建筑及规划领域，往往要牵涉到空间功能的分布和调配，对各功能空间的合理安排，使之能达到最高的使用效率，如城市设计中常常会提到的"功能混合发展"即是一种高效设计。同样，在设计某个公共环境的形式之前，必须先考虑该环境日后的使用前景和开发模式。一个必须有不断的巨额维护成本投入，而不能创造收益的公共环境很难被称为是成功的设计。相反的，好的环境设计应该是能依靠前期的设计定位和建造投入，为业主和社会带来后续稳定的经济和社会效益。而这种前期的定位也应是环境设计所要考虑的问题之一。如新加坡的"新加坡河沿河环境更新"，在开发之初就将设计定位在以开发旅游业为目的，以创建新的公共活动和文化走廊为手段上，因此，不但收回了前期的成本投入，并使该地区能获得持续稳定的经济和社会效益。

3. 注重保护与传承的文化环境

从20世纪20年代，人们就已经开始注意到历史文化遗产的重要性，随之到了20世纪60年代后，这种保护历史建筑及环境遗产的需求不断升温[2]。对历史建筑遗产的保护经历了从保存原样到使用和再生，从单体实物到群体环境的过程。在环境设计中，除了保护和再利用现存的历史文物、建筑以外，设计师们也一直在摸索如何运用视觉符号和空间符号唤起人们对历史文化的记忆。如使用围合的院落空间，暗示中国传统的民居形式，运用竹林、砾石营造传统的庭院形式等。

然而，保护表皮意象只是一种辅助手段，保护环境的肌理才是保护文化的大前提。欧洲许多城市并不排斥在老城区内使用全新的表皮材料和建造方式，然而新的设计必须按照原有的街区模式和尺度进行设计。不幸的是，在国内，当我们顾及环境的表皮历史特征之时，却并不注重整体环境肌理和尺度的历史传承。传统肌理的老城区被大片地推平，取而代之的是巨型绿化公园和超大栋距的高楼，即使保留了少数具有代表性的历史建筑，或使用了一些历史性的符号元素，但是真正的环境文化已经被完全破坏了。

4. 节约利用的自然环境

舒马克在1974年所著的《少就是美》中首次提出"在这个资源有限的星球上，人类认为自己仍可以以不断增加的速度进行生产和消费活动的想法是不切实际的"[3]。解决全球环境问题已成为全世界的共识。同时也带来了这样一个问题：如何使城市环境和自然环境和谐共生？当勒·柯布西耶所设想的现代主义城市规划模型"光辉城市"理论被慢慢否定后，人们逐渐意识到：城市就是城市，把城市建造成"花园"只是诗情画意的虚伪梦想[4]。"紧凑城市"的理念正在得到国际学术界的认同，城市环境的紧凑设计不但是对城市资源的集约利用，同时也是控制城市蔓延，以满足保护自然界生态环境不被蚕食的要求。

对"大环境"的清醒认识和全面把握将极大地开阔环艺设计学科的视野，有利于环艺学科吸收最充分的营养，也提升了环艺学科的实践指导意义。

三、环境中的"大设计"

随着环境意义的拓展，针对环境的"设计"也将相应地作出调整。设计将不再只是追求形式美学和心理趣味，而是通过关注设计对象在"大环境"中的潜在意义为前提，通过综合的手段满足各方面需求平衡的过程，而这种综合地分析、梳理和创造的手段正是当今世界可持续发展所需要的"大设计"。

在可持续发展的大课题下，随着环境艺术设计的对象和视野的拓展，新的设计理论和方法也应运而生。这些设计概念从根本上扩展了设计所要关注的问题，以更大的视角和更综合的设计方法满足当前的现实要求。Michael Hough在1984年就确立了五个环境的广义生态设计的原则：注重发展的过程性、经济最大化、多样性、生态问题、改善环境。《共鸣的环境——设计师手册》（1985年）一书中指出创建"共鸣环境"(Responsive Environment)的几个重要设计质量：场所的渗透性、多样性、可识别性、文脉、审美、以及个性[5]，并在1994年后，又加入资源功效、清晰流线及生态支持等四项。这些新的设计导则直接针对当前大环境中所提出的设计要求，分别从社会、经济、人文以及自然的可持续发展角度解决设计手法的问题。类似的设计方法论在设计实践中逐渐得以肯定和完善，并被国际学术界广泛认同。

可见，针对环境艺术学科的"大设计"，不能被简单地理解为设计对象的极端扩大化、设计内容的包罗万象，而应着眼于"设计观"的提升，着眼于各项环境因素的归纳、集成。基于被拓展的"大环境"概念，我们提出新的环境艺术设计学科应充实以下的一些设计观。

1. 全局观

在经济学中有一个著名的"水桶理论"，即一个由许多块长短不同的木板箍成的木桶，决定其水容量的并非是其中最长的那块木板或全部木板长度的平均值，而是其中最短的那块木板。在全面视野下的"大设计"，应该把握住社会、经济、人文、自然等各方面的综合发展，缺乏了全局的观念，就有可能造成预想不到的后果。

2. 集成观

要全面的综合各方面的环境条件，需要用系统集成的观点来看待环艺设计。集成设计（Integrated design）侧重于通过一种科学的设计方法，整合各个学科的相关知识。其基本理论依据来源于系统论的观点，即系统内部各影响因子间相互联系、相互影响，且遵循"整体大于局部之和"的法则。德国著名建筑师托马斯·赫尔佐格（Thomas Herzog）自20世纪70年代起就提出了"集成设计"的观点，并将之体现在最重要的建筑设计或者建筑概念的发展中。这种方法的重要特点是设计的每一个过程，均由各个学科门类的专家、艺术家的介入。因此，立足于系统思维的"大设计"应该注重集成设计。

3. 生态观

基于"可持续发展"的新理念对社会、经济、环境可持续发展产生的深刻影响，环艺设计中生态策略的坚持必不可少。1997年，格拉汉姆（Graham）在总结可持续发展有关文献时指出："生态学肯定是可持续发展的先决条件"。按照生态学原理，我们应该把"环境"作为一个有机的、具有结构和功能的整体系统来看待，有节制地利用和改造自然，寻求最适合人类生存与发展的生态环境，并通过组织设计环境中的各种物态因素，使物质、能源在环境生态系统内部有秩序地循环转换，获得一种高效、低耗、无废、无污、生态平衡的和谐环境。因此，遵循可持续发展理念的"大设计"还应坚持生态观。

在这特定的历史及国际环境下，展望中国环境艺术设计的发展，我们应该更加明确其作为一门学科的任务和使命，进而是更完善的标准和方法。有理由相信，随着中国与国际社会间在人类共同发展上达成的共识，"环境设计"的发展将有更深远的社会意义，而传统的"环境艺术设计"也将逐步走向"大环境"中的"大设计"。

参考文献

[1] Matthew Carmon等.城市设计的维度：公共场所——城市空间. 2003.

[2] 陆地.建筑的生与死——历史性建筑再研究利用. 2004.

[3] Cliff Moughtin.绿色尺度. 1996.

[4] Colin Rowe.拼贴城市. 1984.

[5] Bentley等. Responsive Environments: A Manual for Designers. 1985.

吴强／Wu Qiang

(上海商学院，上海，邮编：200235)

(Shanghai Business School, Shanghai 200235)

新形式下环境艺术教育框架初探

Tentative Study on the Environment Art Education Framework under New Situation

摘要：

本文从环境意识、形式与技术的关系以及设计的原创性三个方面阐述了当前环境艺术设计教育所存在的一些问题，并提出了构建新形式下环境艺术教育框架的初步设想。

Abstract:

This article from the environmental awareness, the form and the technical relations as well as the design original three aspects elaborated the current environment art design education existing questions, and proposed the preliminary idea of art education frame under the new form environment.

关键词： 环境艺术   原创性   可持续发展

Keyword: environment art, creativity, sustainable development

一、引言

20世纪80年代末，在我国一些院校相继出现了环境艺术设计这个专业，它是将原有的室内设计专业的课程体系作了延伸，加入了外部空间环境设计的相关内容，在当时，它基本满足了除建筑设计之外的室内及室外环境设计的需求。在此之后，环境艺术设计专业如同滚雪球般的发展，仅以上海为例，目前已设置环境艺术专业的院校就已超过20所。究其原因，主要是经济发展所带动的需求以及与之相对应的较高的就业机会。在这种情况下，一些院校由于匆匆上马所造成的教学水平的参差不齐，特别当今经济高速发展对专业知识的更新与补充提出了新的要求，对教学所产生的影响，应当引起我们的重视。

二、当前环境艺术设计教育存在的问题

环境艺术专业中所指的环境，它包括了自然环境、人工环境、人文社会环境在内的全部范畴，涉及面之广，是一个跨学科的综合体系，由于诸多原因，许多院校的环艺专业的课程体系存在着一些不足，主要表现在以下几个方面：

1. 环境意识薄弱

早在1987年联合国就发表过《我们共同的未来》一书，它的核心内容是："在不牺牲未

来几代人需要的情况下，满足我们这代人的需要的发展，这种发展模式是不同于传统发展战略的新模式"。随着经济的发展，我们的生存环境在不断恶化，生态系统在失衡，这一点有目共睹，从我国来看，目前国内建筑耗能的情况相当严重，例如：大城市中新建建筑符合规范的只有10%～15%。能源利用效率目前仅为33%，比发达国家落后20年，相差10个百分点；能源消费大大高于发达国家及世界平均水平，约为美国的3倍、日本的7倍。有关部门指出，国内如果不采取节能措施，到2020年的建筑能耗将达到11亿t左右，为现在能耗的3倍，整个生态系统都将受到破坏。因此，提倡"生态城市"、"生态建筑"，提倡"可持续发展"已刻不容缓，在这一问题上，欧洲走在了我们的前面。

目前，全世界都在关注生态问题。在欧洲议会创建之初的1990年，欧洲委员会就发表了《关于城市环境的绿色文件》，它呼吁欧洲各国采取合作的方式，共同解决这一问题，1992年欧盟签署的《马斯特里赫特条约》，其核心条款包括：鼓励使用再生能源、制定可持续发展目标等，该条约进一步加速了欧洲国家环境保护的进程，受它的影响，欧美各国已经在各类的教育体系中逐渐融入这一内容，在这一点上，值得我们反思和学习。

2. 重形式，轻技术

环境艺术专业内容包含室内设计和外部空间环境设计，室内设计与建筑的关系是密不可分的，除了艺术范畴之外，其工程技术的含量是不可忽视的，比如，学习室内设计，首先要对建筑功能、结构、构造、材料等有一定的了解和认识，否则，在做工程项目时，人们无法在其中进行拆建、修改等空间的重新划分，因为室内设计是在建筑空间内进行的空间再创造。再比如室外的环境设计，也会遇到诸如地质情况、构筑物的结构问题、材料的特性等技术方面的问题，在高校中，建筑学院下设的环境艺术专业，由于有其雄厚的专业背景作为支持，可以较好地解决上述问题。但是在大多数艺术设计学院下设的环境艺术专业，上述问题就比较突出，即重形式而轻技术，在设计上强调纯形式上的美，片面追求视觉上的效果，即狭隘的美学观，大量采用高档、贵重的材料，带来浪费和污染，忽视技术在环境空间中所起的作用，其结果是学生设计观念的落后，也和当前国家提倡可持续发展、节能环保的总方针是相违背的，跟不上形式的发展。我们的欧美同行在这方面走在了我们的前面。另一方面，随着我国开放程度的逐渐加大，欧美同行越来越多地进入中国市场，国外的从业人员将以他们的技术优势从我们的手中获取更多的市场份额，这一点已经在建筑设计市场上初露端倪，它也将对我们未来环境艺术的毕业生的就业产生一定的影响。

3. 设计缺乏原创性

好的设计，并不一定是某种风格或流派的代言，不一定花枝招展、高档豪华，但它应该是适度的、有分寸的、有节制的、宜人的，是有创新精神的。

国家提倡创新，要建立创新型国家，这也是目前的一个总方针，设计上的创新要有环境，要有氛围，但当前业界种种情况却与之相违背，情况令人担忧，从大的方面看，政府部门没有相应的法规或政策对国内大中型工程进行适当控制或给予政策上的倾斜，使得一些大中型工程很轻易地落入国外建筑师、室内设计师之手，更有甚者，一些项目的招标指明了只有国外设计师才能参加，我们自己的设计师没有机会在大舞台上去锻炼、去创作，设计创新从何而来!

从设计师尤其是我们年轻的设计师这方面来说也存在许多问题,满足于对市场经济的肤浅认识,浮躁及功利性是他们的一大特征,其次,在他们身上缺乏老一辈设计师的严谨态度和对中国传统文化的更深层次的认知,这使得在设计时缺乏底蕴、缺乏根基,没有自信,只在形式之间来回把玩,开口简洁风格,闭口新古典主义、古典符号的抽象等,环境艺术行业也被营造出了一派"浮华景象",而这种景象也成为了粉饰环境艺术行业种种弊病的文字涂改液。

其实这些现象在设计师们的学习阶段即学生时期就已经显露苗头了,在很多高校的设计专业,虽然一再提倡创新设计,但由于专业课时的削减导致许多设计课程安排过紧,学生在课程之间疲于奔命,加之许多老师忙于工程,无暇在课堂下更多的功夫,课程设计的质量大打折扣,更有的学生忙于赚钱,设计作业也是打发了事,再者,设计创新需要文化功底来支撑,但目前艺术设计专业的生源也存在一定的问题,社会上曾经流行着这样一句话:"考不上理科考文科,考不上文科考艺术。"考生的文化基础差,不能很好地静下来读书,更不喜欢上理论课,没有理论的支撑与指导,设计就无法深入下去,更何谈创新。所以,要想根本上解决设计创新的问题,就必须在国家政策导向、教师的教学投入、学生生源质量上下一番工夫。

三、构建新的环境艺术教育框架

为解决环境艺术教育与现实之间的上述矛盾以及环境艺术教育滞后于社会经济的发展等问题,我们应该从环境艺术教育的框架体系上着手解决。

1. 确立可持续发展的大方向

经济的高速发展与环境之间的矛盾在进一步扩大,因此,保护环境、保护资源和生态已经是全球性的问题。因此,环境艺术教育应采取更加广义的、整合的方式,形成开放的、科技和人文相结合的知识构架。

经济发展与科学技术是把双刃剑,如何考虑使设计所造成污染更小,更节约原料,设计构筑物更易于维修,如何最大限度地使用自然能源,如太阳能、风能等,这是摆在环境艺术教育面前的一个重要问题,在教学体系的构建上应对以上问题加以体现。

可持续发展是关系到国计民生的大问题,国家有关方面应该考虑在高校甚至在中学阶段就设置有关知识的普及课程,使大多数国民从小就懂得保护环境、合理使用能源、学会科学合理的工作与生活方式等。

2. 加强技术课程的建设

在过去的20世纪,建筑(包括室内设计)创作的风格及建筑流派百态纷呈,莫衷一是,但当我们静心研究下来,还是可以摸清其发展的主要脉络,那就是更加注重技术以及技术与艺术的充分结合这一大的发展方向,鉴于此,我们应在环境艺术专业课程体系中加强建筑物理、建筑构造及建筑材料等课程的建设与不断更新,师资条件差的院校也应聘请专家以定期讲座的形式给学生传授有关最新的知识,从而使学生有一个全面合理的知识构架,去胜任未来复杂的设计师工作。

3. 构建理论教学体系，提高创新能力

早在2000年前，古罗马的建筑师就提出了"实用、坚固、美观"的建筑原则，它一直是指导人们建设美好家园的基本大纲。

环境空间艺术（包括建筑、室内空间及室外空间）是一门综合性学科，人文科学与自然科学兼而有之，它集中地体现着物质文化、精神文化和制度文化的各个方面，是人类文化的载体。环境艺术设计承托着人们对于物质生产及精神生活的某种寄托。在物质层面，人们追求实用、坚固，即环境空间要满足人们对其使用功能的最基本的要求，与之相对应的是"设计原理"等理论课程群的建设。对于本课程群的建设，除了继续巩固其最基本、适用的理论之外，我们还应看到，在经济高速发展的今天，科学技术在不断地渗透到我们生活的方方面面，影响并改善着我们的生活，为此，我们还需要对设计原理等理论进行深入研究，使之不断地发展与完善，例如，应在"室内设计原理"等课程中加入现代科技对于环境空间的影响及改善人们生活和工作的相应知识点。

其次，为了满足对于"坚固"之要求，又涉及到了建造技术、建筑构造、工艺、建筑材料等知识，其中也包括了新的科技的影响，相对应的是：建筑物理、建筑（装饰）构造、材料等课程群。

在精神层面，维特鲁威所指的"美观"是什么？用我们现在的设计来比方，例如：一个室内设计作品，它首先要与包容它的建筑相适应，相协调，同时，它还应该符合业主的各种需求，在风格上它应该具有时代气息，还可能是某种传统的延续，符合业主的审美取向等，它不仅仅是狭隘的美学形式，它应该反映出作品所在区域的特定的历史、文化氛围，与周边环境融为一体，要做到：此人、此地、此时、此环境。为此设计目标，我们还要加强史论类课程的研究与建设，在对世界建筑历史的发展有一个充分的了解和研究的前提下，我们要加强研究我国的历史与建筑文化的研究，树立正确的环境艺术观，使学生不被当前的形形色色的风格、流派以及"超前"、"前卫"等口号所左右，让设计反映民族意志和民族自信，这样我们才会期待具有原创精神的设计作品的不断涌现，这才是环境艺术设计的希望所在。

参考文献

[1] 清华大学美术学院环境艺术设计系等.设计艺术的环境生态学——21世纪中国艺术设计可持续发展战略报告.北京：中国建筑工业出版社,2007.

[2] 国际建协.北京宪章.世界建筑,北京：世界建筑杂志社,2000,1.

[3] （英）布赖恩·爱德华兹著.可持续性建筑.周玉鹏,宋晔皓译.北京：中国建筑工业出版社,2003.

[4] 李宛华,吴耀东.可持续的建筑与可持续的环境.世界建筑,北京：世界建筑杂志社,1998,1.

[5] 来增祥.室内设计原理.北京：中国建筑工业出版社,2004.

张华威／ Zhang Huawei

(上海商学院, 上海, 邮编: 200235)
(Shanghai Business School, Shanghai 200235)

解读："图"与"底"
——连云港人民公园的景观创作方法初探

Analysis of Picture & Background
—Research on Landscape Design for People's Park, Lianyungang

摘要：

本文主要通过图像学的一对概念来解释环境设计中的分析方法, 并通过实例来解释"图"与"底"之间的对应关系。图, 是我们的创作手法, 它可能是现代的, 也可能是怀旧的。但是,"图"的成立与否是根据"底"的实际条件决定的, 我们营造的图是与环境相辅相成的。图与底的和谐共生是我们设计师努力的方向。本篇的主要目的是研究设计的方法, 希望通过这种方法来使设计更加清晰化和结构化。

Abstract:

This essay mainly explains ways to analyze environment design by using the pair of Iconography terms, Picture and Background, as well as explains the corresponding relationship between them by setting design samples. Picture, as our design method, may memorize the modern life or cherish the old days. However, whether a picture can exist depends on the practical condition of the background. The picture we are trying to make is in harmony with the environment, which is the purpose and destination of our design. The aim of this essay is to study the way to design, hoping to fulfill the design with clearer structures.

关键词： 图与底　　区划定位　　场所精神

Keyword: picture & background, region definition, spirit of site

　　环境设计相对于建筑而言是滞后的。就建筑本身来说，人的目的在于使用材料和技术建造庇护所，并在满足功能之后发展它的艺术空间体系和心理感知层面，并将其上升为一种意识。环境设计同样是创造空间场所,这种场所不仅可以包含建筑和人类本体，还包括所有的文化层次：物态层文化、制度层文化和心态层文化[1]　。

一、"图"与"底"的概念

　　景观环境设计是空间的设计,也可以说是场所的设计。我追求的是一种场所精神,是图与底、边与界的关系。图与底是图像学所引发的两个概念,可以理解为主体与背景的关系,它们既是对立的也是统一的[2]。最早研究图与底关系的转换的人是鲁宾。图像学是视知觉理论的概念,在格式塔心理学中有详尽的介绍。这里我们并不是研究视知觉的理论，我们只是把它的概念引申为环境设计的一种手段。所谓的"底"也就是我们规划设计红线以连云港的历史环境赋予了公园独特的文化内涵。连云港具有悠久的历史并肩负着文化交流的重任,欧亚大陆桥是连云港城市最具有特色的文化底蕴。它是连接东西方文化的纽带和桥梁,西起荷兰的鹿特丹,东到连云港,是世界上惟一的陆地交通运输线(图1)。我们基于这个文化之底展开创作灵感,同时结合当地生态环境,争取创造出生态型和可持续发展的城市发展空间。如何在这样的底环境上创作,对我们每一个设计师都是一种挑战。

(1)功能之底

连云港人民公园位于连云港市的西北部,是在原有废弃公园的基础上重新创造的新区,紧邻大学城和高档住宅用地。因此,优越的地理位置决定了其独特的实用功能。我们把该空间定义为连云港市区的绿肺。由此可见,该地块将在整个城市结构中彰显其独特的"底"蕴。

(2)生态之底

生态的概念永远都是永恒的。把自然带入城市中心,从而使自然与城市融为一体,这已成为所有先进文明的目标[3]。尤其在市区公园的环境中,生态性体现得更是明显。关注生态、创造原生态人居环境是我们每一个设计师的责任。

(3)产业之底

每一个新空间的创造,都是城市发展链条上重要一环。如何创造合理的产业链条,以场养场,是整个空间充满活力的关键。空间环境不是静止的,它是动态的。我们关注的环境不是狭义上的环境,它还包括社会环境。除了美化它以外,我们还要关注环境的有序发展和健康发展,使它的产业结构更合理,更充满生命力!

1."图"的区划定位

综合以上四个"底"层次的要素,我们规划出连云港未来的景观"图"景。

(1)提出问题

本案位于连云港市区西部,紧邻火车站,规划面积约12万m^2,是市区附近最大的一块绿地空间(图3)。公园的地理位置优越,虽然远离市中心区,但周围有大量未开发的、可

图1 图与底的叠加生成过程

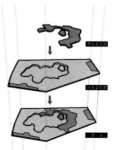

连云港市综合性公园规划一览表

序号	名 称	地 点	面积(hm²)	类别	级别	特色	备注
					新 为 城 区		
01	新浦公园	新浦区 南极路	9.00	G111	市级	综合游乐公园	现状
02	苍梧绿园	新浦区 云台宾馆北侧	28.00	G111	市级	植物景观、游憩体育综合公园	现状
03	宋跳桥公园	新浦区	21.05	G111	市级	滨溪观赏游公园	规划
04	人民公园	新浦区 沈圩	21.58	G111	市级	植物观赏游公园	扩建
05	世凡公园	新浦区	16.60	G112	区级	文化、休闲公园	规划
06	盐河公园	新浦区	10.23	G112	区级	滨溪观赏游公园	规划
07	孔望山公园	海州区	103.12	G111	市级	古迹保护、植物景观公园	扩建
					连 云 城 区		
08	海滨公园	连云区 北固山麓	9.00	G111	市级	植物观赏游览	现状
09	东门公园	连云区 神州宾馆西侧	24.00	G112	区级	山林景观、游憩休闲	改建
10	海洋公园	连云区 西海沿岸	17.00	G111	市级		规划
11	蝙蝠山公园	连云区	39.15	G112	区级	避暑、休闲公园	规划
12	中云公园	开发区	15.13	G112	区级	游乐休闲、植物观赏	规划

来自连云港城市绿地系统规划(2003-2020)

图2 连云港城市的综合性公园规划表

持续利用的土地，未来本地的开发必然会带动整个地块整体质量的飞跃。

根据《连云港城市总体规划》，公园区与周围的火车站及居住区共同组成一个新的有生命力的综合开发区。新的开发区有独特的地理条件和优越的自然条件。公园周围分别是住宅、商业和交通用地，因此人民公园景区便形成了该区的绿心组团，在整体城市结构中彰显其重要、独特的地位和作用。发挥地块最大程度的效能，这是我们在这次概念性规划中重点研究和解决的"图"的问题。

（2）思考

连云港人民公园的规划可以以周围城市的案例作参考，如新浦公园、滨海公园和孔望山公园等（图2）。虽然都是市区公园，但各地有独特的实际情况，因此设计也应具有个性化特点。我们必须认真细致地调查和研究本案所具有的特质，找出最有针对性地解决方案，创造符合本地实际和显示本地特色的"图"景。

人民公园拥有便利的交通条件、优良的水质，沿湖周围完整的环形地势坡度舒缓，适于开发休闲运动场地。连云港城内的名胜古迹众多，如果在新景区内再造古迹，会造成不必要的资源浪费，也会因鱼龙混杂而削弱原有古迹的文化价值。在现今的日常公园调查生活中，市民需要的是自然的绿地、静谧的水面来放松身心。由于城市的发展和扩张，人民公园组团的周围是以及民生活为主导的居住区，那里的居民需要放松的绿地环境，呼吸自然清新的空气，享受具有文化"底"蕴的开放空间。这种空间的营造无疑会促进城市的可持续发展。

（3）区划定位

定位：根据连云港城市规划原则，并考虑周围用地的特点和现状资源，人民公园景区的景观规划定位应是以湖为中心主景，结合自然和人文景观的大众休闲运动场所和体现生态物种多样性的大型开放城市绿地空间。因此，我们将连云港人民公园的景观规划定位为三个层次。

（A）社会层次。现代人生活丰富多彩，人们喜欢在大自然中度过休闲的假日时光。在公园，设置有多种休闲活动场地和设施，使人们各得其乐。远足、自行车、滑板、水上运动、攀岩、球类运动都有相应的场地，满足不同年龄、性别人士的需要。在松软的草地上漫步、野餐，在宁静的树林中放松身心，享受天然氧吧的阳光和空气，这是何等的轻松愉悦。具有这种特质的公园景区将成为连云港市民社会生活的重要组成部分，成为城市空间中重要的景观地标。结合周围的居住用地和未来的发展需要，公园景区开发了商业和旅游设施，使景区内部形成完整的产业链条，把商业出租和管理纳入有机循环的轨道，以场养场，达到和谐共生的目的，共同创造优美的市民环境。

（B）生态层次。连云港地处温带与亚热带气候过渡区，主导风向为东南风，日照和风能都居江苏省的首位，具有良好的生态系统条件。规划从生态与自然角度出发，逐渐恢复并建立科学的水体生态系统，与周围大面积的自然绿地形成有机链接，创造内容更为丰富的生态环境。众多的野生动植物资源聚集于此，与人和平共处，形成植物、鸟类和人类共有的乐园。这是人与自然和谐关系的体现，也是现代人类努力实现的目标。在这个意义上，人民公

图3 公园的地理位置

园的规划建设促进了当地的可持续发展，并会带来可观的环境和经济效益。

（C）艺术层次。景观设计是艺术化生活的载体，景观的品位也可以陶冶人的情操。人民公园的景观规划在满足大环境的可持续发展要求的同时，突出富于观赏价值的视觉要素（图4）。

景观设计的手法采用了比较丰富的形式语言。造景坡地、大地艺术、抽象的几何形如梵高园（图5）等艺术形式极具表现力地描绘了大地形态的生成和变化，也是用现代艺术装点生活的载体。构图中的自然曲线与以现状肌理为基础的几何形对比呼应，相得益彰，极大增

图4 公园总体鸟瞰 图5 梵高园主景图

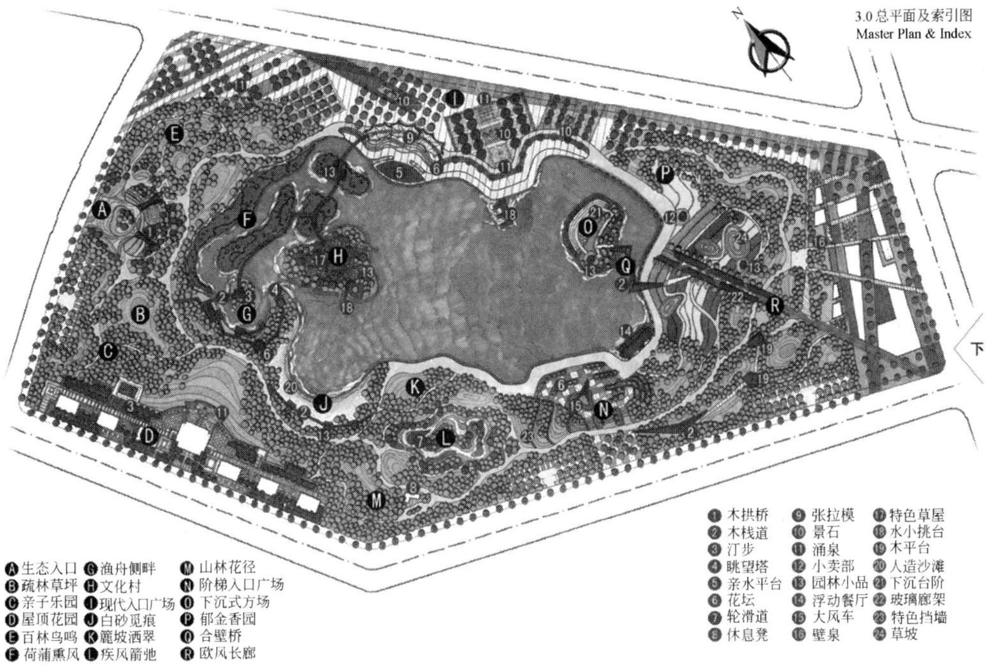
3.0总平面及索引图
Master Plan & Index
A 生态入口
B 疏林草坪
C 亲子乐园
D 屋顶花园
E 百林鸟鸣
F 荷蒲熏风
G 渔舟侧畔
H 文化村
I 现代入口广场
J 白砂觅痕
K 簏坡洒翠
L 疾风箭弛
M 山林花径
N 阶梯入口广场
O 下沉式方场
P 郁金香园
Q 合璧桥
R 欧风长廊
1 木拱桥
2 木栈道
3 汀步
4 眺望塔
5 亲水平台
6 花坛
7 轮滑道
8 休息凳
9 张拉模
10 景石
11 涌泉
12 小卖部
13 园林小品
14 浮动餐厅
15 大风车
16 壁泉
17 特色草屋
18 水小挑台
19 木平台
20 人造沙滩
21 下沉台阶
22 玻璃廊架
23 特色挡墙
24 草坡

图6 公园总平面

强了景区的视觉冲击力和艺术性。独具特色的梵高作品《星空》成为植物和坡地造景的地标艺术。

综合以上三个层次的要素，我们规划出连云港人民公园未来的景观“图”景（图6）：注重历史性与共时性相结合，从景观特质和风景资源的视角出发，通过再生设计，创造出特有的地域情结，延续欧亚大陆桥的场所精神。

二、结语

本文旨在探求景观设计的一种思维方法，并在纷繁的现象中拾取问题的本质，赋予它一种直观的理论框架体系。图与底的概念虽然属于视知觉范畴，但我们的环境设计本身就是视觉艺术，它通常以图式的方式将设计的最终成果呈现给世人。我认为景观环境设计归属于大地艺术，是人们生活在其中的地景艺术，可以划归意识形态的范畴。往往我们做的景观设计过于偏重于“图”，即表面效果很漂亮。但是如果没有充分考虑到“底”环境（原有用地的性质及设计对用地环境所产生的影响）的因素，那么，图景就无法保证长久存在并保持继续发展的基础。我们把“图与底”的概念及其相互关系的揭示应用到多项工程实例中，加以验证、探索和完善，争取形成一个完整的针对环境设计方法的认知体系。

图与底的概念虽然是平面图案范畴，但在某些层面上它可以上升为一种方法论。很多方法是相通的，图与底可以由平面上的概念引申到立体的分析结构体系中。图与底既代表了一种语符现象，同时又是在阐述一种关系——存在的关系。环境设计就是在不断探求关系的过程中彰显其无穷的生命力。

总而言之，从总体意义上来说，景观环境设计是广义的图——底现象的生成过程。设计是通过设计现象的"图"来揭示设计走向真实的可能性。我们只能在广义的现象之"底"的基础上，在多元而有限的维度中逐步开拓合理的空间。以上是我把图像学的概念引申为环境设计方法的一种尝试。生生之谓易，生成就是生生变化。我喜欢用不同的方法对待不同的问题，在生生变化中寻求图与底、边与界的关系。

参考文献

[1] 阿恩海姆.艺术与视知觉.北京：中国社会科学出版社，1984.

[2] 周维权.中国古典园林史.北京：清华大学出版社，1990.

[3] 刘滨谊.现代景观规划设计.南京：东南大学出版社，1999.

庞峰 / Pang Feng

（青岛理工大学艺术学院，山东 青岛，邮编：266033）
(Academy of Art Qingdao Technological University, Qingdao, Shandong 266033)

中国传统建筑意念中的记号学倾向

Semiology in Traditional Chinese Architecture

摘 要：
通过对建筑记号区域与意识区域关系的研究，使我们对建筑象征意义、历史涵构意义有更为深刻的认识。通过对情感体验的理解，获取空间表现的内在含义。从崭新的角度说明建筑的多重机能，明晰捋顺建筑与文化系统其他层面的关系，对中国传统建筑的系统性整理，提供更加广阔的渠道。在挖掘建筑与周边学科的横向联系上，具有深远的意义。

Abstract:
Through research of the relation between the mark extent and consciousness extent in construction, we can get further understanding of the symbolistic & historical meaning of the architecture. Through the understanding of the sensibility experience, to get the internality of the construction expressed. From a new point of view, explain the multi-enginery of the construction, clarify the relationship between architecture & culture, and, broaden the channel of systematic collection of Traditional Chinese Architecture. It's meaning to find out the affiliation of architecture and circumjacent subjects.

关键词： 记号区域 符徽 意识区域 符旨
Keyword: mark extent, symbol, consciousness extent, spell

在中国传统建筑装饰艺术中，各种表现手段不胜枚举。但都具有一个共同特点：在具象的外表下带有某种象征意义，并蕴含某种理想。这种内心意念转译成外在语言的过程，就是从记号区域过渡到意识区域的过程。这种心理的转变不是心理学所谓的刺激反映，而是情感的自然表达。它是与建筑物理性实体相平行的意念层次，包含了建筑象征意义、历史涵构意义、社会意识形态。Charles Jencks在自己的论著中如此地表述："环境中的意义是无法避免的，任何事物都含有某种意义，或存在于一个有意义的系统中。记号学，研究记号的理论，即是研究任何事物所蕴含意义的方法"。

在《红楼梦》大观园的建筑群落中，就充满了各种象征意义：每栋建筑都象征着一个人物角色和故事的潜在趋势。从厅堂的布局到院落的规划，从对联匾额的题跋到花鸟鱼虫的摆放，都反映着居住者的性格，即建筑成为各不同角色的象征载体；各主角人物关系的密切程度与其居住场馆在园中的位置关系相呼应；同时，与大观园毗邻的荟芳园代表着罪恶的渊源，而大观园的水却由此导出——暗含罪恶的侵入，决定了大观园的悲惨结局。虽然大观园是虚构的文笔园林，却说明了图像记号与内在象征意念的关系。欣赏中国传统建筑若不遵循此角度，只是评判表层意向的建筑形式，是无法得到设计者欲传达的内在本意的。中国建筑讲究的不止是建筑本身的自我表现，也更加注重人在空间中得到的感受。因此，在建筑艺术上，对于"物"的设计，很多时候都没有把它当成创作的重点，建筑实体并不是最终表现目的，而只是用来表达内心情感的手段和传递思想内容的媒介。虽然在中国的建筑历史中，没有把"记号学"概念引出来，但在设计观念中，已明确表明这种记号区域与深层意识区域的结构联系，足以确定中国传统建筑装饰意识中的"记号学"观念的存在。

作为每个记号都包括符徵与符旨两个层面。从建筑角度来讲，记号的符徵就是建筑形式，是建筑的外在记号层面；而记号的符旨即是指建筑内容，即建筑的内在意识层面。建筑形式的表现受形式表现特质的影响，而此种表现特质又受人体感觉媒介的影响。换句话说，就是人们凭借人体感觉媒介，来认知建筑形式所表现出的表现特质；凭借对表现特质的认识，来体会建筑形式表现。这种建筑形式与内容的关系包括两种内容：一种是形式与内容存在因果关系，即建筑形式是由于建筑内容的实质需要而产生；另一种是指形式与内容之间存在"形象相似"的关系，也就是建筑形式表现是模仿其欲表达的建筑内容的形象。例如：古代的七层祭坛便是模仿构成宇宙的七重天。每一种建筑记号都努力在建筑外在形式与建筑内在意念之间取得协调与平衡。

建筑中设计者的思想观念，代表着个人的内心意念，即属于意识区域。而将此意念利用建筑记号表达出来，便形成了建筑。所以整个建筑环境即属于建筑的外在记号区域。欲使建筑的记号区域扩大进而涵盖人的内心世界，就要将意识区域"物化"成建筑形式与空间。中国传统建筑艺术创作，使用由布局而形成的一系列景象的组织与安排（即空间序列）将意向传递给欣赏者，观者所领略的不完全是"物"的创作，而是由"形"转化为"神"的一种心理过程。想使人能够直接阅读建筑，让建筑环境与观者产生互动，设计者就应该运用表象手段，来最大限度地影响人的情感，像诗篇般让人细细体味。综合以上说法，可以归纳为图1。

中国传统建筑序列结构如同文学作品的情景结构一样，具有起、承、放、收的线性变化，设计节奏呈现婉转流畅、时缓时急的内在连接关系。这是因为早期建筑设计者，多是具有想像力和文学修养的文学家或艺术家，自然而然地在建筑设计中渗入文学或艺术的表现观

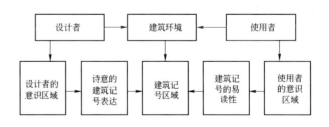

图1　设计者、建筑环境与使用者的关系

图2 苏州留园1

念与方法。这方面在中国园林建筑艺术中表现得非常充分。园林设计者一直追求的便是文学上所描写的境界,将诗情画意表现为具体的建筑手段,可以说中国的园林建筑事实上便是凝固的中国绘画与文字,即利用充满情感的建筑语言来充实记号区域,描写设计者的内心感受,以扩充建筑的意识区域。在此选用苏州园林"留园"(图2、图3)中的"揖峰轩"为例,借以说明园林建筑是如何运用记号学中"对等原理由选择轴投射到结合面层"理论的。

留园中"揖峰轩"包含了揖峰轩、鹤所、竹林小院三个主题,每个主题选取不同配景。

揖峰轩——配以细密竹叶、玲珑湖石,点出"安静闲适、深邃无尽"的意境;

图3 苏州留园2

鹤所——配以翠竹潇漓，湖石挺拔之景；

竹林小院——配以小桥湖石，蕉影竹痕，随风游移。

以上这些配景宛如文学中的词汇般，属于选择层面，依据对等原理，可以引起物性联想而产生许多象征意义，表现出多层的建筑意象。这些不同的配景，基本上是些分散而独立的象徵意向，透过"借、对景、以时造景"的建筑表现手法，将对等原理投射到结合层面，也就是说利用记号的诗化作用，加强记号结合层面的连贯性、逻辑性结构关系，使各景的种种联想，形成互为关联、紧紧环扣、层层变化的园景。揖峰轩采用的实际建筑手法为：

"对比"——工巧的房屋与自然林木造成虚实、明暗以及质感、形体的对比；

"借景"——在走廊两侧墙上开若干墙孔和门洞作为景框，行经其间就有一幅幅的画面出现；

"衬托"——用建筑物和白墙来衬托花木、石峰，使建筑物成为自然环境的背景，无色系的建筑色彩把环境中的绿色衬托得更为可人。

"塑造空间深度与层次"——利用多层的隔断、绿化、环境小筑，配合精心规划的开口形成园景深度层次的变化。

透过以上种种手段处理后则产生以下结果：

揖峰轩——建筑各立面对着不同的天井空间，室内以窗框为画框，室外空间被作为立体画面引入室内，一幅幅竹石小品，可与郑板桥之墨竹媲美，别有洞天；

鹤所——则是粉墙、敞窗，透过一个个敞窗与外景形成幅幅立轴横卷，宛如一个自然的画廊。而东墙上是细密的菱花窗，与西墙之敞窗又形成对比，在疏密、虚实之间别有一番风味；

竹林小院——竹林小院的亭子本身造型简约，着重于与室外取得密切联系。小亭被包围在芭蕉叶中，芭蕉翠竹从窗洞探入，背后隐现出层层院落，在这一片浓郁的绿色笼罩下真不知"竹林小院"庭院深深深几许。

通过留园中"揖峰轩"的例子说明，整个园林中建筑记号的处理，是符合记号学所讲的诗化作用的。在传统建筑中以充满诗意的建筑记号，引用舒意的文学手法，自然地接受文字记号的种种优点与特性，并将之反映在建筑记号上，导致了中国建筑艺术独特的发展状态。中国建筑除了接受文学因素的影响之外，其独特的空间组织方式，也促进了文学手法在建筑中的滋长。同时中国的合院式建筑空间中独栋建筑物基本采用标准化的营造方式，所以单体建筑形式变化有限。而以院落为主的群组式空间的出现，却让空间向无尽变化的心理体验发展，设计主线也向丰富的内心情感角度延伸。它使院落空间可以"容许生命的偶然，带给人无限的遐思，更包容了未来的可能"，在整体空间组合中标准化建筑物犹如文章中的词汇，透过无限变化的文学手法，使整体空间成为有主次、有层次的组合，一收一放的场景变化，控制了人在建筑中运动所得到的完整感受，以不同的景致变化和转换，使人从一个空间层次进入另一个空间层次时，宛如文学作品一章一章地展开。由于感觉效果的不同，而引起一系列的情感体验，获取戏剧性和创造性的空间节奏与气氛。北京紫禁城的中轴线的建筑群落组织，也深刻反映了另一种社会理念——礼制等级对建筑团组的影响。这些等级表现在建筑中就成为严格的建筑空间位序，产生了中轴线布局方式。有了中轴方可界定"正偏"与"内外"，使建筑群落具有整体性与一贯性。整体性因为中轴所具有的明确方向感而产生，它对于复杂的建筑群体组合有严格的定位作用，形成贯穿其中的"脊骨"。离开了这条中轴线，实在很难将许多封闭而独立的建筑平面串联成一体；而设计的一贯性则因为在中轴线上串联的不同建筑空间形式而产生，恰如其分地表现出君臣、父子、长幼、尊卑的等级次序。建筑性格不是在瞬间出现，而是伴随观者的移动，适度地、连续地呈现出来。每一个前序空间紧扣下一个后续空间，在整体建筑序列上表现深层意念，这又是建筑记号概念在建筑空间中应用的优秀范例。

仅靠这些充满诗意的建筑空间与形式，是否能完整地涵盖全部建筑意念呢？答案是否定的。中国传统建筑中还有一种世界建筑史上独一无二的表达方式——文字标注抒情。中国是一个善于运用文字、文学来表达意念的国家。中国文字的字形，先天具备一种图像含义，特别是在指示、象形、会意的文字中，影像更为明显，这就是记号学中所说的文字的透明性。Langer曾经对文字的透明性如此说明："它们除了把意向传达给我们之外，还给我们别的东西，这便是文字的透明性。……由于文字本身了无价值，使我们根本不再意识到其实质的存在，我们意识到的乃是它们所指涉的物体、性质或观念。"这与西方文字截然不同，西方文字只是一种约定俗成的记号，本身不具备形象，独特的抽象性使其难以显示具象的形貌。而中国文字虽然同属于约定的记号，却也有"自然形象"的功能，更妙的是中国的形声字中多具有的音响效果，使它不但具有图画般的意境，也具有音乐般的韵律，如此一来天地万物、日月光华、山水泉石、云霞花鸟、内心情感，均可因文字极力逼取形似之貌跃然纸上。在古代建筑落成时，文人、学者汇集一堂，基于各自对建筑空间与形式的不同感受，把能表达深层建筑意念的题诗颂词题写并镌刻于门额、柱联、壁框之上，成为人人能读懂的建筑装饰，这些装饰手法不但直接与建筑主题融为一体，更代表了对建筑真意的诠释，犹如画龙点睛般勾画出空间神韵，将建筑内涵意义传达给观赏者，引导观者进入一个充满诗情画意的世界。所以中国建筑空间与形式中，处处充满易读性。这些可供阅读的记号不仅是建筑环境的装饰，也可以巧妙地帮助人了解建筑，更能成为一种鲜活而持续的历史纪录。这点在西方建筑中是找不到的。夏铸九在《屏东内浦刘宅的初步调查》一文中，评价空间组织时，除了建筑实质空间的介绍外，也利用了建筑上的文字记号，来解释建筑在语用层面上的意义，来说明其空间组织的特性："后门对联上说明的'东秀青山色，望隆白水村'，正是人体边界向大自然延伸所形成的远景。夹层的中央房间取名'养和轩'……由一些象征性的符号来看，二楼房门为'韬和'，廊门则为'履中'，小楼主要是作为对环境敏感的居住者读书、修养和生活的天地，然其题壁似乎又进一步可以说明为一私密之所。"在说明建筑的上下关系时说："建筑所具体化的'上'，确实可标明冷漠、超然、私密和沉思。阁楼因此可以成为一个特殊的共同隐匿处和尘封记忆的储藏所……"这些都是利用建筑的记号区域来描述建筑意识区域的实例。这些手段都是为使建筑记号区域与建筑意识区域得以沟通。如此可以掌握建筑记号中的语构与语意层面的最高层次。

各种不同记号手段的背后也隐藏着人们内心互为认同的文化背景、宗教与哲学理念。首先，传统建筑所表现的"天人合一"的象征主义理念，反映出玄学思想对中国建筑文化的影响。玄学中的阴阳五行观念，都悄然地融入中国传统建筑学领域，使礼制与玄学成为影响古代建筑的两个很特殊的因素；其次，中国建筑在礼制的影响下，产生建筑设计的标准化和模数制。使中国成为世界上惟一真正实现过建筑设计标准化的国家。而它的出现有其客观规律——这就是礼治下的社会意识形态；再次，我们前面所说的"诗情的建筑语言"基本上说明建筑与文学、绘画的互通性，产生了"书画同源"、"诗中有画、画中有诗"的文化现象。基于以上三点，《中国古代建筑史论》中把影响传统建筑的因素归纳为哲学性、礼制性、文学性三大基本内容。而传统建筑记号的意义基础便是扎根于这三个因素之上。Joseph Needham曾经说过："中国伟大的建筑是联合一种与大自然调和的谦德，和一种诗意的幽情而组成，为任何文化所不及"。

建筑是由记号组成的系统，也是形式与意义的完美统一体。用记号学的架构去分析传统建筑及现代建筑，可以正确说明建筑的多重机能，能明晰地捋顺建筑与文化系统其他层面的关系。从20世纪80年代，世界上已经开始探究记号学对建筑的影响问题，后现代建筑也把记号学作为其理论基础。因此，作为研究建筑理论的新方法之一，可为我们进行中国建筑的系统性整理，提供更加确凿而全面的论据。记号学以其整体的观念超越了各学科的界限，在挖掘建筑与周边学科的横向联系上，具有深远的意义。

参考文献

[1] 刘致平.中国建筑类型及结构.北京：中国建筑工业出版社，1987.

[2] 钱穆著.中国文化与中国人.人生半月刊，1984(322).

[3] 李润酥.华夏匠意. 台北：台北龙田出版社，1994.

[4] 孙立平.深层心理结构与建筑符号意向.北京市建筑设计研究院.

张朝晖／ Zhang Zhaohui

(上海理工大学出版印刷与艺术设计学院，上海，邮编：200093)
(University of Shanghai for Science and Technology, Shanghai 200093)

论环境视觉符号的信息传播机制

Communication Mechanism of Visual Symbol in Environmental Art Design

摘要：
自20世纪70年代以来人们开始用信息理论来探讨环境与人的关系。本文拟从传播学的角度揭示环境视觉符号系统对环境设计及人对环境"阅读"的信息传播机制，为环境与人的交流提供了一个全新的视角。

Abstract:
Beginning from the 1970's, a new field arisen from the interdisciplinary research on environment-behavior relations. The information dissemination mechanism of environment visual symbol reveals, from the angle of dissemination theory, the meaning of environment visual symbol system to the environment design and the environmental "reading", providing a refreshing viewpoint toward the exchange mechanism between environment and mankind.

关键词： 信息　环境　系统　视觉符号
Keyword： information, environment, system, visual symbols

　　长期以来设计决定论在环境设计领域有很大的影响，设计师都自信人们将按照设计的意图使用和体验环境，但事实有时恰巧相反，人造环境中"废弃不用"和"使用不便"的事件屡见不鲜，随着环境和人本意识的加强，人们开始认识到必须更深入了解人类自身行为与环境间的关系。于是，自20世纪70年代开始形成了一个以交叉学科和环境——行为研究为主要特点的新兴领域，其中用信息理论来探讨环境与人的关系，特别是从传播学的视角分析环境视觉符号系统对环境设计与环境"阅读"的意义，为揭示环境与人的交流机制提供了一个全新的视角。

一、环境视觉符号所传达的信息及其意义

　　信息论的创造人维纳认为："我们，人不是孤立系统，我们以自己的感官来取得信息并根据所取得的信息来行动"。人与外部世界所交换的信息十分广泛，其中也存在着人与建筑环境的交流中起着重要媒介作用的环境信息，它为我们提供了包括物质性和精神性多方面、多层次的含义，表达了环境形式的全面特征。环境信息可以由多种渠道被传播和接受，但主要是通过视觉渠道来进行的，审美信息尤其如此。美国著名建筑师文丘里和布朗很早就关注到环境视觉符号所具有的巨大的信息传递作用。在1968年出版的《向拉斯维加斯学习》一书中就指出"现代建筑某些内容错综复杂已超出了建筑

空间形式所能表达的能力，需要的是直截了当、粗犷而不是细致曲折，这就要以象征符号作为交往传递的主要手段，因此，我们的审美激情必然更多地植根于符号而较少依赖空间"。的确，在现实环境中，某些建筑环境形式被赋予某些特殊的意义，如白墙黑瓦使人联想到江南水乡、高原窑洞令人回味起西域黄土高坡，这是因为它们作为特定生活的有机组成部分，已经为人们所熟知并成为一种公认的标志和符号。当人们只要看到它就会很自然地联想起它的文脉背景，并引起某种心理效应，即感受到某些气氛和境界。事实上，同文字语言一样，环境作为信息交流的媒介，也具有一个得到社会公认、公众理解的符号系统。"作者"（设计者）应用这一符号系统把抽象的、不可见的思想观念通过具象的、可见的符号表达出来，而"读者"（使用者）则在"阅读"过程中依靠一个相反的过程把符号还原成不可见的概念、意义。同任何符号一样，环境符号也具有能指、指涉物与所指三个方面，前者表现为色彩、图形、气味、声音等物质形式，即环境的形象和形态，后者则表现为思想、观念和情操，即环境形象、形态所反映的概念、意义。它们反映出视觉符号在信息传播中的外延和内涵。

环境视觉符号既表达语义信息如功能语义、技术语义、文脉语义或其他象征语义，又表现文化、历史、精神、情感等意义的审美信息，环境符号的语义信息所传递的是视觉符号的"意义"而审美信息传递的是符号的"意味"，这样两种不同性质的信息，荷载在同一符号载体中，其传播接受机制却不相同。语义信息的接受是逻辑的、推理的认知，不论是指示性、图形性视觉符号的经验认知，还是象征性视觉符号的约定性认知，而审美信息的接受则是"顿悟"的过程，它呈现为直觉感受，语义信息是可言传的，它的能指与所指语义都有较明确的对应关系，符号与语义信息是可分离的，同样的语义可以通过不同渠道表述，例如"开敞"这个概念，可以用一系列的建筑手法表达如门、窗等，而审美信息是"只可意会，不可言传"。审美信息与符号不可分离，对符号形式极其敏感，一旦离开符号形象就无"意味"可言。

二、环境信息的传播过程及其编码的协调机制

建筑环境艺术作品一经创造出来，就成为社会群体所使用、欣赏的对象，可以这样理解环境艺术设计与构思在此实现了由观念向符号的转化，环境符号成为传达信息的载体，通过符号对使用者"有意味"的视觉传达，激发其以往的审美和行为经验，从而诱导其行为，传达出环境设计要表述的各种目的和意义，这里设计师是信息的发送者而使用者则是信息的接受者，在这个传播系统的互动关系中包括了创作、欣赏与反馈三个子系统（图1）。

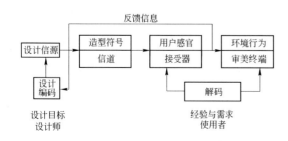

图1 环境视觉符号的信息传播模式

在环境信息传播过程中，不能忽视的一点是"作者"和"读者"交流的机制，即要使环境视觉符号传达出的信息准确地为人们所理解，就要取决于信息发送者与接受者是否拥有一定数量接近一致的"公共信码库"，他们共通的符号储备越多，双方对符号意义的理解就越接近，作品被欣赏时才能产生"共鸣"，在现实生活中，由于人所具备的各种经验和知识如社会心理、文化内涵、价值取向及审美观等都各有千秋，每个人对同一形态的符号也会产生不同的联想，这限制影响着信息传达的有效性，也成为设计的重要约束条件，因此设计师要善于对设计目标对象进行各方面的分析、了解，然后运用自己的创造力，将构思转化为经过实践被大众所共识的符号系统，从而准确传达环境的信息功能并与民众鉴赏间取得审美感受的一致，同时设计师也不能一味迎合大众口味而降低作品的格调，应不断给旧符号注入新的内涵，使这些符号得到更新和发展，在潜移默化中，提高大众的欣赏趣味。

在建筑环艺设计符号的语义表达和审美意境的塑造中，我们必须建立符号语义与审美信息编码的协调机制。这主要表现在以下几个方面：①充分发挥本体形态的主干作用，尽量利用建筑装饰构件自身作为设计符号载体，突出纯正的"建筑语言"，保持环境艺术形式的抽象纯净；②在运用构件表达语义和结构形式美时，注意内在的结构逻辑，不歪曲，掩盖构件的技术语义，呈现清晰的力学法则；③具象的图像性设计符号使用要得体，必须与环境整体相融合，不宜滥用，起到画龙点睛的作用为妙；④在表达民风民俗、哲理文脉等方面需要通过象征性设计符号来表现时，设计手段以抽象象征为主，这样既能有效地增添建筑环境体系的浪漫韵味，也不至于繁琐和复古。

三、环境视觉符号在创新中的信息"重构"

环境设计中创新的问题一直是人们关注的焦点，其实从信息论的观点看，这一矛盾就是环境符号系统所载有的独创信息与可理解性之间的矛盾。一件艺术作品，它的独创性越大，其可理解性也越小，即越不容易为人所接受，但这并不意味着设计者只能墨守成规，毫无个人建树，设计师必须巧妙掌握一个最佳点，即积极运用少量的新符号或者有意识地改变旧符号间的一些常规组合关系，经过符号的变形、转换、夸张、隐喻象征等手法来"重构"旧的信息体系，使之既有现代意义，又有历史的影子，实践证明，这种方法最容易引起人们的审美兴奋点，为设计方法的创新展现了一个有效的启示和令人振奋的取向，贝聿铭的北京香山饭店的环境艺术设计就是这一手法成功的典范，他在作品中虽然使用了大量的中国式建筑符号如院落、天井、影壁、灰砖、方与圆的图形等，然而由于他有明确的立足点——重组原始造型符号，把传统影壁与月亮窗进行易位重构，形成全新的影壁符号；大厅中设置了当代西方建筑中常见的水池；入口前的板式牌楼重组了某些形态；总体布局中的13个院落与传统的北方民居四合院大不相同；与众不同的是正厅"四季庭院"的中轴线上不立雕塑，不挂字画，惟有一片宽敞的落地玻璃大门等，取得了传统与时代融合，亦新亦旧的意味，因而屹立在人们面前的始终是一座全新的中国当代的环境艺术佳作。再如美国当代建筑师设计的上海商城，将北京宫殿宏大的院门、汉白玉栏杆以及民居的山墙形式符号，和谐地镶嵌在商城建筑中，陶瓷锦砖墙面一泓清水沿墙形成瀑布，对中国园林的小桥流水作出了现代诠释，并且传递着时代的新信息，为更多层次的人所理解和欣赏。"重构"信息既不是回归过去，也不是要步入异域，正确地认识理应是以当代意识、理念来重新认识理解，改造事物而重新组构环境艺术形式。

研究环境艺术视觉符号的信息传播机制，不但能告诉我们如何去思考，而且教给我们解决设计课题的有益的方法，但作为一个崭新的研究领域，对涉及环境艺术中大量信息的"全息"研究还有待我们共同去思考去发现，使之成熟和完善。

参考文献

[1] 刘先觉.现代建筑理论.北京：中国建筑工业出版社，1999.

[2] 邓庆尧.环境艺术设计.济南：山东美术出版社，1995.

[3] 艾定增等.景观园林新论.北京：中国建筑工业出版社，1995.

[4] 侯幼彬.传统建筑的符号品类和编码机制.建筑学报，1988.

陆慧／Lu Hui

（上海商学院，上海，邮编：200235）
(Shanghai Business School, Shanghai 200235)

公共艺术的人文关怀精神研究

On Humanistic Care of Public Art

摘要：

文章从人文关怀的角度，阐述公共艺术的内涵，提出适应人的生理特点与行为特征及其规律；重视人的感受，满足人的心理要求；关注主体的审美趣味；注重场所精神的营造是公共艺术人文关怀的具体体现。

Abstract:

The document viewed from the perspective of humanistic care describing the connotation of public art. It talked about the adaptation of human physical and behavior characteristic and also the rhythm. Moreover, it put emphasis on human feeling and satisfying their psychological needs. Also, it paid close attention to the majority interest of appreciation of the beauty and it concerned the place sprite. These can be concluded as a concrete realization of public art on humanistic care.

关键词：公共艺术　人文关怀　人文精神
Keyword: public art, humanistic care, humanistic spirit

一、引言

公共艺术是现代城市文明的重要标志。随着城市的发展，人们对生存环境的需求日益提高，与人们生活密切相关的公共领域的艺术品创作以及环境建设越来越为大众所关注，然而公共艺术现实状况尤其在国内却并不容乐观。近年来，公共艺术的创作数量虽然众多但优秀作品少，究其原因是因为公共艺术在设计创作中不同程度上缺乏人文精神的关怀，部分公共艺术仅为超大尺度的艺术作品在公共空间中的展示而缺乏与公众进行对话的可能，其与公众的关系依旧停留在陈列、展览与参观的关系，人只是被动地在公共环境中按照诸多的规定性进行走动、参观，并有许多的管理方面的限制；此外部分艺术家在公共艺术的设计中一味表现自己的思想风格而无视于作品所在环境的文脉与人民的精神，其创作很少考虑大众的需求……，凡此种种都迫切要求我们把人文关怀精神作为公共艺术设计的一个重要课题，公共艺术设计应强调人文精神，体现人文关怀。

二、人文关怀精神是公共艺术的本质要求

人文关怀是近年来许多学科中最活跃的哲学思潮之一。所谓"人文关怀"，是指以"人"为主体和中心,关心人的生存处境，尊重人的本质，维护人的利益，满足人的需求，

表达人性的呼声和要求，促进人的生命力和创造力的总和。体现在公共艺术设计中，就要求公共艺术的设计创作不能仅仅注重视觉效果与作者的情感表现，而更要关注其间生存并生活着的"人"的生存发展，以"人"的需求为依据，以"人"的感受为设计的基本出发点，创造一个美好的"人的场所"。

美国设计师普罗斯说过"人们总以为设计有三维：美学、技术和经济，然而更重要的是第四维：人性。"这里所说的"人性"，就是人文关怀。当社会经济水平发达到较高程度时，人们的主体意识逐渐增强，以关怀大众为主题的设计思想必将成为价值主流。在这样的背景下，弘扬人文关怀精神也势必成为任何学科任何门类所需要并且必须要涉及到的问题，公共艺术也不例外。公共艺术设计的核心是"人"，这便决定了公共艺术从物质上和精神上都要以"人"为本，以"人"为核心，以"人"为归宿，在内容和形式上都要为"人"服务，并能为"人"感知、为"人"理解并为"人"接受，甚至具有一定的互动。从这个意义上来说，人文关怀精神是公共艺术的本质要求。

三、公共艺术中人文关怀精神的体现

适应人的生理特点与行为特征及其规律；重视人的感受，满足人的心理要求；关注主体的审美趣味；注重场所精神的营造是公共艺术人文关怀精神的具体体现。

1. 适应人的生理特点与行为特征及其规律

公共艺术设计首先要满足人们的生理需求，最大限度地适应人的生理特点与行为特征及其规律，从而创造出更符合人需要的、更优化的环境空间。

"人"是公共艺术的主体对象和尺度。城市公共空间中的艺术品创作的中心和目的是"人"——为了使"人"与包围人的"环境"构成一个和谐完美的生态体系。这个"人"是指居住在城市中的普通公众，城市空间是为生活在城市中普通的人所设计的，为他们工作、学习、休憩、娱乐、消费、聚会，甚至是晨练、经过和散步所使用的。公共空间中的公共艺术，不论是城市雕塑还是街头壁画，其目的都不是让人参观的，而是供人使用、让人在其中生活的。因此，公共艺术作品要符合人体尺度的要求，其设置的位置、方式、大小、高度、数量等都要充分考虑目标观众的生理特点，符合人性化的需求。脍炙人口的加拿大地铁公共艺术《四季》（图1）的成功在相当程度上便归功于此。根据研究显示，在大空间中，人们感到最适宜、最亲切的尺度是20～25m，若超出了这个距离，就应考虑在每20～25m的距离产生重复的节奏感，或有材质、色彩上的变化。公共艺术《四季》在设计最初便充分考虑到了这个人体尺度，通过图形在色彩、形状、大小上符合人生理特点的变化和重复，打破了漫

图1 加拿大地铁公共艺术《四季》

长距离的单调，使狭长的站台充满生机和活力。

此外，公共艺术设计还要适应特定空间人的行为特征和规律，应考虑到在它所安排出现的空间里，人们将以什么样的鉴赏方式来参与。以纽约的路边城市雕塑《车流》为例（图2），该雕塑位于车水马龙的大马路边，人们对作品的观赏时间只限于车行的短短十几秒钟而且是在车行进之过程中，显然在这十几秒里人们是没有时间和兴趣来品评艺术作品的细节。只有明快的色彩、简洁的造型、流畅的形态才能被来来往往的人快速解读。显然，人的行为特征与规律的不同对公共艺术内容及形态起到决定作用。

综上所述，只有适应人的生理特点与行为特征及其规律，公共艺术才能给人以美的享受，宜人所感并合人所用。

2. 重视人的感受，满足人的心理要求

公共艺术是一门视觉艺术，主要作用于人的心理，服务于人的需求。公共艺术设计应以人为本，重视人的感受，满足人的心理需要。

不同环境空间由于自身形象（包括空间形式、节奏和秩序等）和功能的不同给人以不同的情感感受和心理体验，与之相应特定环境空间中的人便也会产生不同的心理要求。"空间的状况如果与进入这个空间的人们积极肯定的心理定势相吻合，那么它就会使人产生积极的情感反应，人们就会感到它是令人可亲近的和愉悦的；如果与这种心理定势相违逆或格格不入，那么它就会引起人们消极的情感反应，人们就会感到它是令人讨厌的或压抑的。"公共艺术创作要把满足活动在其间的"人"的精神需要作为依据，把特定环境空间中的人的情绪或感情要求纳入到设计构思中，重视人的感受，满足人的心理要求，这样才可能使观众产生认同感，从而真正实现"与环境最广大的所有者沟通"；反之，必然会造成观众心理上的抵触。如布鲁塞尔地铁Clnceau站的壁画《墙外》（图3）。该壁画位于岛式车站侧墙。对岛式站台层面而言，车辆一侧紧靠壁面，若壁面为暗色调，容易产生狭窄感，会给人以阴暗、压抑的心理感受。相应的公共艺术设计在创作时便应该充分考虑特定空间人的需求，宜以自然、亲切、愉悦、舒畅为主调营造亲和的气氛。砖砌的拱门，白色的小屋与宽阔的田野，伸向远方天际的道路，橙色、白色、绿色的构成，明亮而又亲切，成功消除了地下空间环境给人们所带来的不良心理影响并有效地减轻人们的心理压力。

显然，重视特定空间的观众情感感受，把握观众心理需求，并把受众的心理要求作为设计的依据，将会有助于公共艺术的设计，最终改善并提升"人居环境"的质量。

3. 关注主体的审美趣味

公共艺术处于开放性的、与环境交流密切的公共场所之中，它应当具有与公众产生亲和

图2 纽约的路边城市雕塑
《车 流》
图3 布鲁塞尔地铁 Clnceau
站的壁画《墙外》

图4　美国某儿童活动中心内的过道壁画《快乐生活》

而积极对话的品性，这由此决定了公共艺术的内容、形式是为大众服务的，必须与主体（特定环境中的人）的审美趣味相和谐，与主体（特定环境中的人）的审美需要、审美心境相融合。

公共艺术应关注主体的审美趣味包含两方面的内涵。

一方面是要使公共艺术作品与特定环境中观众的审美趣味相和谐，融入公众的审美情感之中，令作品能被主体（特定环境中的人）所感知、所接纳、所喜爱。公共艺术创作应考虑到特定环境中人的审美趣味。人的审美趣味受到人种、地域、风俗、职业、性别、年龄、文化、兴趣等诸多因素的制约，因此在具体的创作设计中应充分考虑到上述因素。以美国某儿童活动中心内的过道壁画《快乐生活》为例（图4），该壁画在创作中便充分考虑了儿童的审美趣味。儿童群体对周围的事物有着充分的好奇和敏感，具有活泼好动、天真浪漫、喜欢幻想的性格。此空间中的公共艺术便要富有童趣，尤其要突出趣味性和知识性，这样的作品才能融入目标观众（儿童）的审美情感，为他们所感、所及、所喜爱。《快乐生活》以儿童群体所熟悉的儿童生活为内容，部分区域采用了反射性极强的不锈钢镜面材料。从走廊的这一头走向另一头，就像一次游戏的旅程。两边不锈钢材质部分的区域像镜面一样不断地把对面的壁画图形以及走动的人的身影无一遗漏地全部映照在其上，真实与幻觉交织在一起，壁画与观者融合为一体，给人带来前所未有的崭新的视觉感受。过往的孩子走过经常会对着它做鬼脸，如此生动的作品，叫人不与它亲近都难。

关注目标观众的审美趣味的内涵的另一方面是要以公共艺术作品自身积极向上的精神和生动活泼的审美意趣来参与到公众的生活之中，以特有的艺术形式去感化公众，提高公众的审美情趣，最终通过公共艺术作品真正的在环境空间与公众之间架起一座能相互融通的桥梁，建立相互之间的亲和互动的融洽关系，由此使公共艺术真正成为公众性的生活的艺术。

4. 注重场所精神的营造

注重场所精神的营造，是公共艺术体现人文关怀的又一个表现。

场所精神（Place sprite）是"空间的气质与品位"，是一种"潜在的、无形的场力"，是具体空间的"灵魂"，它强调人的精神需求，以人的活动及参与为基点，以满足人们心理上的归属感和认同感为目标。公共艺术作品具有与公众产生亲和而积极对话的品性，即将人带入一种意境，引起无限遐想，达到某种形式的整合和情感意境提示的共享空间。基于此，公共艺术对环境的介入不仅仅是为了营造一处赏心悦目的优美场所，而更为重要的是为了使公众对自身所处的环境形态和文化内涵产生认同与喜爱，以艺术的形式显现场所精神。

　　公共艺术借公共建设的场所来传达文化的讯息，反映地域的特征，激发地区或场所的生气与活力。公共艺术创作必须注重场所精神的营造。任何有生命力的公共艺术作品，都有其一定的场所意义，它在"内容上与形式上符合环境空间的使用目的和审美要求，即符合建筑空间的物质功能和精神功能"。如费城宾州大学内的公共艺术《裂开的纽扣》（图5），该作品是波普雕塑大师欧登柏格与其妻子共同创作的。距这颗巨大的纽扣不远处，在总图书馆之前，是宾州大学的创校人身着长大衣的弗兰克林的坐像。显而易见，这颗裂开的纽扣是从弗兰克林坐像穿的长大衣上所掉落的。在最初的设计中，它是以一颗灰黑色的纽扣为基础，而后逐步发展成为今天我们所看见的裂开造型，色彩也相应地改为醒目的白色，并具有座椅的功能。这颗高1.2m，直径4.9m的纽扣就像一件大玩具，可攀可爬，与严肃的坐像形成对比，传递出一定的文化内涵，在满足人们视觉以及心理上需要的同时，点缀了校园的环境空间、营造了场所精神，增强了校园的文化氛围，令整个校园更有特色，更富有人文气质。

四、结语

　　公共艺术是城市景观环境中的重要组成部分。成功的公共艺术作品应强调人文精神，体现人文关怀，充分考虑"人的因素"，关注特定环境中的人的归属感与认同感，期望通过公共艺术与受众产生互动，这不但是大众所渴望的，更是我们当代公共艺术的设计创作方向与目的之所在。

图5　费城宾州大学内的公共艺术《裂开的纽扣》

参考文献

[1] 于正伦.城市环境艺术——景观与设施[M]. 天津:天津大学出版社,2003.

[2] 黄健敏.百分百艺术[M]. 长春:吉林科学技术出版社,2002.

[3] 马钦忠.公共艺术的价值特征[J].美术观察,2004(11).

[4] 董雅, 睢建环.公共艺术生存和发展的当代背景[J]. 雕塑,2004(03).

[5] 袁运甫.公共艺术纵论[J]. 装饰,2003(10).

[6] Jauss, Hans Robert.Toward an Aesthetic of Reception. London,1986.

[7] Finkelpeal, Tom. Dialogues in Public Art. London, 1999.

温军鹰 ／ Wen Junying

（桂林工学院，广西 桂林，邮编：541004）
(Guilin University of Technology, Guilin, Guangxi 541004)

环境艺术设计教学的困境与对策

The Predicament and Countermeasure of Education in Environment Art Design

摘要：

近20多年来，环境艺术教育有了飞速的进步与发展，其人才需求市场前景相当可观，可热门专业毕业生就业却成了"冷门"问题。这是当前教育体制及其运行机制下畸形发展所造成的恶果。本文就此进行研究分析、提出对策。

Abstract:

Nearly more than 20 years, the environment art education had a rapid progress. The talented person demand market is quite considerable. However, the employment of popular graduation becomes the "little attention" question. This is an evil consequence which under the current education system and the operational mechanism the malformed development. This article does the research and analyzes how to solve this problem.

关键词： 环境艺术设计　设计教育　教学对策

Keyword: environment art design, design education, teaching countermeasure

一、环境艺术教育现状

从20世纪80年代我国引进现代设计教育体系开始，20多年来，环境艺术教育有了飞速的进步与发展，无论是在理论上还是在实践中，环境艺术设计教育都取得了不容置疑的成效。进入21世纪后，城市在不断地被格式化，城乡环境空间在大量迁移置换，规划、建筑、园林、景观、设施成了人类改变生存方式的根本标志。环境艺术设计在这种大形势下颇受青睐，其人才需求市场前景相当可观，社会和市场对教育提出了高标准、高质量、高速度的人才培养要求。在国家"高等教育大众化"政策引导下，高等艺术设计教育迅速扩张，为此，一时间中国几乎所有高校都开设了艺术设计专业，据统计：中国目前上千所高校(包括高职高专)开设艺术设计专业，每年招生达数十万人，艺术类设计专业已经成为当今我国高校发展的最热门专业之一，[1]环境艺术设计专业更是报考热门中的热线专业方向。

但是，在"热"的同时，鱼龙混杂的设计教育局面也出现了，形成了泥沙俱下的态势，迫于形势发展的需求，教育没有很好准备和改进，匆忙上阵，盲目扩大培养，急于求成，使教学质量、生源质量下降，以致近几年来的高校环艺毕业生现状越来越不尽人意。概括来说，目前环艺学生的状况是：第一，缺少实际工作的基本能力；第二，没有设计创新能力；

第三，综合应变协调能力不足；第四，习惯于抄袭临摹；第五，自我感觉良好，自身估价过高。

环境艺术设计是一门实践性、应用性很强和实际工程项目相结合的综合性专业学科，要求毕业生理论与技能结构能适应实际业务，在实践中去解决问题。但大多数学生面对社会的现实业务要求往往表现出茫然和无奈。环境艺术设计人才需要美术师、设计师、工程师"三师一身"的复合型人才。一身兼"三师"的知识与能力，只有四年的本科学习经历欲达到这十年八年方能完成的基本要求，真是难为我们的学生了。四年的学习似乎是学完了专业的必需课业，却又什么也没学好，似懂非懂，似是而非，可热门专业毕业后就业成了"冷门"问题。

二、存在的问题与分析

现行的设计教育体制和教学活动没有很好地去研究对应市场需求，没有按照市场经济运行规律和时代发展变化去随时调整教学手段和培养目标；没有根据真正人才需求标准去定型教育模具打造合适人才；没有解决好这一新兴学科的发展变化与落后的计划经济模式下的设计教育体制的矛盾。

1. 新学科发展的社会需求与落后的教育体制不相适应

随着社会的发展和人们环境意识的转变，学科的内涵也随之发生综合性质变，这是环境艺术设计的时代属性，也是信息时代多变性特点。而我们的教育体制还处在计划经济模式严重影响下的运行状态中。作为一个地域广阔、人口众多，区域经济发展极不平衡的发展中国家，在高等教育上一直推行一成不变的统一管理模式，其结果是令人堪忧的。

目前从人才市场需求上就可以看出这一点，很多专业用人单位从看高等文凭证书到看能力水平，发展到了看实际设计经验和历练时间长短。单凭这一点就把我们高等专业毕业生全部拒之门外。就目前的高校设计教学课程体系而言，除了课程虚拟练习、短期实习、采风外，只有两个月的毕业实习是接触社会设计实务的，很难积累更多的实际工作经验，更难谈业绩成果，因此，目前毕业的学生多数报怨说他们是当今教学模式下的试验品和牺牲者。

2. 学科性质特点与现行的教学模式不相适应

综合性、整体性、更新性是环境设计学科中三大主要特性，也是教育产出人才的要求，我们的毕业生就需要具备广泛的综合、整体处理解决问题的能力，同时还要具备根据时代的发展变化而不断更新和创新知识的能力。仅凭我们现在的教学模式是很难培养如此高标准人才的。环境艺术设计是文、理、艺结合的交叉学科，目前学科管理的模糊状态，导致教学模式与专业课程设置的不规范，在环境艺术设计各科目中实践性教学和应用性教学，在现有教学模式下是无法进行的。特别是在一些理工科院校教学模式下，对艺术设计类教学模式特征，甚至无法理解而至矛盾重重。而在文科、师范、艺术类的院校教学模式下对工程技术等理工学科要求又很难实施。多年的文理分庭，各不融通及不合理的高考制度，只重应试能力的基础教育而忽略综合素质及实践能力的教育机制，造成了人才畸形现象。

课程、课时安排和占有统治地位的单一教室集体授课教学手段与传统的教学管理方式，根本不能适应现代艺术设计学科性质的要求，致使理论与实践严重脱节，艺术与技术难以统一，思维与操作无法协调。在一些学校观念上是不把实践性课程当正课的，教学质量大打折扣。形成理论说教多，实践应用少的矛盾。使产出人才成为能说不会做的空谈家，设计出来的方案能看不能用的虚拟设计师。这也是目前流行的艺术设计教学模式的必然结果。

3. 对新学科的认识不足，办学理念与教育定位不合理

由于近几年艺术设计教育的泡沫现象，很多院校，无论是否具备条件，一窝蜂地哄上艺术设计专业，使得学科内涵模糊不清的艺术设计教学更是杂乱无章，造成社会对学科认识混乱：有些用人单位认为艺术设计是不伦不类的四不像专业；而在基础教育中普遍认为艺术设计学科是最低级门类。那些文化成绩都达不到高考标准的淘汰生，往往成了新兴学科的主要招收对象，致使生源素质低下，而学科标准要求高，人才难雕成器。

我们当前的高等设计教育院校在专业教学方面强调"宽基础、淡专业"的教学理念；在人才培养目标方面，强调"通才、综合能力"；在教育的定位上，提出要培养面向未来信息技术时代的新一代"全能"设计师的高标准；在办学目标与学科建设方面又把主要精力放在学校升格上。而真正的设计专业教育在很大程度上仍然停留在纸上谈兵，脱离实践的"理论设计"或"模拟设计"的状态中，教学设备设施仅是计划报表，有虚无实。

仅仅二十年经历的环境艺术设计，可以说还没形成比较完整的教育体系，表现突出的问题是对艺术设计学科认识不足，设计教育理论、教学方向的指导思想还不明确，这就直接导致教学内容的混杂，教学无序，教材杂用，使职业教育到中等专业教育至本科教育与研究生教育、目标一致，教学雷同，拉不开档次。从而导致教育废品泛滥，市场对人才需求无序和错位。

目前的这种教育产出和现实社会需求错位的状况日益严重，此专业的大学毕业生严重缺乏核心实力来面对社会需求。环境艺术设计专业方向既为热门专业方向也是出次品最多的专业方向。这就是当前教育体制及其运行机制下畸形发展所造成的恶果，设计教育体制和教学模式严重滞后，设计教育畸形和人才供需的恶性循环状况。应当引起有关业界的关注和反思，更是我们艺术设计教育所必须解决的紧迫课题。

三、改革的对策与建议

通过上面存在的现象及对其概略分析，提出以下的对策和改革措施。

1. 要顺应时代发展，转变传统教育思维模式和教育方式，建立适合本土特色的设计教育体系

当今许多业内专家学者们普遍认为教育改革主要是思维观念的革命。不论是教育者还是被教育者，其思维都应跟上当今信息时代的发展速度，以全球化的广阔眼光去选择知识。教育改革不但要有新的知识内容，还要有新的知识传授形式；具体地说，就是从"内容"到"形式"要配套、教与学要配套，学与用要配套。艺术设计的综合性要求，就是要打破文理科界限，在文化课和艺术素质的要求上统一教育对象标准。环境艺术设计人才是艺术设计行业中跨学科较多，综合素质较高的复合型设计人才，要求有扎实的理论功底和较强的实践能

力。这种人才的培养要有行之有效的教学体系和教育手段，根据所处的环境要求（社会环境、地域环境）以及办学条件，打造具有本土特色，适应时代要求的高水平人才的教育体系。

2. 建立以实践手段为主要教学形式的实践教育模式

现代艺术设计教育是实践性极强的综合型学科，如果不按实践应用型进行施教，改变传统单一教室授课模式，是难以达到培养顶极实用人才的教学目的的。在人才培养中应坚持贯彻始终的介入社会，参与设计实践，在实际设计中了解应掌握的专业技术与知识理论，增强综合能力的观点。通过实践，学习掌握有用的相关科目和必备的专业技术能力。在大学的教育过程中，应是一个完整的实践过程和奠定理论基础的过程，在实践中探索理论知识、在实践中掌握理论知识、在实践中运用发展理论知识。整合课程设置，统一完善学科内容与概念，加强对中国优秀传统文化的传承，建立教学、研究、创造、考核四位一体的环艺教育模式。

3. 提高对环境艺术设计科学的认知和定位

环境设计专业方向，涵盖了自然科学、社会科学与艺术设计学科的文、理、工、艺知识。这一学科是向社会输入能工巧匠的高等学科，是培养高智商高技能人才的高级学科，应是为人类缔造圣人的高尚学科，应该在高等教育学科门类排序中占有重要一席。因为人类的文明进步，是在不断进行认知世界和发明创造，逐步改善生存环境条件，从而一步步发展而来的。这个过程和活动正是艺术设计学科的主要认知内容和学科范畴，从业者，非一般人所能。早在我国春秋战国时期齐人所作《考工记》中就有"知者创物、巧者述之守之、世谓之工，百工之事、皆圣人之作也。"[2]这是对设计制作行业的高度认识和定义评价。而今社会的普遍观点是把艺术设计学科当做最底层，最低能的一门学科来看待。这种浅见在基础教学中已是不言的共识，其主要原因是国家教育体制对此学科的偏见造成的，单从高考制度中的低标准要求就充分证明了这一点，也就是这一标准造成了当今艺术设计教育"泡沫状"的主导因素之一。

因此要根据学科特性和培养人才目标制定相应的招考标准，控制招生规模，提高生源素质，这还涉及学科目录的重新定位，艺术设计学科应该是所有学科中招考标准最高的科类。具有高素质的全才方能报考进入该学科学习研究。

4. 应按专业特性，改进学制，制定适合本专业常规人才培养施教机制和教学手段，建立一个规范的从低至高的人才认证的考核机制

人的学识学历不应以学制而定，学识能力的高低应以相应的本科生、研究生、博士生的等级考核标准为准绳，而不应受学年限制。目前四年制根本学不全、学不深，更掌握不了系统专业知识。一年多的专业基础、一年多的专业课的学习，加上半年多实习，学生刚刚了解了什么是本专业时，也就即将毕业，根本达不到环境艺术设计的多学科、综合性、广泛知识领域的学科要求。这对设计教学来说是头等困境，教师嫌课时不足，学生报怨没学到东西。多年的教育实践证明，学制是限制环境艺术教学达标的主要客观原因。

高等艺术设计学科教育应改为无学年制，学生在入学后应鼓励、倡导他们尽早进入社会学习专业，学期要求可根据学生在社会实践中所需，随机调整长短学期，灵活利用休学、续

学、复读、重修、选修等教学方式完成学业，以学生达到学习目标为学制标准，不论学期长短，只要学生通过各方面的严格考核要求，方可取得学历、学位认证为合格人才。

与高等艺术设计学科教育的无学期制相配套的应是以实践为本，以实际动手为主的多样化教学形式和灵活多变式教学手段，建立配套的相应学科的科学有效的教学管理机制和考核机制。

在教学中除利用现有教室、多媒体教室、实验室外，还要建立开创多功能模拟实践式教室、研究所式教室、车间作坊式教室、工作室式和公司式等多样化教学空间，只要和学科有关的社会上各种类型场所空间等都可利用成实践教学课堂。其主要授课形式可采用探讨、立项、研究、设计制作方案、竞赛、辩论、答辩、集中与散放式等灵活多样多变性教学手段和检测认证考核手段来完成教学过程，搞活教学活动和教学模式达到教学目的。

5. 改善办学条件，加大师资队伍建设

教学的核心力量是教师，"一所大学可以没有大楼，但不能没有大师"。高校教师是知识和技能的传授者，也是教学活动的组织者，学生总体素质的提高离不开高素质的教师。近几年来的艺术设计教育畸形发展，同时也给各高校师资队伍建设带来师资紧缺，素质下降等现象。致使一些高学历、高学位、低水平的"骄骄者"进入高教行列，现在多数高校的设计专业教师正是一批高教"新人才"在执鞭。为防止教育退化，目前设计教育首要解决的是师资问题，特别是这批"新人才"的业务水平和专业素质能力的提高与更新，尽快使这批教育者改良优化，达到高等设计教育要求。此外，专业人才招聘应以学位与职称的名副其实为重。

总之，环境艺术设计教学要尽快摆脱困境，需重构设计教育体系，建立与学科相适应的教学模式和管理机制，让这一年轻的新学科教育健康发展。

参考文献

[1] 盖尔哈特·马蒂亚斯.1990-2005年的中国设计教育[J].中国设计在线，2005.

[2] 戴吾三.考工记图说[M].济南:山东画报出版社，2007.

李正军、凌玲 / Li Zhengjun, Ling Ling

（沈阳航空工业学院，辽宁 沈阳，邮编：110136）
(Shenyang Institute of Aeronautical Engineering, Shenyang, Liaoning 110136)

景观设计学教学模型化研究
——环境艺术专业中景观设计课程体系模型 及景观教学模型的探索

The Model Teaching Research of Landscape Design
—The Probe of Landscape Design Courses System Model and Landscape Teaching Model in Environmental Art Specialty

摘要：
本文以沈阳航空工业学院艺术设计系环境艺术教研室景观设计的教改课题为基础，论述有关于景观设计学模型化教学方式。阐明景观设计学学科研究涵盖广泛，景观设计学知识系统性强，景观设计工作复杂的学科特点决定景观教学模型化的意义，剖析目前国内景观设计学的教学现状和景观教学存在的问题，具体论述环境艺术专业景观设计模型化教学的体系——课程体系概念下的模型化教学，教学方式概念下的模型化教学。以艺术设计系环境艺术教研室景观设计课程为模型化教学实践对象，对教学成果进行分析，体现出模型化教学方式的教学效果，并进一步阐明模型化教学是对学生的知识系统性教育、学习方法性教育、思维方法性教育、工作方式培养性教育。

Abstract:
The thesis discusses the model teaching mode of landscape design on the basis of the educational reform of landscape design in environmental art section of art design department of Shenyang Institute of Aeronautical Engineering. It tells that the field of landscape design is wide, it has close systematic knowledge and its work is very complicated. All of the above decides the meaning of the model of landscape teaching. And then we analyze the modern condition of our landscape design and its existing problems. We will also discuss its system especially for environmental art majors: the model teaching for the condition of course system and teaching mode conception. The thesis takes our own courses as the practical target for model teaching, and analyzes the teaching achievements that embody the effect of the model teaching mode. Then it will explain the model teaching mode is a kind of education for students' systematic knowledge, learning way, thought way and working way.

关键词： 景观设计学　系统性　现状　模型化教学
Keyword: landscape design, systematic, modern condition, model teaching

一、景观设计学的特点决定景观教学模型化的意义

在人类生存与发展的历史长河中，人类不间断地设计与改变大地的形态，这些改变的目的是为了生存，为了生存获取食物，人类开荒种田；为了生存建造房屋，人类伐木、采石、

开窑；为了生存防御敌人，人类修建城池；为了生存货通天下，人类修建道路、架设桥梁、通山凿洞、开挖运河；为了生存躲避天灾，人类治理江河湖海、寻找风水宝地……人类为了生存在大地上留下丰富的烙印，形成丰富的人类历史文化，形成多样的大地景观（landscape）。以此来看，景观设计学研究的内容是悠久的，学科研究涵盖是广泛的、艺术形式多样的，知识结构是系统，它是复杂的，是生存的科学与艺术。

1. 景观设计学学科研究涵盖广泛

景观设计学（Landscape Architecture）是一个泊来名词，它所研究的内容是关于如何安排土地及土地上的物体和空间，是一门创造安全、高效、健康、舒适的环境的科学和艺术。今天的景观设计学虽然是在中国传统的园林设计理论和西方的花园设计和风景园设计理论的基础上发展而来的，但针对目前人类生存和发展对环境呈现的诸多现实问题——历史文化的流失问题；民族文明多样性的流失问题；城市生态安全问题；环境污染日趋严重，温室效应加剧问题；城市景观形态趋同问题……景观设计学研究的内容涵盖越来越广泛，形成全新的多学科交叉的知识体系。这个知识体系中包涵地理学、景观生态学、生物学、城市规划学、建筑学、环境艺术学、社会学、民族学、民俗学、史学、美学、材料学、行为心理学、人机工程学……景观设计运用这些综合的知识体系完成对人类生存环境的科学的艺术的改造。

2. 景观设计学知识系统性强

景观设计学作为完整的学科存在，有自己完整的知识系统，它是一门建立在广泛的自然科学和人文科学与艺术基础上的应用学科，尤其强调对大地的设计，即，对有关于人类户外

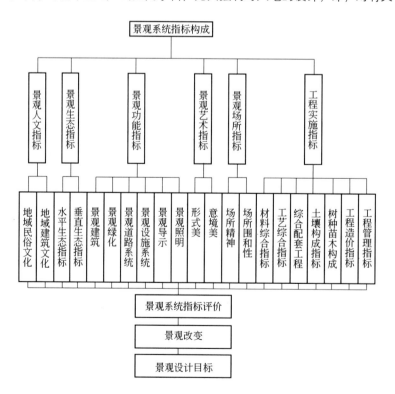

图1 景观设计指标体系

活动的空间设计、土地使用规划、生态设计规划。针对一个设计目标——风景区规划、交通路径景观、水利工程景观、防护系统景观、村落城镇景观、城市公园景观、城市轴线景观、城市广场景观、城市居住区景观、校园景观……进行多个指标的科学理性的分析与量化，形成多个设计指标的系统化、最优化，景观设计的过程是指标系统化的过程，景观实现的过程是指标最优化的过程。在景观设计学中，设计目标是千差万别的，但是景观的设计指标体系基本相同，只是不同的设计目标，指标体系中子项的量比不同而已（图1）。

3. 景观设计工作复杂

理解景观的时代背景，诠释景观设计的工作复杂性。今天景观设计的背景是工业化、城市化的时代，是地球历史上自然生态破坏最严重的时代，是大地遭受践踏的时代，景观设计所面临的问题是土地、人类、城市和土地上的自然生态的安全健康及可持续发展问题。

理解景观的含义，诠释景观设计的工作复杂性。从景观的视觉美的含义上认识，景观设计是对美的发现、保护、创造，对客观的自然美发现与保护，对人文的艺术美的创造。从景观的栖居地的含义上认识，景观设计应该尊重自然文化遗产，尊重历史文化遗产，理解建筑结构、建筑形态的景观特性，理解生活方式的景观特性。从景观的系统的含义上认识，景观设计应该充分地运用景观的科学性、客观性，理解景观系统与外部系统的关系，景观系统内部水平生态关系，景观结构功能关系，景观系统的生命与环境关系，景观系统中人与环境之间的关系。从景观符号的含义上认识，景观设计应该充分地尊重景观区域的民族文化、民俗风情、历史和哲学。

理解景观的工程实现，诠释景观设计的工作复杂性。景观价值的实现是通过工程项目的实施来完成的。在工程项目的实施的过程中，景观设计是方案资料收集，资料分析，设计定位，工程制图，施工工艺流程监理，工程计划，施工现场管理，景观项目影响评估等全面的工程设计与工程实现的体现。

二、景观设计学的教学现状

景观学科的学科边缘性强；景观设计学学科研究涵盖广泛；景观设计学知识系统性强；景观设计的工作复杂，这增加了景观设计的学习难度。目前国内开设景观设计专业的院校有建筑学院、艺术学院、林学院、农学院，不同的大学执行着不同的培养模式，培养的学生有各自的专业特点，但是从景观学科的知识体系认识，知识结构都不够全面。建筑学院中学习城市规划专业的学生，理性分析能力、工程制图能力较强，可是造型能力、美学修养、对生态的认识与设计把握能力、空间手绘表现能力较差。建筑学院中学习建筑学专业的学生，理性分析能力、工程制图能力、造型能力、美学修养较强，可是对生态的认识与设计把握能力、对规划的宏观控制能力较差。美术学院中学习环境艺术专业的学生，造型能力、空间手绘表现能力、美学修养较强，可是理性分析能力、工程制图能力、对生态的认识与设计把握能力、对规划的宏观控制能力较差。农学院、林学院中学习植物种植专业、生态专业的学生，理性分析能力、对生态的认识与设计把握能力较强，工程制图能力、造型能力、美学修养、对规划的宏观控制能力较差。这种教学现状，限制着目前国内景观行业的设计水平。为实现景观设计专业水平的提高，国内很多大学正在进行不同教育模式的探究。

三、诠释景观设计模型化教学

景观学科的学科边缘性强；景观设计学学科研究涵盖广泛；景观设计学知识系统性强；景观设计工作复杂，决定着景观设计模型化教学的意义。实施景观设计模型化教学有助于学生系统的学习景观设计学的系统知识，探索目前景观学教学的现实问题的解决方法，其实质是研究知识系统性教育、学习方法性教育、思维方法性教育、工作方式培养性教育的教学模式。

1. 课程体系概念下的模型化教学

景观设计的课程体系的构成应适应目前的社会需求与工程实践，与目前社会需求与工程实践对应，景观学由三大知识体系构成：一是景观生态及其包含的资源；二是景观规划与设计；三是景观行为与文化。完成一项景观项目设计，应依据景观学学科的核心理论：景观生态学；景观美学；景观人文。完成一项景观项目设计，应依靠景观学的规划与设计手段，以艺术作为组织方式，借助各种手法将各要素组织起来，期待令人愉悦的外在形式；以生态作为景观设计目标，尊重自然伦理实现人与自然的和谐建设；以人文作为景观设计的基础，研究各种空间层次、各种表现形式的人类活动。

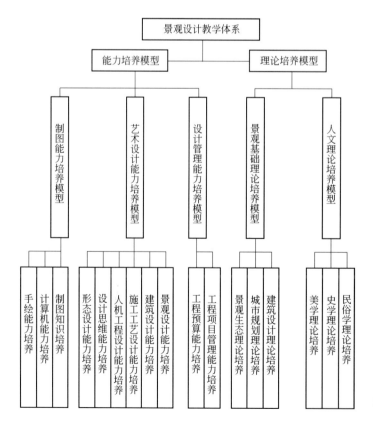

图2 景观设计教学体系模型

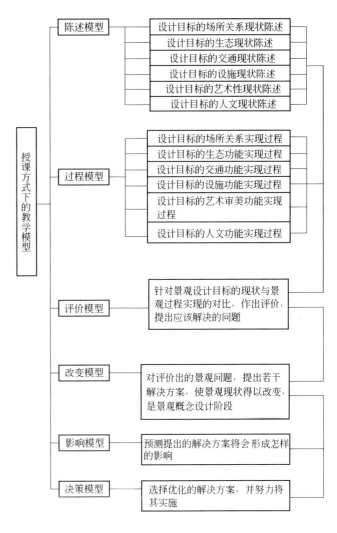

图3 景观设计教学方式模型

沈阳航空工业学院艺术设计系环境艺术专业中的景观设计课程体系以培养景观规划与设计的能力为目标，2003年以来以环境艺术的景观设计教改课题为动因，实行景观设计的模型化教学（图2）的改革与实践。依据景观学有三大知识体系、依据景观学学科的核心理论、依据景观学的规划与设计手段，调整环境艺术专业教学大纲，进行系统的能力培养和理论培养。能力培养模型由制图能力培养模型、艺术设计能力培养模型、设计管理能力培养模型构成，实现景观设计的制图与景观表现能力、概念规划与艺术设计能力、工程综合的管理能力的系统培养。制图能力培养模型有手绘能力培养、计算机能力培养、制图知识培养三个板块。手绘能力培养板块由专业素描、专业色彩课、透视与效果图等课程支持，计算机能力培养板块由计算机专业软件（1）、计算机专业软件（2）、计算机专业软件（3）、动画设计、多媒体设计等课程支持，制图知识培养板块由专业制图为课程支持。艺术设计能力培养模型有形态设计能力培养、设计思维能力培养、人机工程设计能力培养、施工工艺设计能力培养、建筑设计能力培养、景观设计能力培养六个板块，形态设计能力培养板块由形态构成（1）、形态构成（2）、形态构成（3）等课程支持，设计思维能力培养板块由设计方法学课程支持，人机工程设计能力培养板块由人机工程学为课程支持，施工工艺设计能力培养板块由设施工工艺课程支持，建筑设计能力培养板块由建筑图案、建筑设计基础等课程支持，景观设计能力培养板块由园林设计、景观设计等课程支持。设计管理能力培养模型有工程预算能力培养、工程项目管理能力培养两个板块。工程预算能力培养板块由工程预算课程支持，工程项目管理能力培养板块由工程项目管理课程支持。

理论培养模型由景观基础理论培养模型、人文理论培养模型构成，实现景观生态、景观规划、景观人文的系统的理论知识培养。景观基础理论培养模型有景观生态理论培养、城市规划理论培养、建筑设计理论培养三个板块。景观生态理论培养板块由景观设计原理课程支持，城市规划理论培养板块由城市规划原理课程支持，建筑设计理论培养板块由建筑原理、建筑构造基础等课程构成。人文理论培养模型有美学理论培养、史学理论培养、民俗学理论培养三个板块。美学理论培养板块由美学课程来支持，史学理论培养板块由中国建筑史、世界建筑史、设计史等课程支持，民俗学理论培养板块由民间艺术课程支持。这样形成课程支持板块，板块支持模型，模型支持系统的整体模型化课程体系，模型化课程体系经过教研室两年来的教学实践，相对明确了景观教学培养目标，完善景观学知识结构，但目前还是处于探索阶段，随着研究的不断深入，课程体系模型会进一步完善。

2. 教学方式概念下的模型化教学

教学方式概念下的模型化教学是研究景观设计的学习方法，工作方法的模型。景观设计学的学科研究涵盖广泛，景观设计学知识系统性强，决定景观设计工作的复杂性，缺乏学习方法、工作方法模型很难系统地全面地调研、分析、评价、设计景观项目。从前，环境艺术专业的城市外环境设计课程多研究环境中的艺术设计问题，教学内容不够全面，学生解决问题的方式是主观的，形成的设计是感性的，缺乏系统的、理性的思考，不能形成完整的场所性的景观设计。为解决环境艺术设计的景观教学现状，自2003年开始我们开始探索模型化的教学方式（图3），从方法上寻找完善景观学教学的途径，尝试运用卡尔·斯坦尼兹（Carl Steinitz）的景观设计研究框架实施景观教学,在主题性的景观设计课程中运用卡尔·斯坦尼兹（Carl Steinitz）的景观设计研究框架，将景观设计过程分解成六个模型——陈述模型、过程模型、评价模型、改变模型、影响模型、决策模型。在陈述模型中解决对设计课题的现状的调查研究，完成对设计课题现状的客观的、全面的陈述。在过程模型中确定设计课题的各种功能实现目标，完成对设计课题的各种景观功能的确定。在评价模型中针对课题现状的陈述与设计课题的各种景观功能进行综合分析，对设计课题作出景观问题诊断。在改变模型中针对评价模型中诊断出的若干景观问题寻求多渠道的解决方案，使景观的现状得到多种方式的改变，完成景观的概念设计。在影响模型中进行不同概念方案实现预测。在决策模型中优化概念设计，形成

模型化课程体系教学实践分析（实践课程：毕业设计） 表1

实践子项 效果对照 实践人数、班级、课程体系	制图能力	艺术设计能力	设计管理能力	景观基础理论修养	人文理论修养
2416101—03班 （80人） 选择景观毕业课题 28人 实行原课程体系	手绘能力：优良8人占28.6%、中等10人占35.7%、较差10人占35.7% 计算机能力：优良8人占28.55%、中等12人占42.9%、较差8人占28.55% 制图规范能力：优良10人占35.7%、中等11人占39.3%、较差7人占25%	形态设计能力：优良9人占32.1%、中等11人占39.3%、较差8人占28.6% 设计思维能力：优良5人占17.9%、中等7人占25%、较差16人占57.1% 人机设计能力：优良6人占21.4%、中等15人占53.6%、较差7人占25% 施工工艺设计能力：优良8人占28.6%、中等11人占39.3%、较差9人占32.1% 建筑设计能力：优良6人占21.4%、中等15人占53.6%、较差7人占25% 景观设计能力：优良6人占21.4%、中等14人占50%、较差8人占28.6%	工程预算能力：优良5人占17.9%、中等15人占53.6%、较差8人占28.5% 工程项目管理能力：优良2人占7.1%、中等11人占39.3%、较差15人占53.6%	景观生态理论修养：优良3人占10.7%、中等12人占42.9%、较差13人占46.4% 城市规划理论修养：优良2人占7.1%、中等8人占28.6%、较差18人占64.3% 建筑理论修养：优良5人占17.9%、中等13人占46.4%、较差10人占35.7%	美学理论修养：优良9人占32.1%、中等11人占39.3%、较差8人占28.6% 史学理论修养：优良8人占28.6%、中等10人占35.7%、较差10人占35.7% 民俗学理论修养：优良8人占28.6%、中等11人占39.3%、较差9人占32.1%
3416101—03班 （78人） 选择景观毕业课题 36人 实行模型化课程体系	手绘能力：优良15人占41.7%、中等14人占38.9%、较差7人占19.4% 计算机能力：优良20人占55.5%、中等10人占27.8%、较差6人占16.7% 制图规范能力：优良15人占41.7%、中等15人占41.7%、较差6人占16.6%	形态设计能力：优良14人占38.9%、中等15人占41.7%、较差7人占19.4% 设计思维能力：优良13人占36.1%、中等12人占33.3%、较差11人占30.6% 人机设计能力：优良9人占25%、中等18人占50%、较差9人占25% 施工工艺设计能力：优良10人占27.8%、中等14人占38.9%、较差12人占33.3% 建筑设计能力：优良12人占33.3%、中等15人占41.7%、较差9人占25% 景观设计能力：优良14人占38.9%、中等14人占38.9%、较差8人占22.2%	工程预算能力：优良10人占17.9%、中等17人占53.6%、较差9人占28.5% 工程项目管理能力：优良6人占16.6%、中等15人占41.7%、较差15人占41.7%	景观生态理论修养：优良11人占30.6%、中等15人占41.7%、较差10人占27.7% 城市规划理论修养：优良9人占25%、中等16人占44.4%、较差11人占30.6% 建筑理论修养：优良10人占27.7%、中等15人占41.7%、较差11人占30.6%	美学理论修养：优良15人占41.7%、中等15人占41.7%、较差6人占16.6% 史学理论修养：优良13人占36.1%、中等14人占38.9%、较差9人占25% 民俗学理论修养：优良12人占33.3%、中等15人占41.7%、较差9人占25%

可实施的景观设计方案，并努力将其实现。这样，将景观设计过程分解成六个模型，在不同的模型阶段，指导学生思考不同的问题，培养学生对复杂的景观问题的认识、整理、解决的意识，培养学生对景观设计的综合分析，多途径解决设计问题的能力，是一种行之有效的手段。

3. 模型化教学方式的教学的课程实践

依据教改课题对景观教学模型化研究，对2002届与2003届环境艺术专业的学生进行教学实践比较研究，2002届学生执行原教学大纲和教学方法，2003届学生实行新的教学体系模型和教学方式模型，经过两年的教学实践，教学效果有明显差异。2003届环境艺术专业学生通过系统的能力培养模型和理论培养模型的培养，学生的制图能力、艺术设计能力、景观基础理论水平、景观人文修养有一定的提高（表1）。以模型化教学方式为景观设计课程的实践平台培养学生的自学能力，培养学生的理性分析能力，增强学生的概念创意能力，提高学生的文案及报告书的编辑整理能力。在专业设计课程中，以本地实际景观项目为命题作业，组织学生进行项目实际考察，完成景观陈述模型，实现对学生自学能力的培养。针对设计项目组织课堂教学，分析各种功能实现过程，完成景观过程模型，培养学生的理性分析能力。依据景观现状的陈述和景观功能实现的需求，引导学生作综合分析，对设计项目的各种景观问题作出诊断，完成景观的评价模型，培养学生对项目问题的综合评价能力。对诊断出的景观问题，进行课堂分析指导，对景观问题进行针对性的设计，提出若干解决方案，完成景观的改变模型，实现设计项目的概念设计，培养学生的方案设计能力，艺术创造能力。指导学生对景观概念设计未来实现作出预测，完成景观的影响模型，培养学生对景观效能的评估能力。依据学生的概念设计，对若干解决方案作课堂辅导，选择优秀方案形成报告书，完成景观的决策模型，培养学生对设计方案优劣的判断能力。以六个模型为基本框架，实现模型化教学，从三年来的教学实践研究来比较，教学效果有显著改善（表2）。

四、结束语

景观设计学模型化教学经过三年的教学实践，从教学效果上检验，对学生的综合设计能力，文化修养的提高有一定的作用。模型化教学使学生能够清晰的了解景观设计学的知识架构，掌握从事景观设计工作应该具备的技术能力和文化修养，掌握从事景观设计工作的工作方法和思维方式。模型化教学实践的目的是：培养知识、能力、修养全面的景观设计师，教给学生一个知识系统，教给学生一个思维方式，教给学生一个工作方法。目前景观设计学模型化教学还是研究探索阶段，随着景观设计教学研究的不断深入和实践，模型化教学方式会得到不断发展和改进，本文只是一个初浅的探索，伴随着学科的不断发展会有更多的科学的教学方式方法应用到教学实践中。

模型化教学方式实践分析（实践课程：景观规划设计（三）——校园景观规划设计）　　表2

实践子项	自学能力	理性分析能力	设计问题归纳能力	解决性设计能力	概念创意能力	艺术创造能力	文字编辑及报告书整理能力
实践效果 / 实践班级 2416101—03（80人）执行原教学方式	优良：12人、占15% 中等：35人、占43.8% 较差：33人占41.2%	优良：11人、占13.8% 中等：19人、占23.7% 较差：50人、占62.5%	优良：9人、占11.3% 中等：18人、占22.5% 较差：53人、占66.2%	优良：18人、占22.5% 中等：25人、占31.3% 较差：37人、占46.2%	优良：20人、占25% 中等：25人、占31.3% 较差：35人、占43.7%	优良：30人、占37.5% 中等：29人、占36.3% 较差：21人、占26.2%	优良：14人、占17.5% 中等：33人、占41.25% 较差：33人、占41.25%
3416101—03（78人）执行模型化教学方式	优良：21人、占26.9% 中等：33人占42.3% 较差：24人、占30.8%	优良：19人、占24.4% 中等：35人、占44.8% 较差：24人、占30.8%	优良：23人、占29.5% 中等：30人占38.5% 较差：25人、占32%	优良：24人、占30.8% 中等：28人、占35.9% 较差：26人、占33.3%	优良：26人、占33.3% 中等：30人、占38.5% 较差：22人、占28.2%	优良：28人、占35.9% 中等：29人、占37.2% 较差：21人、占26.9%	优良：22人、占28.2% 中等：34人、占43.6% 较差：22人、占28.2%

参考文献

[1] 俞孔坚，李迪华主编.景观设计：专业学科与教育[M].北京：中国建筑工业出版社,2003.

[2] 俞孔坚.生存的艺术：定位当代景观设计学. 2006 年中国景观设计师大会论文集[M],北京：中国建筑工业出版社,2007.

[3] 刘滨谊.景观学学科的三大领域与方向.2005 年国际景观教育大会论文集[M],北京：中国建筑工业出版社,2005.

[4] 谭瑛.三位一体——景观学体系的构成创新研究.2005 年国际景观教育大会论文集[M],北京：中国建筑工业出版社,2005.

[5] 高成广."景观设计"教学改革和实践研究.2005 年国际景观教育大会论文集[M],北京：中国建筑工业出版社,2005.

姚峰 / Yao Feng

(东华大学艺术设计学院，上海，邮编：200051)

(Art and Design Institute, Donghua University, Shanghai 200051)

城市高层集合住宅的"院落式"可能性

The Possibility of Making High-rise Condo into Courtyard" in Cities

摘要：

城市中现有多数高层住宅基本上是单体套房的叠加，是内部有功能划分的盒子叠加，也就是将传统住宅（不包括其室外部分）的主要部分水平相连后构成一个层面，再以此循环向上叠加形成——公寓建筑。新的公寓建筑也在不断地完善其形式与功能，改善公寓楼单体的光照与通风，研究单元楼互相之间的平面化排列形式，尽量追求小区地面的绿化程度及景观的融入。但这种做法只是主观的改善小区的居住环境，几乎是停留在平面上的"理想环境"，只有低层的居民可以享用，身处高层的居民却无法感受，他们与外界空间没有办法真正沟通，而是束缚在半空中的盒子里。

人们向往四合院之类的居住模式，有院落作为平台完成人与人之间的交流沟通、人与自然之间的充分对话。城市别墅从某种程度上实现了这样的愿望，但是在现代都市中，有限的土地、不断增加的人口，决定了别墅不可能成为主要的居住建筑形式。那么，除去公寓与别墅之外，住宅还有第三条道路，那就是高层垂直院落式住宅——通过建筑形式的重新组合，在高层住宅中实现水平发展的传统住宅的空间质量。

Abstract:

Most of the current High-rise Condos in cities are the repeated adding up of separate apartments. They are the adding up of boxes which have the functional partitions inside, i.e., they are horizontally connected with the major part of traditional dwellings (exclude their exterior parts) as a floor, and many of those floors are piled up vertically to form the Condos. Architects are continuously perfecting the formations and functions of new designed Condos, improving their lighting and ventilation system, researching the arrangement among those apartment units plan, pursuing the integration with green area and landscape viewing from the ground. But all those attempts are the subjective changing of the living environment in the habitation, almost limited on the ground as "ideal environment". Only the residents living on the lower floors can enjoy them. People living on higher floors can hardly sense the ground environment. They have no actual communication with outer space, been restricted in the boxes hanging in the air.

People are longing for the living mode of courtyard style. Yard can be the communication platform for the intercourse among people and sufficient dialogue between people and the nature. Town house can be the realization of their wishes. But in the modern cities, limited ground spaces, increasing populations, all determined that the town house style can not be the major living style. Then, apart from the condos and town houses, there should be the third way of residence. That is the high-rise vertical courtyard residence which recombines the architectural form, realizing the traditional residence space quality by horizontally development in the high-rise residence building.

关键词： 集合住宅　　院落　　公寓　　交流空间　　城市山林
Keyword: condos, courtyard, apartment, communicational space, city landscaping

一、引言

住宅主要是提供生活、休息的一个场所（SOHO一族也把住宅作为工作的地方），作为生活来讲，不仅仅是一个户内的活动，还应该包括户外的活动。传统的住宅由户内空间与户外空间共同组成，欧美的住宅（house）由房子主体和房子前后或房子周围的花园构成；而中式的住宅由房子主体和房子围合而成的院子组成。所以，完整的生活状态是人在户内与户外的随意转换、由户内行为到户外行为进行交替的活动。只有在特定的时间内才会一直长时间地处于室内环境中——比如在工作时间内、在睡眠时间内。现在的公寓楼从某种程度上讲像一个封闭的盒子，我们的住宅从户内到户外的沟通其实是很困难的，这样就形成了只有特定条件下的生活状态，长期单一地处于室内环境。

毫无疑问，现在的住宅小区、城市都非常注重户外环境的建设，有越来越多的公共绿地，小区内的景观也非常考究，不管是在设计图纸阶段还是在建成后，从高层往小区地面看，小区的地面景观平面布局精美，小桥流水和美丽的绿化图案，但那只能说是一个远离住户的"景"而已，开发商要求的"绿化"而已。往往人们是匆匆地从其旁边经过，很少时间置身其中，或许只是在晒衣服的时候不经意往下看到几眼。傍晚时分老人和小孩会选择在其中活动，或者一些遛狗或"遛"小孩的住户。但是更多的人会因为"等电梯、爬楼梯"的麻烦，而留在室内，而家与自然之间有着长长的距离。因此高层住宅中除了楼层靠上的价钱比较贵——视眼开阔、通风良好、采光丰富；底层也贵——能直接地近距离享受到户外地面风景，如果带有自家小园的就更贵了，相当于"别墅"。

在条件允许的情况下，理想的住宅是水平向铺开的。传统住宅不管是独栋式还是联体式的，有一个共同的特点——紧挨地面。但是城市的发展产生了人口与土地的矛盾，例如上海这样一个城市，假如把城市中的高层住宅水平摊开来，可能要住满整个长江三角了。然而人类住区正在迅速城市化，人口向大城市集中，世界人口将有一半以上居住在城市，城市的人肯定越来越多，城市向上垂直发展的趋势很难在短时间内得到改变。虽然现在的政策也鼓励降低容积率，但这只能在远离市区的郊区实现。国外的城市空心化是一种现象，但这是城市发展到一定阶段的结果，不符合我们现在的国情。

现在是想办法让大家买得起房，有地方住，这个时候高层住宅的发展趋势是必然的。高层住宅特别是小户型的是今后很长一段时间内的主要形式，别墅是少数人能享受的，而且国家政策也是在限制别墅的发展。但是不断壮大的中产阶层会在有房住的基础上希望提高居住的质量，在居住质量上除了增加面积的要求外，还有对亲近自然的要求，对更丰富更人性的空间的要求，他们会转向对别墅的需求，那么无非有两种结果：一是国家政策允许大量别墅的开发；反之则需求大而供应少，别墅价格暴涨到让你这点钱还买不起。

除去公寓与别墅之外，住宅还有第三条道路，那就是高层垂直院落式住宅。通过建筑形式的重新组合，在高层住宅中实现水平发展的传统住宅的空间质量。

二、院落与高层院落的本质

满足单户家庭的院落空间，印度著名建筑师查尔斯·柯里亚（Charies Correa）设计的干城章嘉公寓（Kanchanjunga Apartments）在建筑空间形式上早已实现，但柯里亚这样做是根据当地炎热气候，以及面向优良天然景观的特点，采用设置露天阳台的空间形式，花园平台布置方式很符合居民喜欢露天生活的习惯，被他们当做起居室甚至卧室。勒·柯布西耶在1922年也设想在公寓楼中实现别墅——"蜂房别墅公寓"，然而章嘉公寓与蜂房别墅公寓的院落，实际上是没有封外墙的起居室、放大的阳台，它起到的是家庭各功能空间交流中心的作用(图1)。

图1 干城章嘉公寓

王澍老师设计的"钱江时代"也是对高层院落的实验，从立面上尝试用江南城镇的水平切面旋转90°，以此"来召唤业以逝去的居住方式，显示一种对土地的眷恋……"，但从平面上看，院落并没有实现，看上去更像是在挑空阳台上敷土栽树而已，从建成的效果看"钱江时代"的高层院落是象征性的，是在精神上的一种想像。

院子的本质不是没有封外墙的起居室、放大的阳台。院落在功能上实现室内外空间的过渡和转换；实现绿化景观；但院落的本质是沟通与共享——从单体上，构成院落围合空间的周围建筑体之间的沟通与共享，从群组上，多个院落之间利用跨过院子的连廊和穿过建筑的弄堂进行沟通与共享。建筑体里的室内空间、院子的室外空间、连廊的灰空间与弄堂的穿插

不同的复式结构单体

水平向构成一个围合空间

向上发展出新的围合空间

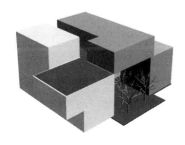

构成一个基本单位

空间共同组成一个完整的院落。不同的空间的功能和由此带来的空间体验是院落建筑的魅力所在。传统的院落建筑不管是故宫皇城、城镇县城还是大户宅院、乡野村落，建筑群都由院落空间实现空间沟通的。

高层住宅实际上是群组式的建筑，只不过由水平向转为垂直向。那么高层垂直院落式住宅在空间上也是一个院落群，原来院落的水平连通转为垂直连通。这样才实现了真正意义上的院落——空间的过渡、转换、沟通、共享。

三、实现的基本手段

L形的体块水平及垂直地穿插，两层为一个单元，相邻的两户或者三户共享一块绿地。

用一个垂直通道把所有的绿地连通，上楼的体验类似爬山。

（1）复式结构的单元体块水平围合，组成三合院，在朝南方向留出一个院子。复式结构保证了院子的足够高度，一定时间的光照度更有利于种植绿化，也从更大程度上起到过渡空间的作用。

（2）利用咬合关系向上发展出新的围合空间，但是新的围合空间不是简单地与下面单元叠加，在这种咬合关系中可以衍生出各种丰富空间。这样的结果是可能一户住宅在垂直方向连接两层三层空间，与它相邻的将不止两户。这样的空间关系将整个建筑连在一起（图2）。

水平与垂直方向的不断发展

图2 体块组合基本方法图

图3 通道与室内不干扰说明

（3）不同高度院落的连接。由于不同的院落无论在水平上还是垂直上都不是在一条线上，所以院落的连接需要一个斜穿的通道，同时通道又不会将建筑空间前后割断。通道的存在对于每个室内空间单元的水平向垂直向发展可能都不构成制约。这对于住宅来说是很重要的，因为将建筑前后割断的结果是南北不能直接相连而出现朝北向的住户（如"钱江时代"就是这样的情况）（图3）。

四、结果

（1）丰富的建筑空间，户内到户外的直接空间连接关系，使得院落能够与住宅发生直接关系。八层16户不同房型组合构成一个循环，在这16户中，不管房型如何变化，都有一个基本的特点，都有朝南的并与院子直接相连的空间（图4）。

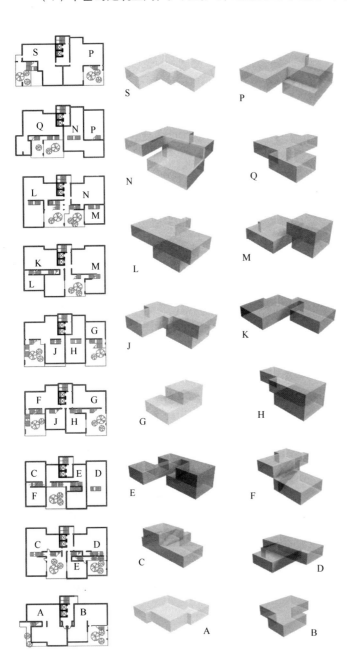

（2）住户之间的交流空间。通过院落这样一个过渡空间起到户与户之间的缓冲和交流功能。现在高层住宅的交流空间被极减到走道、楼梯、电梯等空间。走道、楼梯等是一个通过性的线性空间，人们相互擦肩而过，谈何交流？都说在城市里的人际关系里，邻居已经不算了，因为大家不认识，虽然大家不与邻居交往有多种原因，出于自身保护大家相互防备。不同于计划经济时代，房子由单位分发，"家属区"替代了现在的"住区"。整个家属楼都是一个单位的，隔壁家的楼上楼下的在哪个部门上班都清清楚楚。

而在现代居住经验

图4 多种房型及它们与院落的空间关系

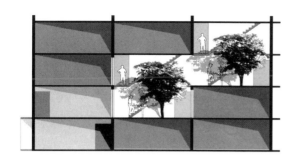

图5 住宅、院落与人之间的空间关系

中，你的邻居可能只是租住三五个月，也可能是你概念里的坏人。大家相互有戒心，相互防备，除去社会因素不谈，邻居之间没有交流空间造成的相互不了解是相互戒备的一个重要原因。不管现代邻居的交流是主动还是被动，首先可以在建筑上创造出一种交流的可能。在这种垂直院落的建筑形式中，户与户之间的院落就增加了相互交流的可能。

（3）院落空间能够在高层公寓中得到实现。每户人家都有自家的小院，在院子里能够实现一定的自然景观，无论是在二楼还是在二十楼，门外都有自然风景。不同的户型与院子的关系是各不相同的：直接与院子相连即门外就是院子；在二层的高度与院子相连即窗外就是院子；在休息平台上与院子相连即阳台伸进院子。同时不同的户型到达院子的方式也不同：直接与院子处于一个平面上；户内的楼上或楼下与院子处于一个平面。在以上这几种不同户型与院子的关系中，可能会在一户中同时出现多种关系（图5）。

（4）院落的连通以及由此带来的不同空间体验。院落由斜穿室内并跨过院子的通道相连。在整个建筑中，各户的垂直交通从便捷性上可以选择北向的电梯，从安全性上需要电梯

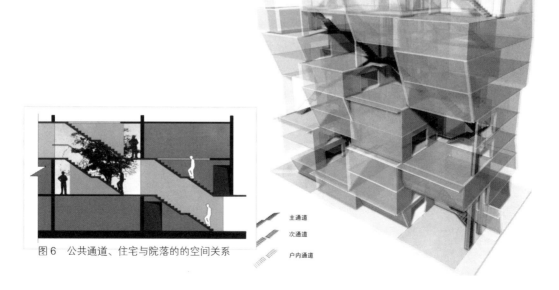

图6 公共通道、住宅与院落的的空间关系

主通道

次通道

户内通道

边的消防通道，而连接院子的通道除了有整体垂直交通的功能（并因此实现与相邻建筑的相连）之外，还是部分户内楼梯的一部分，更主要的功能是通过它实现将所有院落纳入到公共空间之中，院子不是哪一户的，而是整个建筑的，从这个通道经过与其说是交通不如说是交流与体验。相邻的不相邻的都会发生关系，你可以经过多个"别人"的院子而到达"自己"的院子。从空间上通道基本上由两部分构成——处于室内的"弄堂"和处于院子的"廊"，这两种空间不断地转换（图6）。

（5）对整体建筑的影响。就目前的住宅而言，推窗望去，看到对面建筑不再全是人家的窗户，而是看到一个种

图7 由院落、绿化与公共道通构成的"城市山林"

满花花草草的院落，当然还有窗户。一栋建筑像一座山，山上有很多住宅也有很多绿色，那么由此构成的城市不能说是到处鸟语花香，至少不再是灰色的水泥丛林吧。所以院落的垂直化必然带来绿化的垂直化、景观的垂直化，由此能够改变的不仅仅是每一户的居住质量，同时也改善了社区乃至整个城市的生活环境（图7、图8、图9）。

五、"问题"

（1）得房率。很明显，户外空间的增加减少了每户的使用空间，从而降低了得房率。但这只是一个对得房率的计算方式的问题，或者说是要看怎样理解房子中使用空间的组成。得房率最高的是老式筒子楼，没有电梯，没有单独厨房、卫生间，没有起居室，其实筒子楼里除了走道就是卧室了。20世纪80年代的住宅还没有起居室，只是一个小过厅，随着生活质量的提高，现在的住宅不但有厨卫，还要有多个卫生间，起码有一个足够面积的起居室，那么随着生活质量的提高，是不是会形成这样的概念——功能完整的住宅应该包括厨卫、起居室、卧房、院子？这不是没有可能，试想在住筒子楼的时代，谁会想在家里隔出两三个卫生间呢？

（2）房价。要在高层中实现院落，其建筑结构成本肯定要大于目前绝大多数公寓住宅

  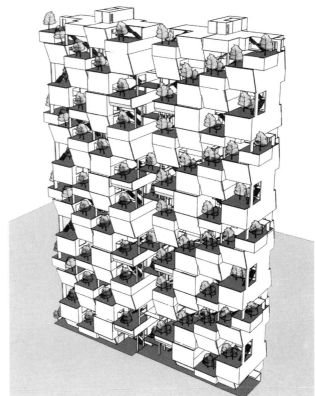

图8 住宅剖面预想　　　图9 住宅外观预想

的剪力墙结构，加上较大跨度的开间和悬挑，建筑成本肯定会比公寓楼要高。但是高层垂直院落式住宅既然在居住质量上是介于公寓和别墅之间，那么其建筑成本的提高导致的较高房价应该也是可以接受的。

参考文献

[1] 鲍世行，顾孟潮主编.山水城市与建筑科学.北京：中国建筑工业出版社，1999.

[2] 王建国，徐小东，朱乾辉.自然的延伸.建筑学报，2004(6).

[3] 邹颖，徐欣.现代建筑的承上启下——从柯布西耶与密斯的比较谈起.世界建筑，2006（11）.

[4]（日）渊上正幸.世界建筑师的思想和作品.北京：中国建筑工业出版社，2000.

[5] 刘敦桢.中国古代建筑史.（第二版）.北京：中国建筑工业出版社，1984.

屈德印 ／ Qu Deyin

（浙江科技学院艺术设计学院，浙江　杭州，邮编：310023）

(Art and Design Institute , Zhejiang University of Science and Technology , Hangzhou , Zhejiang 310023)

机遇与挑战
——关于环境艺术设计专业创新人才培养的思考

Opportunity and Challenge
—The Thoughts on the Cultivation of the Innovative Professionals

摘要：
本文着重分析我国现阶段社会对环境艺术设计人才的需求情况和环境艺术设计学科的特点，提出环境艺术设计专业人才培养的基本原则、基本知识与能力结构的要求以及专业课程设置体系的框架。

Abstract：
This article focuses on anglicizing the demanding situation of the professional art & design talents in current period of our country and the character of the Environmental Art and Design Course. Meanwhile, the author brings forward the basic principle, knowledge, structure of ability and the requirement of the cultivation of the innovative talents, along with the general structure of the course setting system.

关键词：环境艺术设计　　创新人才培养
Keyword: environmental art design, the cultivation of the innovative talents

随着我国社会主义市场经济的高速发展和城市化进程的加快以及人们生活水平的不断提高和审美观念的不断更新，迫切要求不断改善和提高居住环境质量；蓬勃发展的房地产业为环境艺术设计提供了前所未有的机遇，同时也对环境艺术设计专业创新人才的培养提出了更高的要求，可谓机遇与挑战并存。

一、现代社会需要什么样的人才

（1）当前设计单位的体制改革已经到位，已由事业型单位转变为企业单位，在体制上国营、集体、民营各种形式都有；尤其是民营的设计单位发展更为迅速。这些企业都需要一专多能的复合型人才。克服过去因专业划分过细造成人员臃肿、效率低下的弊端。许多设计公司要求设计师不仅能从事室内设计而且能从事规划和景观设计，不仅能够做方案而且能够画施工图，不仅会计算机绘图而且徒手表达也很有艺术性和创新性。现代企业的发展需要复合型环境艺术设计创新人才。

（2）环境艺术设计专业学科是一个不断发展的崭新的专业，由20世纪80年代的室内装潢设计拓展到今天的室外环境景观规划设计、公共艺术设计等概念的内涵在丰富、外延在发展。全国各个院校的主要专业课程设置各具特色，专业的系统性规范性还没有建立起来，恐怕今后一段时期内也很难建立。正是因为专业本身的宽泛特性，不同院校所依托的专业背景也不尽相同，有的是工科的建筑学、城市规划背景、有的是美术学院艺术设计背景、有的是综合类学校的艺术设计。从生源来看本科有理工科和艺术类两种，研究生层次的本科背景就更复杂，文学、外语、工科、理科、美术学等都有。由此可见环境艺术设计专业的复杂性和综合特性也反映了设计人才的多层次性。

二、环境艺术设计专业人才培养的原则

1. 全面发展原则

环境艺术设计专业的综合性要求在培养计划的安排上努力使学生德、智、体、美全面发展，确立科学的世界观和人生观，掌握较高的科学文化知识和专业技能。以整体优化的知识结构为基础，注重培养学生学习能力、适应能力、创新精神和实践能力，以提高综合素质为最终目标。

2. 综合培养原则

环境艺术设计专业的培养计划以终身教育和素质教育理念为依托，呈现鲜明的基础性和综合特征，以培养学生具有扎实、全面的基础知识、综合素质和能力为最终目标，构建宽厚的学科基础和文化基础，拓宽扎实的实践基础。

3. 整体优化原则

遵循教育教学的基本规律，协调德智体、基础与专业、课内与课外、理论与实践、主干学科与相邻学科、教与学之间的关系，使之相辅相成，按照厚基础、宽口径、加强能力、提高素质的教育理念，设置符合教育教学规律的知识结构和课程体系。在基础教育中，构建学科基础、文化基础、工程技术基础以及基本技能等有机结合的大基础教育；在学科教育中设置学科基础课程模块，拓宽和加强学科基础教学；在专业前沿教学中，注重强调内容的先进性、代表性和特色性；适当减少课内学习总量，压缩课内学时，结合教学方法和手段的改革，运用现代教育技术，提高教学质量和效益。

4. 实践性原则

依据专业特点注重对学生实践能力的培养。特别要加强与社会和设计界之间的联系。实践教学是培养学生创新精神和实践能力的重要环节，改革实验教学的内容和方法，增加综合性和设计性实验，提高课程设计、毕业设计（论文）、实习、社会实践活动的质量和效益。鼓励学生参与研究、实践，有组织有计划地引导学生参与社会、社团、设计竞赛等活动。

5. 因才施教原则

环境艺术设计专业创新教育的核心内涵在于因才施教、尊重个性。注重共性与个性、统一性与灵活性相结合。树立以学生为中心的思想，考虑学生在基础、兴趣、特长、能力等方面的差异对教学的不同要求，设计模块化的知识结构；适当减少必修课，增加选修课的比例。

三、环境艺术设计专业的基本知识与能力结构

（1）掌握为达到该专业培养目标所必须的基础理论知识，主要包括：马克思主义哲学原理、设计美学、设计心理学、设计概论、设计发展史、室内设计理论、建筑外部环境设计理论、生态环境理论、建筑形态设计原理、城市规划原理和视觉传达基本知识。

（2）掌握环境艺术设计的专业技能和方法，具有独立进行环境艺术设计实践应用的基本能力和创新能力。具有为达到该专业培养目标所必须的工程制图、建筑测绘、徒手表现、模型制作、计算机操作等能力，具有一定的应用写作、口头表达、社会交际能力和人文知识。

（3）具备室内设计、建筑外部环境设计、公共艺术设计、视觉传达设计的基本能力，并对其中1~2个方向深入了解。

（4）具有查询国内外环境艺术设计信息和发展动态，掌握文献检索的能力，掌握专业调查与设计的基本程序与方法。

四、环境艺术设计专业课程设置体系框架

1. 基础课程体系

（1）专业修养基础模块：包括政治理论、社会学、心理学、外语、大学语文、法律基础、科技文献检索。该模块设计的目的是培养学生运用马克思主义的立场、观点和方法去分析问题、研究问题，具有良好的职业道德和社会交往与处世能力。

（2）专业理论基础模块：包括艺术概论、设计概论、中西方工艺美术史、设计美学、设计心理学、建筑园林史、中外城市发展史、建筑装饰史、人机工学。该模块设计的目的是培养学生具备基本的专业理论修养，为创新设计奠定基础。

（3）造型基础模块：包括设计素描、设计色彩、装饰基础。该模块设计的目的是培养学生具备基本的造型艺术素养和造型艺术必需的基本技能。

（4）专业技能模块：包括空间测绘、制图与透视、手工表现图、模型制作、摄影、计算机辅助设计。该模块设计的目的是培养学生具有基本的专业技能。

（5）专业设计基础模块：设计基础、建筑与装饰构造、材料与预算。该模块设计的目的是培养学生的学科基础，掌握工程基础知识和学科基础理论，为专业课程的学习打下基础。

2. 专业设计方向课程体系

（1）室内设计方向模块：包括住宅室内设计、公共建筑室内设计、家具与景观小品设计、建筑形态设计。该模块设计的目的是培养学生掌握建筑和室内设计的一般原理和方法。

（2）景观规划设计方向模块：包括建筑外环境设计、环境与规划、环境心理学、景观设计、景观植物学、景观生态学。该模块设计的目的是培养学生掌握建筑外环境设计的一般原理和方法。

（3）视觉传达设计方向模块：包括公共艺术设计、图形创意、展示设计、标志设计、编排设计、广告设计。该模块设计的目的是培养学生大环境的理念，学会视觉传达设计的基本原理和与环境协调的方法。

3. 艺术修养课程体系（选修课）

艺术修养模块：包括装饰画、书法、国画、油画、雕塑、水彩画、陶艺、化妆、手工艺等。

环境艺术设计课程设置的这九个功能模块有机结合，体现厚基础宽口径的指导思想，使学生掌握足够的理论知识并具有自我更新知识的能力，重在设计创新思维、设计方法与程序的培养方面，使学生的专业设计在一定的实践过程中理解其共通性与差异特征，达到融会贯通不断创新，实现环境艺术设计一体化设计的目标。

总之，环境艺术设计学科还是一个新事物，还需要在发展中不断完善、在交流中充实，逐步建立起一套完整的设计理论体系和教育体系；面对飞速发展的社会经济建设，设计艺术教育理念还相对滞后，只有扩大交流，奋起直追才能适应历史的潮流。

王东辉 / Wang Donghui

（山东轻工业学院艺术设计学院，山东 济南，邮编：250002）

(Art and Design Institute, Institute of Light Industry Shandong, Jinan, Shandong 250002)

室内设计中有关精神意味的教学思考

Pondering on Spiritual Significance in the Teaching of Interior Design

摘要：

本文分别从室内设计中形式语言的差异性认识、室内空间中给人们创造轻松随意的心理感受、培养原创性设计思维方式、室内设计的意境表达四个方面，对室内设计教学中有关精神层面上的问题进行了简要的探讨。

Abstract:

This paper gives a compendious introduction about the consideration of spirit meant in the teaching of interior design from the cognition difference of the style language in interior design, to create the mental feeling as one pleases, to cultivate a regional thinking in design and the expression of artistic conception in interior design.

关键词：室内设计　精神意味　原创性设计思维　设计意境

Keyword: interior design, spirit meant, regional thinking in design, artistic conception in design

　　精神的概念一般有两个含义，一是指人的意识、思维活动和心理状态，二是指事物的宗旨性意义。意味的词义也有两个方面，一是强调人对事物意义的一种感觉和回味，另一个方面是带有含义的意思。这篇文章探讨的室内设计的"精神意味"，都是精神与意味的第一层含义即人的意识形态的一种心理活动。在室内设计教学中，基础设计原理、人体工学规范依据、声光热物理技术性的标准等方面的"硬设计"部分，在环艺的低年级室内设计课程里已经有所侧重地打下了良好的基础，而高年级中的室内设计课程我认为应该侧重一下精神层面上的一些形而上的"软设计"方面的探讨，这样能使学生在设计方案中更多地对文化和人性进行关注和思考，在设计境界上能定位得更高一些。下面从四个方面谈一谈在室内设计教学中对有关精神意味方面的思考，写出来就教于方家。

一、室内设计中形式语言的差异性认识

　　室内设计学科是科学与艺术的结合体，是属于应用美学范畴的边缘学科。室内设计思维过程其实就是一种审美活动的研究过程，室内设计教学的根本目的也就是

使设计方案变成现实的审美客体，给生活和活动在室内空间的审美主体带来生理和心理上的愉悦感。这种愉悦美感毫无疑问是通过人们的视觉对设计形式语言的感受得到的。但是室内设计中的形式语言有其独特的表现方式，它的表现不是概念化的而是多层次的。

英国的克莱夫·贝尔提出了艺术是"有意味的形式"的名言。他认为艺术作品之所以能打动人都是其基本性质即一种独特方式组合的艺术表现形式决定的。事实上他指的这种在一般精神意义上的艺术作品中所体现的形式意味最终还是通过视觉符号和听觉音符的秩序原理和审美主体的主观感悟来共同完成的审美过程。这种审美过程是以精神感受为主体的审美活动。而室内设计艺术的形式意味表达和一般的艺术作品的区别在于其主要的形式意味要依附于实用功能的层面上表现出来，它的形式表现既不同于一般哲学概念中的抽象形式含义，也不同于一般艺术作品的形式处理，它不仅是具体设计内容的外显方式，更重要的是要研究室内空间中作为审美主体的人的情感变换和生理与心理的审美需求。在不同功能的室内空间中，人们对设计形式语言表现的向往是不一样的，离开了特殊的功能空间和特殊功能空间里的人的特殊审美要求，而进行纯粹的一般意义上的形式意味的表现是单调和僵化的。

把形式美原理作为室内设计方案中设计形式语言的运用和表现是我们以往一贯的设计方法，形式原理的模式如对称、均衡、渐变、条理、反复等的确是具备审美价值的形式规律，它的运用会给审美者带来纯粹意义上的视觉快感。但是在室内设计中，视觉快感有时是通过在特定空间氛围里并在审美者得到充分的人性关怀下，才能从心理感受反射到视觉体验上。在设计方案的初级阶段学生会很自然的运用形式美的一些普遍原理和规律，将设计方案中不同界面的装饰材料归纳表现出来。这种形式模式的表现往往使得设计方案的形式美价值趋于单一性和简单化，因为形式美感对不同审美主体来说在不同的环境和心理情感的状态下，其主观审美感受的差异性是很大的，并不是普遍意义的形式美规律都能适用于任何室内设计方案。室内设计形式语言是以两个审美载体的不同而产生着美感的转变，一是空间功能的不同，二是不同审美者的心理变化。比如，在室内空间的界面设计中对线的运用，带有渐变韵律的排列运用在音乐厅墙面上和办公空间的墙面上，并不能给人都带来相同的美感。没有规则的凌乱线形，在酒吧迪厅的墙面上能与客人的心灵产生共鸣，而在咖啡厅的墙面中出现也许会让人心情很烦乱。一块方形的灰色块的重复排列，对一个设计师来说能感到愉悦，可能对一个科学家来说会感到心情很沉闷。一个楼梯扶手的设计，只注意视觉上形式美的栏杆排列并不能给使用者带来太大的快乐，而柔软材质带给使用者舒适的手感却能给人带来极大的生理快感。所以我在室内设计方案教学过程中提出把不同审美主体在特定的功能空间中对形式美的差异性感受问题提出来让学生在课堂上和课下进行调查和体验分析。通过不同功能空间的具体内容的设计，对不同职业、不同年龄的审美主体进行对话调查，然后在课堂上进行设计分析，结果我们得到了超出我们很多预料之外的丰富的形式美设计语言的表达方式。

这种训练的目的是通过这种分析引起学生对人性千差万别的审美心理感受的关注，因为现代的社会是一个对人类精神关怀和审美要求细腻化的社会，简单的套用概念式的形式美法则是难以体现"以人为本"设计原则的。

二、给室内空间中的人们创造轻松随意的心理感受，才是室内设计对人性的最大关注

当前的很多室内设计案例，给人们带来了不同程度的视觉与精神的疲劳现象，原因是设计师们过多地宣泄了自己的设计欲望，将太多的设计的语言挥洒在了室内空间的不同界面上，而没有让生活在繁杂和喧嚣的城市中的人们在室内空间中去领略一种轻松随意的温馨感受。我在教学中把这种追求随意感受的设计称为"随意设计"，"随意设计"重点是指设计者在空间环境设计中追求的一种高层次的设计表现形式，使人进入你设计的空间中能在心理和生理上感到一种温馨、休闲、放松的随意状态。只有这种状态才能使人们在你设计的家居环境中休闲惬意、在商业空间中轻松自由地消费和购物。"随意设计"的表现不能只停留在以对空间环境中感到普遍意义上的舒适程度为满足，不能只追求表面上的"功能主义"，而要在每一套不同功能设计项目中的整个设计流程和细节部分都应该带给审美主体不同的心理和生理的愉悦感受，是有意中的随意。拿商业空间来讲，商品内容、档次、空间的大小、消费时间的长短等，都会给消费者的心理生理上带来不同的反应和变化，要让学生时刻关注这种变化，设计出让顾客满意的随意购物空间。在课堂上我经常让学生进行角色反串的活动，以学生选择的设计课题"精品店设计"为例，我提问题，学生作为顾客站在消费者的角度回答问题。比如，（老师）：进入精品店，室内空间设计和展示设计能否吸引你？（学生A）：假如我是个顾客吸引我的恐怕是让我能随心所意的挑选商品的过程，空间的设计和展示台的设计必须符合这种随意性的尺寸和样式才能打动我。（学生B）：室内空间设计和展示设计主要是从建筑和心理的角度出发，充分满足顾客的购物和审美的心理满足感，我进入精品店要在符合人性尺度的货架和展台上能随意挑选到自己满意的商品后，才能感到购物的快乐。同时也要求空间的划分和展示台架的设计要有很高的设计美感，因为精品店不是一间小商店，在购物过程中必须得到美的愉悦享受。（学生C）：我认为商业空间设计的动线很重要，我进去之后一定要感觉空间动线要流畅，不能有拥挤感，否则我选择物品的心情会马上打折扣的。以上这种角色反串的对话训练目的是加深学生对人性化设计的理性认识。这个设计心路探索过程是需要耐心细致和深入研究的，也是艰苦的，但作为一个学设计的学生是必须具备的一种设计素养。只有培养学生这种设计素质，才能使他们毕业后真正能设计出"以人为本"的设计作品和养成对人性关怀的设计品质，这才能真正体现出设计教学的价值。不然的话设计教学只能停留在向学生灌输"本本主义"的设计教学层次上了。"随意设计"是室内设计教学中的难点也是亮点，因为"随意设计"是设计者对审美主体的心理和生理审美历程的一种跟踪把握，是一种高层次的设计思维表现，它无章可循，只有让学生在设计方案中对人性在不同功能空间中的审美心理进行深入地分析研究，把空间的亲和力和人在空间中放松状态的本性渴求始终作为主打内容贯穿在设计思维过程中，通过装饰设计形式的表达，最终体现和反映在设计作品中。把"随意设计"的情感，转化为"以人为本"的设计空间。

三、培养原创性设计思维方式

在课堂上不论是实际投标设计方案还是命题设计方案的设计训练，学生多采用以"模仿

——归纳——整合"的设计思维方式进行设计，即根据设计题目，大量翻阅资料，然后根据自己的大体设计思路归纳出适合自己的表现形式，把资料中适合自己的表现形式和方法进行重新整合，完成整套设计方案。学生这种创作思路虽然不能全盘否定，但毕竟不是艺术设计创造性思维的科学方式。我认为室内设计的教学目的，是培养学生的开拓性原创性设计思维，挖掘创造性和个性的表达能力，让学生把关注的重点放在探询和解决每一个设计问题的过程上，而不应该只注意最终设计的结果是多么的完美。

原创性思维方式建立的关键是挖掘创造性和个性的表达能力，创造性是艺术思维中的较高思维层次。人们一般的思维方式是习惯于再现性的思维方式，通过记忆中对事物的感受和潜意识的融合唤起对新问题的思考，这是一种有象的再现性思维，因而是顺畅和自然的。而创造性的思维是有象与无象的结合，里面想像占有很大的成分，通过大脑记忆中的感知觉，运用想像和分析进行自觉的原创性表现思维。创造性的思维由于探索性强度高，需要联想、推理和判断要求环环相扣，所以是比较艰苦和困难的。

学生在设计过程中不自觉地运用再现性思维方式并不是主观逃避创造性的思维方式，而是有两个主要的原因，一是思考力度比较轻松，二是对自己的原创性的创造闪光点缺乏自信心和捕捉能力。更为主要的一点是指导老师有时并不太注意和抓住这个闪光点并激励和赞美它。因为老师往往过多地根据自己的喜好来评价学生的原创性创意点。在室内设计方案的深入过程中，学生通过对自己整体设计方案的每一个细节部分的细化设计，来寻求人性的本质要求并赋予符合功能性的美学设计理念与形式表达，这个原创性思维过程有时很枯燥，这时的创造心理比较脆弱，有时出现的创造灵感和新的创意点如果把握不住也会飘然而过。这时作为老师应该关注学生的思维心路历程，及时地抓住学生一闪即逝的闪光点给他赞扬和勇气让他去完善原创性思维的设计方案。

当每个学生一整套的闪耀着自己心智和个性的设计方案完成时，虽然不一定是个完美的方案，但是在整个设计思维过程中敢于体验和超越的设计感觉，已经为他们进行原创性设计思维的方式奠定了基础。

四、室内设计的意境表达

意境问题是中国古典美学的一个重要的范畴，在中国传统文化艺术中占有重要的地位，意境说这一美学概念贯穿唐代以后的中国传统艺术发展的整个历史，渗透到几乎所有的艺术领域，成为中国美学中最具民族特色的艺术理论概念，并且以它作为衡量艺术作品的最高层次的艺术标准。在文艺作品中，意境的阐释主要是讲在情与景的交融中使审美主体产生了丰实的想像以后，进入到一种崭新意象的美感境界中。室内设计美学领域是属于实用美学中的一个审美体系，所进行的创意设计方案对审美者所产生的感受自然也会涉及到设计表现中较高层次的意境美感问题。虽然意境在室内设计中的体现是一个比较难于表现的抽象概念，它是审美者在室内空间中对设计形式以及整体艺术气氛的一种感受和体会，不像室内设计形式语言、色彩语言、肌理表现那么具体，但是意境美感确确实实地存在于室内环境设计中。所以在室内设计课中是必须进行认真探索的课题。

室内设计的审美主体与使用主体都是人，人是感情动物，需要与室内环境进行心灵的交流，在室内空间中体验舒适、感受快乐是室内设计师的最大追求，而室内设计的意境表现也就是围绕着这种追求而进行研究的。我认为在室内设计中意境的设计表现其根本的问题与文艺美学中意境的表现是基本一致的，也就是通过设计形式与内容的实景表现，给审美者带来情感的心理体验，而这种情感的体验所产生的舒适与快乐美感正是设计中"情景交融"所产生的结果。

"情与景"的交融在室内设计中表现在实体空间与虚体空间的设计处理上，实体空间就是空间的实体占用部分，比如景观、家具、陈设等物质设计，虚体空间就是与之对应的虚空部分我们称为虚体空间，"景"是通过实体空间来表现的，而"情"的体现则是通过对虚体空间的设计处理与实体空间产生高度的和谐才能表现出来。实景部分的设计如三大界面的设计、景观陈设与家具的设计是实实在在必须出现的视觉呈现，而虚体空间的设计围合与分割如何与实体部分相生相随、顾盼相融是设计中较难把握的设计难点，如果虚体空间处理得不到位，"情"就难以生成了。

中国园林的意境为什么如此之美，关键是通过廊柱、花厅、水榭、山石亭阁等一系列的实体物质景物，用曲径通幽的空间构园方式即虚体空间处理来表现出了它的美妙意境。广州白天鹅宾馆的内庭设计，其传统的景观"故乡水"中的假山、云亭、潺潺流水和郁郁葱葱的繁茂植物形成的实体环境，是通过与实景风格意韵相和谐的园林虚体构成空间来启迪了审美者的意念想像，寓情于景，唤起了游子的思乡之情。再如贝聿铭设计的香山饭店中央区段的中庭设计，把粉墙翠竹、山石水池组织在中庭里，通过从中央向四外放射连接到客房楼体的空间设计手法，一直到达用地边缘的围墙，这种虚体空间的处理便把围墙组织到了建筑的整体构图之中，通过各区段的走廊空间围绕着院落布置，向客人提供外部的景观视觉形象。这种园林式的虚体与实体空间的和谐处理实现了情与景完美结合，给人带来了悠然僻静到豁然开朗的美妙意境。这种"情景交融"就是意境在室内设计中的体现。以上的例子虽然是中国传统意境美在室内设计中的表现，其实，在室内设计中任何风格和个性流派的室内设计中意境的表现都是实体空间与虚体空间的完美结合，只有虚体空间的处理与实景设计碰撞出情感的火花才能产生出情与景的交融，完成在室内设计中的意境表现。这种意境设计的探索在室内设计教学过程中，通过学生对虚体环境和实体环境的设计处理，已经得到了一些收获。

以上从四个方面简要地谈了在室内设计教学中对有关精神层面上的一些实验探索，是很不成熟和深入的一孔之见，望专家与同仁批评指正。

吕在利 / Lv Zaili

（山东轻工业学院艺术设计学院，山东　济南，邮编：250002）

(Art and Design Institute, Institute of Light Industry Shandong, Shandong, Jinan 250002)

景观设计与本土文化

Landscape Design and Indigenous Culture

摘要：

本文以探求创新设计语言为主题，强调个性语言和本土文化在创新设计中的重要性，通过对审美纯粹性与通俗性的具体把握，来加强和提高审美的层次。通过对设计中关于传统、现代及国际化的影响与矛盾的分析，倡导探求创新本土文化的设计风格。

Abstract:

This paper exploring innovative design language as the theme, the emphasis on individualized instruction and the local culture of innovation in the design of importance, Based on purely aesthetic and popular nature of the specific grasp, and to strengthen and improve the aesthetic level. Through the design of traditional, modern and international conflicts and the impact analysis, promote local culture to explore innovative design style.

关键词：创新　审美　个性　本土文化

Keyword：innovation, aesthetics, personality, local culture

一、引言

　　景观设计在我国作为设计教育还算是一门新兴学科，作为学科系统研究的时间虽然不长，但发展却很快，并且是相当热门的科目。那么景观设计是指什么呢？至今为止，还没有一个确切的定义可以涵盖它。人们在很多领域，在很多思想和心情下讨论它、评判它，或说如此是景观范围，或说如此不属于景观设计范围，似乎都知道景观设计指的是什么，但似乎又都说不太清晰。即使对同一景观的空间内容，让不同职业、不同层次的人群去感受，其结果也存有不同和差异。建筑是景观、遗迹也是景观，风景园林、各行业工程建设乃至建造过程都是景观。又有江海山林、日月星辰、海市蜃楼都可以称为景观。景观是一种囊括很大范围，又可以缩小到一树一石的具体称呼。在现代人对于景观设计的研究上，大都认为景观设计指的是对户外环境的设计，是解决人地关系的一系列问题的设计和策划活动，这样的解释比较概括地解释了景观设计的内容和涵意，但似乎还是有些概念化。景观设计是一门跨度较大的复合学科，关于"景观"的涵义，《牛津园艺指南》讲，"景观建筑是将天然和人工元素设计并统一的艺术和科学。运用天然的和人工的材料——泥土、水、植物、组合材料——景观建筑师创造各种用途和条件的空间。"但只是谈到"景观建筑"。景观设计师A·比埃尔(A·Beer)在《规划对环境保护的贡献》中写到 "在英语中对景观规划有两种主要的定义，分别源于景观一字的两种不同用法。解释1：景观表示风景时（我们所见之物），景观规划意味着创造一个美好的环境。解释2：景观表示自然加上人类之和的时候（我们所居之处），景观规划意味着在一系列经设定的物理和环境参数之间规划出适合人类的栖息之地……第二种定义使我们将景观规划同环境保护联系起来"，认为景观规划应当是总体环境设计的组成部分。这几种解释应该是景观设计所包涵的主要内容。由于景观设计涉及的学科众多，又加以科学艺术的不断进步和文化的相互渗透，以及不断增加的环境问题，使人类对景观的理解、认识不断加深，其态度也在不断变化，对景观的探求范围也在不断拓宽，使其发展的意义也在不断增加。我们现在对于景观的关注主要在建筑景观、自然景观、环境保护、城市规划、城市设施、园艺等方面，已经形成了专业的设计门类。对景观更深层的研究则是在文化、科学、艺术、美学和人与环境等问题的深层介入。

二、景观的形成与作用

景观的形成一是自然的造化，一是人类社会发展的需求，这是最初的原始生成。作为人类最早的景观设计活动，首先是居所的建造活动，因为从有人类开始，其生存就要有基本的居住场所。从岩洞生活到逐步追求生存环境的质量，居住环境的规模、功能、实用性、美观性不断改良和提高。尽管最初不是从设计的高度来对待和称呼它，但其开始对居住环境的选择，就有环境设计的意思在其中了。随着人类文明的不断发展和进步，人类对生存环境质量的要求也在不断增长，对居住环境的综合条件也在不断改良。从最原始的居住要求来看，首先是预防自然现象对人类基本生活的破坏和侵扰，比如防御风雨雷电、山洪大火等自然灾害的袭击。再就是预防野兽的侵扰，更多的是人类思想的不断进化及自身要求和创造性的驱使。随着不断有效的改良和人类智慧的不断进化，人类对生活内容及品质的要求也不断增加和提升，层次也不断提高，逐渐出现了权力和等级制度，并信奉对各种神灵的崇拜。群居和部落的出现使居住场所必然要扩大，权力和等级观念的逐步加强，使建筑和用地的划分有了较大等级的差别。对神的崇拜使祭祀和敬神的场所享有独尊的位置，这些人为的思想与条件逐渐成为制度，逐步渗入到人们的思想和行为之中，早期的环境设计中，已体现出这些因素影响下的行为和思想寄托。

景观设计是直接反映人类社会各个历史时期的政治、经济、文化、军事、工艺技术和民俗生活等方面的镜子。它的作用就是服务于人，使人对权利和生存的种种欲望得以满足，通过现实生活和对遗迹景观中诸多内容的感知与考证，我们可以真切地感受到不同社会、不同历史时期的信仰、技术、人文、民风等诸多方面的具体信息。会发现不同文化背景中，尊崇着不同的信仰和不同的思维及行为方式。由于人文景观是以不同地域、不同气候、不同信仰、不同文化和不同的经济条件为基础建设而成，其发展自然有独特的历史和文脉，在其主要层面上反映的是不同地域、不同时期、不同文明的精神欲望。虽然在历史的长河中，由于文明之间的交流，相互吸引或贯穿着某种血脉而形成变化，但各自的源头具有各自的纯洁性，发展中具有独特性，在精神上各有自己的味道和身份。不同区域的人们依托不同的生存环境，产生了不同的地域文明，从而形成了各自的文化资源，这种资源便是它的根基，散发着无形的巨大的力量。因为这些不同、设计者制造出含有不同审美价值观念的景观内涵，表现出对独特的思维定式和生存习俗等方面的诸多追求。在不同的地域，不同的民族，在不同的历史时期，对文化的生成、认识、理解、发展都有着存在的独特性、片面性和局限性，这些独特性、片面性、局限性的发展、演变、交流和其自身的不断自我否定与发展，成为景观设计和其多元化发展的历史源头。

三、景观设计中本土文化的传承与保护

景观是一种物质化的空间形式，一种精神与物质的混合体，具有精神与物质的双重作用。无论哪一种文明，对其生存环境的营造不外乎从需要、审美、功能和创新这几个主要方面来进行，人们根据不同的意识、需求来变换它的形状，使它产生不同的意义与作用，从而影响或指导人们对待生活的态度。从某种意义上讲，景观表现出人和环境之间的一种关系，反映的是不同时期、不同状态的人对生活的态度，包括权利、商业、家族、城市等，景观承载着思潮、表述着历史。

物质化的空间一旦生成，就会释放出它所承载的信息。从文化的角度看，当下中国的大中城市的规划与建设，正以较快的速度和冲击力脱离我们的文脉，大量的思潮与信息和科技成果，没有经过成熟的论证，就被融入到城市建设之中，城市建设完全呈现一种全球化的风格，使城市规划与建设、完全背离我们的传统。我们是在一种特定的文化脉络中生成与发展的，可以有选择的吸收接纳一些外来的文化与先进科技，但不可以错位地跃入另一个陌生的脉络中、非常欢乐地去毁灭自己，以自我文明特质的消亡换取另一类不适合而深感刺激的东西，而这种陌生东西的导入，最终只会导致一种文化的发展停滞和多样性的减少。虽然我们现在还没有寻找到一种切实可行的物质形式来适应这个转型时期的诸多变化，但过快的西化速度，已使我们感到生存在一种人为的、技术的压抑之中，这种物质的技术堆砌使城市充满孤独感，没有个性，使人在留恋中迷失自我。"以人为本"的设计完全沦落为肢体语言的探求和科技成果展示。

中国传统哲学对中国的景观设计有着决定性的指导作用。儒家思想强调以"仁"制天下，其方法是中庸之道，道家则倡导"道法自然"，而禅宗的"空"则意味着一种平静安详的精神状态。这三种及其结合成为中国发展史上的主流思想。基于这种思想的深刻影响，中国人对于景观的认识，其审美特征是要具有自然的品质，注重人精神的参与，既讲求实用，在情感上又要有所归宿，既重形，又重神，讲求形神合一。在空间的构成上讲求气韵、意境。在环境构筑上要让人感受到真实的安慰境象。

中国是一个以农业为主导产业的发展中国家，在改革开放、以经济建设发展为核心的过程中，逐步向以工业技术生产和产品加工为主的工业化国家发展，这是一种可喜的进步。但现代化、信息化与我们社会发展的综合实力和素质还有一定的距离，我们还有自己的一些特点。在景观规划上，特别是城市建设上，接纳和消化世界发达国家的科技成果和艺术成果也

无可非议，但使其成为景观设计主流趋势，确实值得商榷和深思。在景观设计领域对于新思想、新技术的进入，我们在视觉和精神上都还确实有不成熟的、莫名奇妙的兴奋与怀疑，对新的物态表现出的新奇、刺激、盲目和无奈，不能长期作为指导思想，这使我们的自我文化牺牲太大。本土文化是一个城市发展的灵魂，它使这个城市有历史感和归属感，它用自己的语言叙述自己的故事。以本土文化特质的消亡来换取国际化风格的植入，从历史角度看，是不理智和论证不充分的结果。

四、景观设计任重而道远

景观设计任重而道远，不是一个简单的口号。物质化的景观一旦形成，首先是一种长时间的存在和环境占有，会使生长于此的人们自觉不自觉地接受它，哪怕你是以否定的态度。在以物质和技术为先导的现代社会中，任何一种文化都受到其强烈的冲击，都会产生怀疑和困惑。在没有进行全面理性科学的充分论证前，必须要有保护的信念，而且要最大形态，最大限度地保护，否则将会失控，因为毁坏得太多。从动物品种、植物品种的消失中我们看到生物链的重要性。文化也是如此，从种族和地域习俗的失真与被同化中，我们感到生存形成的多样性在减少，这其实是都不愿看到的。保护并不是说不发展，不与时俱进。生活方式的改变，势必需要环境的改良，如何整合民族传统与现代生活，使文明自然而良好地延续，一直在折磨着欲图有所建树的设计师们。在这个历史时期留下怎样的城市，用怎样的形式和姿态承载文脉，这是一个对未来人们生存方式的责任。所以必须理性地把景观作为文化来对待，文化是一个民族的财富，是发展资源，我们必须用自己的方式来祈祷自己的文化生活，即使要结束一些东西也必须我们自己来正确面对。而国际化就是将你全部打碎，让你去一个迷失自己的空间里慢慢享受和消化技术与材料的成果展示，让你在失语的文明里保重你的身体，然后你归它所有。

景观设计的目的是制造安全的、和谐的、人性化的物质空间环境。工业化、高科技为其提供了良好的物质技术基础，为其实现理想的环境设计提供了方便的物质和技术保障，但工业化、高科技是手段，不是目的。实现以本土文化为主流的环境设计，充分利用工业化、高科技的优势，创造多元价值共存的和谐社会的景观环境，是景观设计师的追求和责任。

金凯、桑晓磊 / Jin Kai,Sang Xiaolei
(哈尔滨工业大学建筑学院，黑龙江 哈尔滨，邮编：150006)
(Building Institute, Institute of Technology Harbin, Harbin, Heilongjiang 150006)

砖饰艺术的美感研究

Research on the Easthetic Sense of Brick Decorative Art

摘要：

本文主要从三个层面阐述砖饰这种历久弥新的装饰语言所形成的艺术美感，包括砖饰艺术的表象层面即形式层面的分析、解构；砖饰所形成的传达意义层面即意象层面的解析；及至意蕴层面的深层涵义发掘，以哈尔滨的圣·索菲亚教堂为特例发散阐述，期望从清水红砖所砌筑的空间语言和艺术符号中，我们能够回归到其建筑的感情实质——清水红砖带给我们的视觉愉悦、文化温暖和精神慰藉，从开始到现在，以及未来。

Abstract：

Brick decorative art is such a kind of art that has new great development as well as long history. This paper will analyse the esthetic sense of brick decoration from three levels. Through the analysis of the superficial level or the form level and the image level of the brick decroative art, we can explore the implied meaning of this kind of art. St. sofea church of Harbin is taken as a case to explore this meaning. In this way, we can return to the natural feeling of construction — red bricks and green water bring us the visual pleasure, cultural warmth and spirit solace, from the beginning until now and to the future.

关键词： 砖饰 艺术美感 形式 意蕴

Keyword: brick decorative art, esthetic sense, form, implication

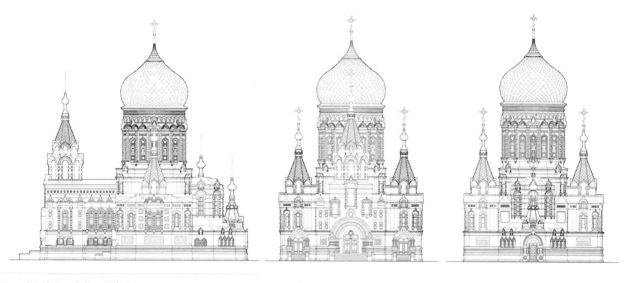

图1 哈尔滨圣·索菲亚教堂南立面图　　　图2 哈尔滨圣·索菲亚教堂西立面图　　图3 哈尔滨圣·索菲亚教堂东立面图

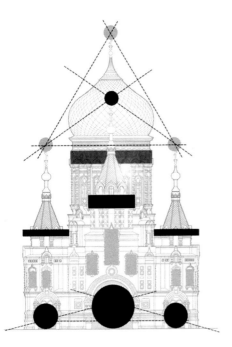

图4　哈尔滨圣·索菲亚教堂立面
装饰的点、线、空间演进关系

图5　哈尔滨圣·索菲亚教堂装饰
面的视觉减退、层次感

砖的本质是建材，无可厚非。但是，人类建筑艺术发展到现在，人们已经意识到，作为建材，砖已经穷途末路，但是作为装饰艺术的表现方法，砖饰确是最具有深厚美学意蕴的形式之一，不同时代的人们都能从这种最为普通，平凡，纯粹的形式组合中，解读出超越了其形式本身的文化、感情意味来。

一、形式层面的知觉愉悦

砖是靠组合形式来完成其对空间、对装饰的结构支持的，作为一个装饰单体来说，它的形状是最为人性化的，也就是说，是经过长时期实践的检验的，便于生产时的处理、施工时的拿捏、便于砌筑时的形式组织，因此，我们可以看到，砖砌筑的整体空间里和界面中到处都呈现着一种具有构成逻辑形式的细节美，才使得我们在欣赏整体时，不会使眼睛所得到的细节愉悦感缺失，同时，还会因为砖砌筑的组织程序所产生的独特的色泽质感变化而感到趣味无穷。用贡布里希的话来说，就是在取得视觉整体延续愉悦感的同时也能在其中体会到吸引视觉"断点"的兴趣点所在。

色彩常常是建筑最丰富的面部表情之一，砖砌筑的建筑与生俱来就具有一种温情的感觉，这似乎它直接与土地的衍生关系有关，也可以说，同人类整体的视知觉认同有关，这种强韧的艺术表现形式告诉人们：砖是坚固的，是可信赖的，是温暖的，是不会拒人于千里之外的，因此，比较来说，现在都市里好多大跨结构、混凝土，钢材，玻璃构架即使用尽力气妆扮，也不能找出一种温情脉脉的感觉来，这让好多活在现实感情里的人感到失望，更希望能从砖饰这种古老而又常新的语言形式里找出一种温默的感情认知，找出装饰情感化的希望。

人们对砖的材质认知不仅来自于视觉的感知，更多是来自于知觉感知体验，砖肌理效果同它的自

图6 透视门

身材质的孔隙率有关，不同的孔隙率反映在砖的表面上给人的感知效果是因人而异的，因此，砖饰可以粗糙，表现一种质朴的感觉，也可以精致，表现一种纯粹的态度，当然也可以中庸，表现一种淡然的超脱。经常可以从一栋老建筑的斑驳的砖纹中找到历史凝重的叹息，时间流逝的痕迹，能找到属于特定人类群体的过往记忆。所以，生活在哈尔滨这座并不缺乏"欧风"的城市里，走过这里的人也都会被索菲亚教堂纯粹的砖饰，带着历史感伤情绪的形象吸引，找到一种砖饰艺术语言的独特语境。

艺术的形式美法则体现在整个建筑装饰立面的结构组织和细节逻辑关系上（图1、图2、图3），其中透视门(图6)作为整个建筑的重要布局中轴及整个西立面的视觉中心点起到了统领全局的作用，韵律的递进及节奏的微弱变换以及同周围装饰图案的对比成为其极具视觉趣味中心点之一（图4、图5）。

二、意象层面的文化温暖

意象是中国古代美学范畴。意，指心意；象，指物象。意象即对象的感性形象与自己的心意状态融合而成的蕴于胸中的具体形象。南朝梁刘勰在《文心雕龙》中首次将其用于艺术创造，指出"独照之匠，窥意象而运斤"，说明构思时须将外物形象与意趣、情感融合起来，以形成审美意象。用在砖所传达的建筑含义里，目的是为了阐述砖饰的艺术整体建筑或者所围合的空间所产生的整体装饰意象，传达给阅者强烈的感情信息。

砖是地域性和文化性极强的建材物质，一个地理区域范围内的建筑状态和生活习俗都可以从砖的使用上得到反映，哈尔滨城市的生长脉络离不开外来文化的嫁接，同时，正是这种嫁接来的文化艺术影响着哈尔滨整体的城市建筑景观风貌形成和发展，从这个意义上讲，索菲亚教堂砖饰艺术的存在既是整个城市生长初期殖民文化侵入的缩影，又是整个城市向前发展时的标志性文化延续点。它的语言形式很单一，很纯粹，就是清水红砖。这种用温暖的清水砖饰语言所传达的整体意象不只是告诉当时虔诚的东正教徒这里是他们流浪过后心灵栖息的地方，更多的是告诉今时今地解读教堂的我们，砖饰所能传达的最大化的文化内涵，这种内涵的展现是在快速前进，商业化弥漫的现代都市里不可多得的文化"触点"。翻看索菲亚教堂以前的老照片，想像文人描写的哈尔滨20世纪20~30年代时，虔诚的东正教徒在悠悠的钟声里走过城市教堂林立的巷道，走过超越了历史凝聚点的瞬间，这是哈尔滨历史上忙乱不堪的截面上具有温情和祥和感的画面，维修改建过后的索菲亚教堂广场成为哈尔滨市民及旅游者最好的活动及游览地点（图7）。繁而不乱、丰富华丽的砖饰艺术语言也给现时代欣赏者提供了广阔的艺术想像和思考的天地，人们专注于它本身的装饰语言欣赏的时候，往往忘记了自己身处何时何地，感觉到了另一种境界，特别是暮霭沉沉，月朗星稀的时分，教堂的砖饰在暖暖的照明灯下显得异常华丽，温暖虚无，感觉天上人间。能使人不断地温习地域文化，从而"知新"，从而"解意"，从而使人能从索菲亚教堂的装饰语言里，体验到年轻的哈尔滨有了一种叫做 "沧桑"的心境，体验到了城市成长的脉络延展。

图7 哈尔滨圣·索菲亚教堂实景

三、意蕴层面的精神慰藉

我们在谈论或欣赏一种美好的东西的时候，都在强调一种美好的意境的重现，强调美好意蕴的生成、回忆、体会，意蕴是指事物整体结构的特征所隐喻和暗示的抽象精神内涵，延展到对城市空间的理解体验中，就应该解释为空间或场所传达给人的一种精神上的观感，一种心灵上的慰藉。意蕴的构成是以空间境象为基础的，是通过对境象的把握与经营得以达到

"情与景汇，意与象通"的，这一点不但是建筑创作的依据，同时也是我们欣赏建筑、体验空间、评价景观的依据。意蕴的生成符合了人们审美认知的情感体验，是人类心灵图示的终极表现，是人们在解读一种意境时，所产生的一种原始的，庄严的精神情感，包括和流浪生命的一种心灵上的真实同感，从根本上来说，索菲亚教堂是一座灵魂的建筑，是一座出世的建筑，体现的是当时哈尔滨城市里流浪信仰集体的一种寄托，它没有选用俄罗斯的教堂建筑常用的木材，而是以清水红砖作为主建材来组织架构的建筑实体形式，不仅有建筑结构方面的实用考虑，更契合了当时的一种宗教装饰美学的形式，同时，以清水红砖所传达出来的语言，情感，也围合创造了一种宗教温暖的情境空间。以砖的沉稳，坚定来强化时间的流程和空间的拓展。

对于哈尔滨来说，最初缘起时基因，也就是移民和流放的这种已经久远了的蔓延状态，永远是这个城市的一个心结，而这些心结里，现在还健存的老建筑就是心结的表征，就是一个城市的珍贵的文化遗存，这在索菲亚教堂的例子上，表现的就相当有典型意义，现在，索菲亚教堂已经成为哈尔滨人的一种奇特的展览品——即展览给自己的回味心境，又展览给别人细细品位心情。

四 、结 语

砖饰是很多建筑师或者装饰设计师传达建筑设计思想时的最爱，也是索菲亚教堂向世人传达精神语言的一种符号，不仅仅是视觉上的愉悦享受，也不仅仅是文化意义上的情感回忆和城市文脉的延续，更重要的是它给了所有想和它交流、倾诉的灵魂一个温暖的场所，哪怕你只是一个路过的旅人，一个不属于哈尔滨这个有着整体群体记忆的外人。也许，从这个意义上来说，一幢建筑能达到的极至也不过如此。

参考文献

[1] (美) 罗布•W•索温斯基，俞孔坚著. 砖砌的景观. 黄慧文译.北京: 中国建筑工业出版社，2005.

[2] 刘松茯.哈尔滨城市建筑的现代转型与模式探析.北京: 中国建筑工业出版社，2003.

[3] (美)鲁道夫•阿恩海姆著. 视觉思维——审美知觉心理学.藤守尧译.成都: 四川出版集团，2005.

[4] (英)罗伯特•菲尔德著.教堂中的几何图案.谈祥柏译.上海: 上海教育出版社，2005.

[5] 阿成.风流偶傥的哈尔滨.长春: 吉林人民出版社，2005.

[6] 邓焱.建筑艺术论.合肥: 安徽教育出版社，1999.

杜玉彩 / Du Yucai

（山东泰山学院，山东　泰安，邮编：271021）
(Taishan University Shandong, Taian, Shandong 271021)

浅析"天人合一"宇宙观在中国民居建筑中的运用

The Application of the Cosmos View of "Harmony of Man and Nature" in Chinese Folk Dwelling

摘要：

本文介绍了"天人合一"宇宙观的内涵，从民居的空间以及建造的时间等角度论述了"天人合一"宇宙观在传统民居建筑中的运用，介绍了庭院建筑的优点，并对"天人合一"宇宙观在当代民居建筑中的运用作出分析。

Abstract:

This paper introduced the contents of the cosmos view of "harmony of human and nature ". The application of this cosmos view in Chinese folk dwelling was discussed in detail from the perspective of the space, the shape and the construction time. The advantages of courtyard architecture were described. At last, the application of this viewpoint in modern Chinese folk dwelling was analyzed.

关键词：　天人合一　民居　空间　时间
Keyword：harmony of human and nature, folk dwelling, space, time

人类"构木为巢"、"掘地为穴"开始了最早的居住文明，随着社会生产的发展，居住建筑的形态呈现多样化，但众多民居有一些共同的特征，这些共性体现着人们对"天人合一"思想的向往和追求。"天人合一"是中华民族文化的核心，贯穿了整个民族的衣食住行等生活层次。在不同的领域，人们以不同的方式，寻求着"天人"的最佳合一。笔者认为在民居建筑这种与人们生活密切相关的建筑中，无论是房屋的空间、形态、建造时间等方面都体现着古人在空间和时间上"合一"的追求，即"天人合一"宇宙观在很大程度上影响着民居的发展，增加了各地的民居的共性。

一、"天人合一"宇宙观的内涵

"天人合一"思想在原始社会就有所体现。强调天、地、人的关系，按规律办事，顺应自然，谋求天地人的和谐发展。从道家"无名，天地之始；有名，万物之母"、"天地与我并生，万物与我为一"的论述到儒家"天之生物也，使之一体，而夷子二本故也"的感悟，汉代董仲舒的"天人感应"论，表明中国各家哲学门派一直在探讨人和天的问题，追求天、地、人合一的最高境界。

"上下四方曰宇，古往今来曰宙"，"天人合一"宇宙观即人们通过对天、地、时、空的认识，从时间和空间上达到天人合而为一的追求。"仰则观象与天、俯则观法与地"，古人很早就开始观星象，研究日月星辰的运行规律，探索天地合一的途径，指导着人们的日常活动。古人的宇宙观念，即对天地空间和时间的认识，概括地讲主要包括以下内容。

（1）对天地形状的认识。"天圆地方"观念，反映了古人心中的宇宙模式。"方属地，圆属天，天圆地方"（《周髀算经》）、"天元如张盖，地方如棋局"（《晋书·天文志》）代表了古人对天、地形态的一致认识。

（2）对天地存在方位的认识。古人通过观察天象并进行想象，形成独具特色的天象文化。《史记 天官书》描述天界是一个等级森严的空中帝国，在空间上，以紫薇垣为中心，四象五宫二十八宿为主干，其中东宫为青龙，西宫为白虎，南宫为朱雀，北宫为玄武。紫薇垣为中宫，中宫为北极星所在"太一常居"之星，即天帝所在，以此宫为中心四宫围绕（图1）。

图1 方位四灵

（3）人们对天地运行规律的认识，表现为时间的认识。中国是一个农业为主的国家，先民通过天地运行规律，确定季节，安排农时，《吕氏春秋》："民无道知天，民以四时寒暑日月星辰之行知天"。传说黄帝时代就已出现历法，在以后发展中出现了夏历、周历等102种历法，其目的是为人们的日常活动提供可靠的参考，顺应天地时序，达到"天人合一"的目的。

二、"天人合一"的宇宙观在传统民居中的运用

1. "天人合一"宇宙观决定了民居空间上的内向性

中国传统民居建筑无论从外部环境还是内部空间布局都有内向封闭的特点，这也是中国传统建筑的特色。笔者认为内向封闭的特色最早来源于人们对天宫布局和天地形态的认识，是人们从空间上达到"天人合一"的一种方式。

首先，传统民居的宅外环境选择源于人们对天宫布局的模仿。中国传统民居建筑作为传统文化的载体，包含古人对天、地、人的认识，人们通过阴阳五行，八卦等风水术的运用，

达到空间上的"天人合一"。而阴阳五行，八卦等风水术都基于人们对天象的认识：天宫中东宫为青龙，西宫为白虎，南宫为朱雀夏，北宫为玄武。这四宫形成对中宫的保护，这种四方意识影响了人们的心理方位意识，故在选址时寻求四方环境的保护。并把天宫星象方位及其称谓与地面方位结合，通过这种天地感应达到心理保护的效果。《宅经》："凡宅左有流水，为之青龙；右有长道，谓之白虎；前有痠池，谓之朱雀；后有丘陵，谓之玄武，为最贵地。"方位神的形态与地形形态的结合，可以达到各尽其职的效果，更好地发挥保护作用。

其次，中国的民居庭院与天宫方位的形制、布局有一种同构关系。天宫的四周封闭形制，也被应用于中国的住宅建筑形制，形成封闭式的居住方式。从立面上讲，整体形制采用墙体围合的封闭方式，《说文》云："墙，垣蔽也"，《左传》："人之有墙，以蔽恶也，故曰垣蔽"。民居庭院墙体很难见到窗子，因为家墙开窗被比喻成朱雀开口，"朱雀开口，容易惹是非"。封闭墙的存在很好地隔绝了外界的喧闹，形成一个对外隔绝，对内卫护的空间模式。从形态上使居住者的生活得到保护，也使人们心理有很大的安全感。

2."天人合一"宇宙观使民居的形态和空间与天有一种交流性

"天圆地方"观念是中国古人对天地形状的认识，反映在民居中就是民居形态与之对应。从整体的民居庭院形制看，大多采用矩形或方形，这在意识中与"地"形制相对应。这种方的形制与上天是圆的对应，完成了民居建筑空间中"天"和"地"的协调统一。

民居庭院的开敞，增加了天地的交流空间。风水中，天属阳，地属阴，阴阳的协调还含有天地交相结合，万物周流不息，生生不已的意向。《象》曰："天地交泰，后以财成天地之道，辅相天地之意，以左右民"。

普通百姓每年都要在自己的这片天地，举行祭天，拜天的仪式，表达着自己对天地之神的虔诚，祈祷上天保佑和庇护，在这小小的开敞空间中达到天地人交流的目的。

3."天人合一"时间观使人们对建造修葺时间有择吉趋向

据记载，商代人们就开始用占卜等方式选择做事的最佳日期，从时间上追求与天地运行规律一致。这种概念来源于人们对宇宙运行规律的探索，商朝以后举事无细大，必择其时辰。《协纪辨方书》："天地神祇之所向顺之，所忌则避之。"这种时间上的天人合一的追求涉及到人们生活的方方面面，从祭祀、用兵、婚嫁、建造，到裁衣、洗发、出行等等都要按照特定的时间进行。

住宅作为衣食住行中的一部分，也是百姓最大的财产，但木结构为主的材料使房子会遇到各种意外，如火灾，风灾等灾害，房屋的修和建就成为人生中的大事，更关系到居住者的生死祸福，因而很早人们就开始追求房屋建造或修复的吉祥。从秦简《日书》中可以看出，当时建造新宅、安门、盖屋、入宅、修建、迁徙等与房屋相关的活动都要选择吉日进行，以求符合天时得到神的保护，避免各种灾害，使居住者生活安康。

三、"天人合一"思想在当代民居建筑中的应用

随着工业和经济的发展，"天人合一"宇宙观在民居中的运用思想理念逐渐模糊，但是在民居中的运用形式却被继承下来，笔者认为"天人合一"宇宙观在民居中运用最成功的部分就是庭院的设计：四面围合的墙体或建筑，形成环抱之势，中部空间呈露天形态。在此，天、地、人的融合交汇，达到居住的完美和谐。一方面体现出人们"天人合一"的追求，另一方面也增加了居住建筑的科学性。现代民居建筑对庭院设计的继承更多地侧重于它的科学性：庭院的形态可以根据不同地区的气候进行灵活变通，使民居具有很大的适应性。如北方地区注意保温防寒，接纳阳光，庭院较大；南方炎热地区，注意散热、遮阳，庭院很小等。不仅如此，庭院具有很好地适应和改善微气候的作用：四周围绕、顶部露天的庭院可以起到减弱不良气候侵袭、阻隔部分风沙的作用；顶部露天，还可以引入新鲜的空气，保持住宅空气的新鲜质量。另外，庭院中的花草树木，增添了庭院的生机和意趣，也丰富了庭院的空间层次和时序变化，使空间充满诗情画意，愉悦人们的情感。

传统庭院式的住宅把各个房间聚合在一起，使它的空间重复利用，起到节约土地的作用，尚廓、杨玲玉对此作过分析（图2）。

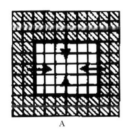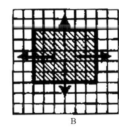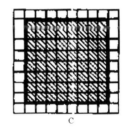

图2　尚廓、杨玲玉的庭院空间分析
（引自　侯幼彬.中国建筑美学.北京：建筑工业出版社，2004.7）

A:四合式布置，建筑占地70%，庭院占地30%，建筑面积多，庭院显得宽敞。

B:独立式布置，建筑占地30%，庭院占地70%，庭院宽敞，建筑面积少。

C:独立式布置，建筑占地70%，庭院占地30%，建筑面积达到A，但庭院已无法利用。

许多建筑家认为，庭院式住宅在选址、朝向、平面布局、建筑用材等方面，以最经济，最简洁的方式创造了建筑环境，是人们利用和保护自然的宝贵经验。正是由于庭院式布局具有上述的优势和潜能，使得它成为中国木构架建筑长期持续的基本布局方式。

随着人口的增多和土地的减少，庭院式民居在城市的发展受到很大限制，但笔者认为庭院式住宅在农村还有很大潜力，在农村的民居设计中，庭院起着更加重要的作用：人们可以享受不同季节的日照，家务劳作、晾晒衣物、副业生产、儿童嬉戏、体憩纳凉。但是，现代意义上的农村庭院空间应该不同于传统的庭院，一方面，庭院的功能更加复杂，很多村民利用庭院发展庭院经济，种植经济作物增添了收获的喜悦，还使住宅更加生态化。另一方面，因为没有伦理功能的束缚，其设计更加自由，它应该是家庭内部灵活的空间，也属于一个集合的公共空间和生产空间，充分发挥着"露天起居室"的作用。由于现代经济的发展和生活

方式的改变，传统小巷慢慢消失，住宅之间的距离扩大，我们可以保持居住私密性的同时，适当增加庭院的开放性，通过墙的转折、收放，形成凹角空间，为人们提供了一个既方便又避免干扰的交往空间，透过庭院与外界的人打招呼，讲话，使邻里关系更加融洽。总之，农村诗意的栖居，离不开充满无限遐想的院落，在新的农村住宅设计中，我们不仅要继承传统的庭院式住宅，还要利用现代的科技充分挖掘庭院的功能，使其发挥农村庭院住宅的特色。

四、总结

《黄帝内经》中曾提到："夫宅者，乃阴阳之枢纽，人伦之规模，非夫博物贤明，未能悟斯道也"。住宅作为人们遮风避雨、御暑防寒的处所，是人们生活中的重要部分，也是天文、地理、建筑等知识的一种综合，是处理人与自然关系的重要组成部分，古代"天人合一"宇宙观体现了人们对天地宇宙万物的认识，也体现了人们对自然的顺应和尊重，由此形成独立的庭院式居住，很好地处理了建筑、人和环境的关系，体现了"人——自然"适应和利用的和谐。但是随着社会的发展，人口的增多和生活方式的改变，越来越多的庭院民居走向消失，我们只有结合我国目前的国情，因地制宜、借鉴传统民居所蕴含的优秀设计思想，指导民居的建设，特别在新农村建设中更要因地制宜发展适宜农村生活和地方特色的建筑，使建筑与人和环境和谐共生。

参考文献

[1] 刘建国.庄子·齐物论.庄子译注[M].北京：中华书局，1985.

[2] 黄寿祺等.象上.周易译注[M].上海：上海古籍出版社，1989.

[3] 刘道超.择吉与中国文化[M].北京：人民出版社，2004：89-95.

[4] 侯幼彬.中国建筑美学[M].哈尔滨：黑龙江科学技术出版社，2000：56-62.

黄更／ Huang Geng

(东华大学艺术设计学院，上海，邮编：200051)

(Art and Design Institute, Donghua University, Shanghai 200051)

浅论城市公共空间中的"情境"创造

Scene Creation in the Urban Public Space

摘要：

文章的出发点建立在城市未来发展的方向——"新的城市化追求的是建成环境的连续性"[1]的基础上，通过对城市公共空间中的人文精神即公共空间"情境"的分析论述，来发现非物质化的因素给城市带来的魅力个性是推动城市发展和延续性的动力。在《马丘比丘宪章》中也提出了应当从文化意义上提供与人民要求相适应的城市形态，这样可以防止照抄照搬来自不同条件和不同文化的解决方案，而是立足本土，求得民族发展。

"情境"广义上代表行为者对周围既定的环境所作的解释。在本文中"情境"的定义包含的是与物质满足相对的社会精神，是非物质化的人文情感，是对人影响的后天因素。主要包括文化、艺术、环境、政治、精神感知等物质需求以外的种种；是区别于"以人为本"的人性理念，不可复制性和延续性是其最根本的特征。

城市在生产力的发展下发展，从无到有，从小到大，从功能的完善到形态的各异，在全球物质经济逐渐趋同的当今社会，魅力、差异化的公共空间将成为城市与城市区分的重要标志；要获得一个城市的持续发展，挖掘出独一无二的历史情境共鸣点，我们需要以社会性、艺术性和生态性的平衡因素、民族文化价值观因素、历史的遗留因素、城市的色彩因素、公共景观艺术的传达因素、国际化进程等因素着手；设计理念决定设计方法决定设计行为，最终导致截然不同的城市公共空间形态。我们最应该做的，尤其是参与城市设计的规划师、建筑设计师、景观设计师，需要更多地从"情境"的角度，从城市这个生命体发展的立场来考虑城市公共空间的未来，而不单单是当代人的视觉或物质功能的满足。

Abstract:

The root of the article is built on the direction where the city develops in future.— "What the modern city pursue is the continuity of the environment." By the analytics of the human spirit in the urban public space is the scene in public space so as to find out that the fascination character of a city which be brought by the immateriality factors is the power of developing and continuity. "MACHUPICICHU CHARTER" indicated that the city morphology should match to the request of local people in order to root into the local and gain the nation development, while avoid the copies from other different condition and culture.

Generally speaking, "Scene" delegate the response of actor to the certain environment. "Scene" including the society spirit to the opposite of material, the immateriality human emotion and the factors effect on people, with culture, art, environment, politics, heart feeling etc., which are different from the theme, taking human to the center. The typical characters are no-copy and continuity.

City has developed from zero to innumerability — from small to big, from perfecting the function to difference from the shape as the development of fertility. The different public space will be the important symbol to depart the city and city. We should research from the sociality, art, the balance of zoology, nature culture values, history bequeathing, city color, public landscape art etc. gaining us the city continuance development, finding the unique history sympathize between the local human being. The design idea decides the design method, and the design method decides the design process, which brings on the completely urban public space form at last. What we should do, especially our city planning department, our designer is that we need to take more attention in "Scene", standing by the development of city when design the urban public space, not only satisfying the vision or material function factors of people.

关键词： 城市公共空间　情境　文化容量　文脉
Keyword： urban public space, scene, culture capability, city personality

不同的设计活动和思想会使建造的环境产生截然不同的结果。信息时代的科技也给我们的城市带来了深刻的变化。在城市发展领域把"以人为本"作为重心和出发点来改造着我们的生存空间，是人的权利最大的理解。但是，"城市公共空间不同于其他的设计，人塑造城市空间，空间又塑造人是一个双向的过程。人的行为是嵌入在物质的——当然也是"社会的"、"文化的"、"感知的"——情境之中"[2]。城市具有影响人的反作用，特别是在人的精神情感方面。因此，文章从城市这个生命体的立场来考虑城市的未来发展，而不单单是当代人的视觉或物质功能的满足。对城市设计的指导原则也具有创新意义。

一、城市公共空间中的"情境"

1. 城市公共空间的概念

在对于城市的公共空间定义中，克莱尔（Rob Krier）、卢原义信、亚历山大等人有着众多的说法，大多都集中在对城市的公共空间（空间的物理属性）与公共生活（即人群及活动的社会文化公共领域）的讨论上。综合众多领域的定义，城市公共空间的概念是指在城市或城市群中，建筑实体之间存在着的开放空间体，是城市居民进行公共交往活动的开放性场所，为大多数人服务；同时，它又是人类与自然进行物质、能量和信息交流的重要场所，也是城市形象和魅力的重要表现之处，被看成城市的"橱窗"和"起居室"；由于负担城市的复杂活动（政治、经济、文化）和多种功能，它要承载城市的历史、执行城市功能、体现城市的形象和魅力、反应城市问题和使城市的发展具有延续性的发展等；而且它还是动态发展变化的。

可见，在城市设计领域里，公共空间的概念在不断地得到扩展。人同城市的公共空间设计不是直接改进对象的物品，即城市公共空间的设计对象除了以往的"物"，还基于现代生活中，人同自身、人与人、人与环境相互关系所产生的关系设计。这些关系将成为城市公共空间创造活动中的重要内容，归纳总结，主要表现为以下几个特征：

（1）城市公共空间是市民进行城市生活的重要舞台（物质化建设）。

（2）城市公共空间与市民之间存在着"人造空间，空间塑人"的关系，表现为城市公共空间带给人的归属感、认同感。

（3）公共空间承载着城市的历史、文化、政治变革等延续。

（4）城市公共空间体现着民族文化价值观念。

因此，城市的公共空间对城市和生活在其中的人就有重要的意义，拿来分析是很重要的。城市公共空间如何能够持续地发展好是我们要讨论的话题。通过上面的论述发现城市的公共空间在物质化建设意义方面只占有较小比重，而对传承人类历史和文化、体现民族文化观念、传达艺术情感、政治的需要以及对人的精神指引具有重要的意义。不仅从空间形态上更从文化精神上起到连接人和城市的桥梁作用。城市未来和谐的发展，公共空间起到物质关怀和文化精神关怀的双方面作用。

2．"情境"的理解

对城市公共空间中的"情境"拿来分析之前，有必要对现在城市公共空间中的"人性"作深入的理解。历史上对人性的理解产生过多种的学说，马克思、休谟、孔子等。最影响我们近代对"人性"理解的历史唯物主义认为，"人性"是指正常的人和其他动物的根本区别，即使人具有自然属性，但不能不具有社会色彩。社会关系随着生产力的发展不断变化，现实的人性也在不断演化。

通过这些学说总结下来，发现人性包含的内容总是双方面的。一个是与生俱来的，一个是需要后天创造的；"一个是扎根于我们机体之内的纯粹个体存在和满足，另一个是社会存在和精神，是社会的扩展。是个人性和非个人性对立的二元论。"[3]

社会城市的进步是物质和精神创造的共同进步。对应在环境设计领域，"人的行为是嵌入在物质的——当然也是"社会的"、"文化的"、"感知的"——情境之中"[2]。就是说人在改造环境的过程中，一方面包含着物质化对人的本能需求上的满足，是自然属性。另一方面包括着非物质化的即社会、历史、文化、情感、精神对人的影响，是社会属性。对人性理解的二元论构成了完整的对"人性"的理解。

"情境"广义上代表行为者对周围既定的环境所作的解释，是环境带给人的语境，因此更加强调的是"人性"的社会属性。在城市的公共空间设计领域，从物质进步和精神满足的两方面来分析。"情境"的定义包含更多的是与物质满足相对的社会精神，是非物质化的人文情感，是对人影响的后天因素。主要包括文化、艺术、环境、政治、精神感知等物质需求以外的种种。

3．"情境"同"以人为本"的区别

"情境"是区别于普遍意义上的"以人为本"。自然属性的"以人为本"是以人为设计的开始并回到人的需求上的论述，社会属性的"情境"是从后天影响人生存的环境为出发，然后回到对人认知上；另外，带有物质化需求色彩的"以人为本"是通过研究人的共性寻找规律的设计方法，而带有精神色彩的"情境"通过研究影响人生存的环境的差异寻找发展的方向。

因为本文的侧重点在城市精神方面，因此对自然属性方面的物质需求不作过多的解释，旨在突出城市发展中被人们忽略的人文历史情感因素。物质和精神的共同进步才能推动社会的向前发展，在物质经济取得巨大进步的今天，把文化精神拿来分析是很有意义的。

4. 城市公共空间"情境"的研究意义

（1）"情境"给城市带来更多魅力和个性

在城市的公共空间设计领域，从物质进步和精神满足的两方面来分析。"情境"达成的是与物质满足相对的社会精神，包括物质化因素以外的种种人文精神因素。由于各个城市所处的地理位置、政治制度、文化观念、历史文脉的不同，不可复制性和延续性的特性构成了城市之间的差异化魅力和历史魅力。随着世界范围内信息、科技、材料共享的程度越来越高，在物质创造领域逐渐标准化和趋同，城市要获得个性和魅力，惟有在城市的"情境"场所上多下功夫。在《马丘比丘宪章》中也提出了应当从文化意义上提供与人民要求相适应的城市形态，这样可以防止照抄照搬来自不同条件和不同文化的解决方案，立足本土，才能求得民族发展。

（2）"情境"场所体现着城市对人的更多关怀

物质和功能满足着人的生理需要，"情境"满足着人的精神需要，是人的需要层次的最高阶段。城市公共空间是研究人与社会、人与人和人与自然之间关系的艺术，因此，满足人的需要是设计的原动力，满足人文精神的需要是更高的要求，体现着城市对人的关怀。

（3）推动城市的可持续发展

城市在生产力的推动下向前发展，一切阻碍生产力发展的因素都将会被废弃。但是有些建筑或形式已经不能适应现代社会发展的需求了，就是因为赋予了意义才会被保存下来。"情境"空间延续着城市的历史文脉。"新的城市化追求的是建成环境的连续性"是城市未来发展的方向。

二、"情境"是人和公共空间发展的共同需要

1. 人的心理需要

"情境"是人和环境互相产生影响的结果。"人在具体环境中所作的选择，部分取决于人的境遇和特点（自我的性格、目标和价值的实现、过去的经验、以及所处的人生阶段）。设计的最终目的在于满足人的自身生理和心理需要，需要成为人类设计的原动力。人的精神世界是十分丰富的，人的心理和精神需要是变化和永无止境的。人的各种需要不断地产生，同时也应当不断得到满足，新的生理和心理需要也不断地出现。"[2]

心理学家马斯洛在20世纪40年代就提出人的"需要层次"说，这一学说对行为学以及心理学等方面的研究具有很大的影响。他将人的基本需求分为五个阶段。他认为人有生理、安全、交往、尊重以及自我实现等需求，这种需求是有层次的。精神和自我价值的实现是人类需求的最高目标。

城市公共空间的参与者在不同阶段对环境场所有着不同的接受状态和需要。对这些空间来说，首先起码是人在场所的物质功能上得到需求和满足。然后从整个空间的人文精神层面上得到审美、心理上的人文关怀。城市公共空间是研究人与社会、人与人和人与自然之间关

系的艺术，因此，满足人的需要是设计的原动力。满足人文精神的需要是更高的要求。"情境"空间是更高要求下的反应。

2. 城市发展的平衡

满足人的心理平衡是人类最基本的精神需求。随时代的不断进步，不仅物质技术得到了很大的发展，社会文化、人的精神世界等上层建筑的发展也是与其同步的。在现代社会，技术越进步，这种平衡的愿望越强烈。人的本性是需要情感的，我们的社会高新技术越多，我们就越希望创造高情感的城市空间环境，创造更多的人文关怀，这种满足和平衡作为人类生存的城市公共空间发展来说，更是责无旁贷了。

如何在设计作品中体现人文和情感关怀，随时代发展设计师也用不同的方式诠释着。事实上，当科技刚给人带来巨大生产力的时候，人们对科技无比崇尚，法国的埃菲尔铁塔就是工业时代的产物，只不过今天人们赋予了它更多的意义。随生产力的进步人们更喜欢一种创造诗意的场所。未来的城市公共空间的发展必然是高科技和高情感并重，人文情感的创造也同时体现了设计师对参与者生理、心理需求的全方位关怀。

3. 设计师的精神诉求

作为城市公共空间与人感知反应之间的关系的场所，其设计和建造过程受到多方面的影响。其中设计师受环境的影响和对城市的认识、价值的取向以及对美的诉求都会体现在他设计的作品之中。就像高迪把自己对巴塞罗那独有的加泰隆文化的理解，通过自己的设计手法在建造中发挥至极。

设计师一般会从空间的使用功能上入手。期间将自己的理解附着在功能之上，但有些城市的景观空间完全是建立在精神意义上的。由于设计师的精神诉求体现在设计作品中，城市的公共空间在供人们使用时，给人们的启示不仅局限在对含义或参与方式的引导，它同时用情感的方式向每天生活在其中的人暗示着设计师对美的诉求。城市公共空间的暗示由环境的构成和参与的方式说明着除环境空间本身以外的东西，它所反映的通常是文化内涵、意象、心理感受、价值取向等较为高层次的精神信息。在设计过程中"情境"作为一种场所设计表达，借助设计方法，城市的灵魂由这些公共的空间本身存留下来。设计师对城市的认识、人类思维的特性、价值取向以及行为方式，都会通过城市的空间呈现给人们。设计师的人文精神底蕴对城市公共空间的设计起到重要的作用。

三、"情境"的特征和实践因素

1. "情境"的特征

相较于自然属性的"以人为本"，"人情"有着两个明显的特征。

第一，城市公共空间中的"情境"蕴涵着丰富的情感。

"情境"的定义包含更多的是与物质满足相对的社会精神，是非物质化的人文情感。在城市公共空间的设计时，往往超出纯粹的形式和功能的表达，表现得更突出的是城市空间环境场所中对生命和灵魂的揭示。诗意情感的表达是区别于物质属性的明显特征。城市公共空间在精神领域内追求的是"具有生命力的，有生机与温暖，反映人文特质和历史的"这样一种境界[2]。而这样的城市公共空间设计是具有情感的。

第二，"情境"具有延续性和不可复制性。

（1）人的生命是有限的，而城市的生命是一代一代延续的，人和城市的精神是可以延续的，体现在城市的公共空间中就是城市的历史、文脉、观念、政治制度的延续。城市公共空间在向前发展的时候物质财富得到积累，精神得到延续和发展。

（2）带有物质化需求色彩的"以人为本"是通过研究人的共性寻找规律的设计方法，而带有精神色彩的"情境"通过研究影响人生存的环境的差异寻找发展的方向。差异化要求不能够被复制。如果历史可以被复制，如果文脉可以被复制，如果人的情感可以被复制，我们的生活将失去意义！这也是为什么现代人觉得生活的城市空间越来越失去归属感的原因。因为"情境"不可被复制，世界上的城市才表现着不同的文化、观念、肌理、情感等，才带来这样丰富多彩和充满情感的城市。

2. 影响"情境"实践的因素

纵览世界上有魅力的城市，我们发现城市公共空间"情境"的构建对一个城市魅力个性和持续发展起到着重要的作用，但是不同的国家在具体实践上都采用了不同的方法。在巴黎是把城市的母体形象保留下来，在其中再进行着更新换代的尝试，城市的新是建立在老的基础上，城市的历史情感随着这些母体而延续着，城市在物质更新的速度上比较缓慢，但是城市的精神情感因素随着历史的发展会更加的浑厚和充满魅力。而在巴塞罗那，则是大刀阔斧地改造，把那些20世纪60年代涌现的杂乱无章的建筑拆除，这些拆除也是有针对性的，是在总体发展的情况下拆除了那些没有个性和缺乏公共空间的区域。但是并不是一味地追求创造性，在1982年上任的市长，帕斯夸尔·马拉加利总结了城市公共空间开发的新政策哲学："我们要重建失去尊严的城市景观！"[4]

可见，不同城市的人文历史情感的塑造都根植于现有的民情之中。但分析其共性会对我国的城市公共空间的实践将起到重要的作用。归纳起来，主要有以下几个方面。

第一，人文情境空间是社会性、艺术性、生态性的平衡。

"情境"实践关注的是人类与自然、文化、社会的关系，它含盖了三个方面的意义，即："生态环境"、"艺术环境"和"社会环境"的和谐，并使之大到平衡，才能构建一个和谐的人文情境空间。从20世纪60~70年代起，"保护环境"的主题确立起来。从城市的角度上讲：环境就是指人们在使用城市的公共空间时，空间对人所产生的社会心理、艺术文化审美和生态环保的总和。如何创造新空间城市精神应该也是在这一全球范围内所关注的大主题下确立的，与"情境"主题的内涵相契合。德国柏林波斯坦广场空间的复兴计划是将三者融合的非常完美的例子。

第二，民族文化价值决定城市形象。

城市形象的内涵是丰富和复杂的,它不仅是指一个城市所处的自然地理条件状况、城市的平面格局或是城市的一般功能的营造状态，而是更多地从社会学、文化学的角度来审视城市的综合形象和精神气质。因为，城市是人的文化的产物，是生息在其中的社会化的群体的产物。它随着不同的社会历史时期和文化观念意识的变更而变化着。也只有人的存在和持续的社会文化活动才能鲜活地显示城市特征和内在意志的走向，并显示它活生生的价值追求。城市的民族价值观最直接决定着城市给人带来的形象。

美国人文地理学家拉普普特（A.Rapoport）在《居住形式与文化》一书中有大量例证阐述。在每一个特定的区域，群体的文化价值观念都对城市的空间发展产生着影响，并逐渐形成自己城市空间的文化特色和形象。空间的文化特色主要表现为空间形态的积淀和延续的历史文化，它又随着居民的整体观念和社会文化艺术的变迁而发展。空间的结构形成后又反过来影响其中居民的行为方式和艺术文化观念。[5]

第三，城市的代谢和更替关系到城市文化的遗留。

城市的物质空间形态具有积淀和体现历史文化的特征。这正是同本文所论述的"情境"相联系的。城市的公共空间发展与历史的文化变迁密切相关，并产生城市空间的文化特色。这种观点要求我们将城市的公共空间看作是时刻进行新陈代谢、有生命的机体，将空间的发展看做是一种内生的、在原有机体上的生长。我国大多数的城市都是在传统城镇的基础上发展而来，从城市的空间结构和城市肌理中可以寻找到城市空间发展的文脉和历史发展的轨迹。

城市的代谢和更替是城市公共空间重新利用的一个重要部分。这些方面恰恰是使城市与生产技术和复杂的人文情感发生深度联系的有效途径，并能够为城市公共空间的发展开拓空间和提供试验机会。同时，也为那些已经成为社会公共资源、又可能或已经成为废弃闲置的对象发挥出积极的历史价值和维系城市文脉的纽带作出公共性的贡献。很庆幸我们身边这样的例子越来越多，如北京的798，上海的新天地、8号桥。在对城市物质遗迹和历史文脉加以保护的构想下，这种将原有城区进行重新定义和再利用的做法，使人们对于原有建筑景观和城市空间的创造产生了新的感悟。

第四，公共景观艺术更直接地创造"情境"空间。

相对地说，在城市的各种构筑物中较为成功的公共景观艺术作品，与一个区域的规划和道路设计系统相比，更能够直接而鲜活地显示和传达情感，显示出更为强烈的美学感染力和艺术的自由表现力。对"情境"空间的实践更为直接易懂。

在这里并不是想说艺术和应用设计之间不可逾越，更不是说城市形象的传达偏重于情感表现的艺术比应用性的设计更加尊贵。客观上，两者都需要人的审美判断和物质技术的介入。两者都深刻涉及人的意志、观念和情感，并有着各自不可代替的作用和价值，这里强调的是由于艺术本身强调和突出其审美性（非功利性）、精神性（非物质性）、及自由性（自主自觉的个性化创造），因此，凸现城市精神的公共艺术品在景观环境中的审美效应，以及在人情空间的表达上必然更加的直接和强烈。

第五，色彩设计研究对"情境"空间的影响。

色彩以越来越多的方式走进我们的生活，在城市环境中如何积极引导和控制色彩环境，为城市文化研究、建筑艺术创作、城市设计等工作开拓了一个新的领域。城市的公共空间具有一个城市最典型的特征、民族性和文化传统最直观的反映，其所表现出来的色彩无疑也是其中最重要的信息，对色彩规划的认识，成为"情境"空间实践的重要因素之一。

今天，人们开始注重维护传统人文色彩景观，有意识地对新开发的城市色彩进行总体的理性地规划。不同的地理环境直接影响了人类、人种、习俗、文化等方面的发展。这些因素都导致了不同的色彩表现。作为城市空间中不可或缺的表现因素，色彩是城市景观重要的评价因素之一。对于公共空间而言，色彩是"情境"空间实践语言的一种，与空间的体量、高度等因素一起构成城市景观的面貌。

第六，全球时代下的城市文化。

全球化是一个多方面的进程，随着规模和标准化的集中决策的开发，整个世界在日益的紧密联系。地方和世界的变动对城市空间产生着重要的作用。在建筑界，同样的混乱自现代建筑运动诞生之日起就已经存在了，即所谓"国际样式"登台之时。其基本思想是，工业技术的进步和发展超越了个人及民族的差异，极大地扩展了人类具有国际共通性的合理精神。它的发现毫无疑问被解释为是对合理性和目的性的一种追求。作为与当地的历史风貌无关、只在高地价之下提供大量空间的技术性解决策略，很多同样的场所在世界各地兴起，国际风格如火如荼地展开，虽然对其传播恶果进行批判的声音也有时出现，但以经济合理性为惟一理论根据的现代制度打消了所有这些警钟，在大的改造时期我们正失去对人类来说最重要的场所，空间的文化特色逐渐趋同。这也是城市公共空间"情境"实践中需要解决的重要部分。

我们知道空间形态的文化特色形成于历史发展的积累和积淀。齐康教授曾指出："城市文化的特点，某种意义上讲是不同历史时期的不同管理者、规划者和设计者素质的反映。"这其中也包括使用者的参与与设计。这些素质的综合反应主要表现为不同的文化价值观。它不但受到传统文化、各地的乡土风俗和传统习惯的影响，而且应受到当代新的科技、新的生活方式以及外来文化的冲击。

持反对意见的人认为当代的文化冲击使传统多样化的城市公共空间变得千篇一律，主张保护原有文化特色。我们从公共空间"情境"实践的观点出发，认为城市文化特色的更新与创新也是城市空间多样化和延续性的重要组成部分，当代的文化更应该是以多元化为特征。两者的分歧关键是如何认识文化特色，文化特色不是可以通过复制、变形、组合等方式来套用一些漂亮的形式而产生的，也不是可以通过简单的传统符号延续或环境的协调而解决的，城市的文化特色应是在当时、当地环境中生延伸的结果。

四、结 语

因为世间万物的差异性而产生美，所以通过每座城市的不可复制性的"情境"来传承这种差异，会推动社会向前发展。虽然现在人们对容貌美的标准趋于单一，使得整容事业得以轰轰烈烈地进行，但若全世界人民都长着一张相同的脸时，正如双胞胎们的苦恼，恐怕更多的人要动第二刀；我们的城市是脆弱的，禁不起开了又开，人类也并不是地球的惟一孩子，我们没有权利凭借某一时刻的喜恶来决定母亲的形象，肆意地占有着本应属于后代的不可再生资源。我们最应该做的，需要更多地从城市这个生命体的立场来考虑城市的未来发展，而不单单是当代人的视觉或功能满足。让每座城市的每处公共空间成为过去"人类历史情感"

发展的积淀和未来"人类历史情感"发展的文物；把"新的城市化追求的是建成环境的连续性"作为城市发展的必然。

我国正处于经济和文化高速发展的时代，城市公共空间中的基础建设是本阶段的重要任务，城市精神建设还处于初级阶段。研究分析国外的城市历史情感创造对于我国城市公共空间建设具有引证作用，但不具备适用性，不能大规模的照抄照搬，因为二者从政策、地理位置、文化理念、技术手段等层面都存在着不同，特别要注意不可复制性是"情境"空间创造的特征。我们应当在自己国情的空间上寻找方法和对策。城市的人类历史情感建设是一个长期和逐步完善的过程，仅满足公共空间的物质、视觉功能的建设策略已经不能促进公共空间"质"的飞跃；根本在于深入地探究影响公共空间本质的"情境"因素，才能促使我国城市公共空间建设水平的飞跃。

参考文献

[1] 马丘比丘宪章.利马，1977.

[2] 卡莫那等著.城市设计的维度.冯江等译.南京：江苏科学技术出版社，2005.

[3] 涂尔干.实用主义与社会学.上海：上海人民出版社，2005.

[4] （丹麦)杨•盖尔.新城市空间（第二版）.何人可译.北京：中国建筑工业出版社，2004.

[5] 段进.城市空间发展论.南京：江苏科学技术出版社，2000.

[6] 王鹏.城市公共空间的系统化建设.南京：东南大学出版社，2002.

[7] （美）罗杰斯.世界景观设计——文化与建筑的历史.北京：中国林业出版社，2005.

[8] 卢志刚.城市取样1×1.大连：大连理工大学出版社，2004.

[9] 孙美堂.文化价值论.昆明：云南人民出版社，2005.

[10] 张钦楠.阅读城市.北京：三联书店，2004.

[11] 海默.中国第一部城市文化反思与命运拯救读本.武汉:长江文艺出版社，2005.

[12] 陈立旭.都市文化与都市精神——中外城市文化比较.南京：东南大学出版社，2002.

[13] 宋建明.色彩设计在法国.上海：上海人民美术出版社，1999.

于妍 / Yu Yan

(东华大学环境艺术设计研究院, 上海, 邮编: 200051)
(Environment Art Design Academe, Donghua University, Shanghai 200051)

环境艺术材料馆学学科建设研究

The Research on Discipline Development of Environment Art Design Material Hall

摘要:

鉴于目前国内尚缺乏对环境艺术设计材料馆的专门研究, 表现出来有以下两点: 在研究方面, 没有建立相应的学科体系; 在实践方面, 没有专门收集环境艺术设计材料并用来执行展示和教育作用的机构。研究和实践方面的现状, 提出了对环境艺术设计材料馆相关领域展开理论研究的实际需要。鉴于目前这方面的研究近乎空白的现状, 本论文选取了"环境艺术设计材料馆学学科建设研究"作为研究的课题, 旨在以此促进环境艺术设计材料馆学的建立和发展, 并提供一套科学的研究范式和研究规范, 使环境艺术设计材料馆研究系统化、规范化并具有实效性, 进而使材料在环境艺术各类设计中发挥更大的作用; 同时也希望从理论上丰富我国环境艺术设计学科体系, 推动我国环境艺术设计理论的发展, 为中国高校的环境艺术设计专业的教育工作提供一个与实践相结合的平台。

本论文以学科建设的规律为线索和依据并借鉴图书馆学的创建发展历史, 运用比较法和归纳法, 对环境艺术材料馆学未来的建立、发展进行了阐释, 得到下面结论。

1. 环境艺术材料馆学学科的概念: "环境艺术设计材料馆学是以环境艺术材料馆系统性问题为研究对象, 运用科学的理论和方法对其进行研究, 从而揭示构建环境艺术设计材料馆的独特规律, 提供构建环境艺术设计材料馆相关知识, 形成环境艺术设计材料馆学理论体系, 以此指导环境艺术设计材料馆实践的一门交叉性学科。"

2. 环境艺术材料馆学研究对象: 环境艺术设计材料馆系统性问题。

3. 环境艺术材料馆学学科性质: 环境艺术设计材料馆学是一门交叉学科, 是一门联接环境艺术材料馆学理论和环境艺术材料馆实践的综合性应用学科。其学科特点有: ①中介性; ②多学科综合性; ③实践性; ④层次性; ⑤时效性。

4. 环境艺术设计材料馆学研究目标: 指导环境艺术材料馆实践。通过对环境艺术材料馆微观层次的分析和透视, 着眼于环境艺术设计的宏观研究, 把指导环境艺术设计材料馆实践的科学化、高效化作为自己研究的主要目标, 并通过这种研究和研究的成果化, 指导环境艺术设计材料馆的正确建立和运营, 充分发挥环境艺术设计材料馆的功能, 从而有效地把握我国环境艺术设计材料馆事业的发展方向, 规范环境艺术设计材料市场行为, 使人民的生活环境得到切实的进步, 推动整个环境艺术设计材料馆事业的健康发展。

5. 环境艺术设计材料馆学研究的主要任务:

(1) 研究环境艺术设计材料馆学术问题, 构建环境艺术设计材料馆学科群。

(2) 探求环境艺术设计材料馆学的特殊性, 揭示该学科基本规律。

(3) 形成环境艺术设计材料馆学实践性的理论体系。

6. 在环境艺术设计材料馆学理论体系的定位的基础上, 依据学科理论体系评价的一般标准、关于学科理论体系建构的几种可以借鉴的观点、环境艺术材料馆学理论体系的形成应具备的条件、构建环境艺术材料馆学理论体系的方法论基础等四个方面, 本文探索并构建了一个由环境艺术材料馆学基本原理、环境艺术材料馆系统、环境艺术材料馆过程、环境艺术材料馆学研究方法论四个部分组成的环境艺术设计材料馆学理论体系框架。

7. 任何一门学科都是理论与方法的统一，本文构建了环境艺术材料馆学研究方法体系，确立了环境艺术材料馆学研究的方法论原则，同时对环境艺术材料馆学研究方法进行了定位，并提出了环境艺术材料馆学研究中几种常用的具体研究方法。

本文通过详细的研究和严密的论证证明了建立环境艺术设计材料馆学学科创新建设，无论是从国家经济建设、从社会发展的需求或是学科理论创新发展来看，都是意义重要、切合实际、客观可行的。填补了国内环境艺术设计在材料运用方面研究的理论空白。

Abstract:

There appear two points for the lack of the research of environment art design material hall: no corresponding discipline system in research and no special institution to collect environment art material for exhibition or education in practice both of which are presenting actual demands for theoretical research on correlative fields of environment art material hall. On basis of the current situation, we take " research of the environment art material hall discipline construction " as the topic of our project, in order not only to promote the establishment of environment art material hall discipline, but also to provide one set of scientific research models and standards, enabling the systematization, standardization and practicability of the research of the environment art material hall and expanding the functions of the materials in each kind of environment art design. We also hope to theoretically enrich the domestic environment art material hall discipline system, to precede the development of the theories of the environment art design, and to provide a platform to integrate with practice for domestic college education.

On basis of the rules of the subject construction and the history of library science, the future building and developing of the environment art material hall discipline have been expatiated in our project by comparison and induction and come to the following conclusion:

1. The concept: it is one of the intercrossing subjects with environment art material hall as the target and by scientific theories and methods to discover the particular rules, to provide the corresponding knowledge, to build theoretical system, and to instruct the practice.

2. The target: it is about the systematical problems on environment art material hall.

3. The characters: it is one of the intercrossing subjects, an all-around applied subject connecting theory and practice with the following characters: medial, all-around, practical, cascaded and of timeliness.

4. The objectives: it is to instruct the practice of environment art material hall research. By analyzing and prospecting on the microcosmic levels and locating at macroscopically levels of environment art material hall, it aims at the schematization and high-efficiency of the instruction on the practice of environment art material hall and by the research it is about to direct the construction and management, to exert the functions of environment art material hall, thereby to predominate the developing orientation of the enterprise of environment art material hall, to standardize the market behaviors of environment art material, to make pressing progresses on people's living environment, and to prompt the ordinate development of the whole career.

5. The main tasks:

(1) To study the academic problems and build subject groups.

(2) To explore the particularity and discover the basic rules.

(3) To form the theoretical systems.

6. Based on the following four aspects: the general standards of the evaluation and the redeemable viewpoints of the construction of the subjects theoretical system; the necessary conditions and the basis of the methodology for the building of

theoretical system of the environment art material hall discipline, a frame of the theoretical system of the environment art material hall discipline is further explored and established, composed by four parts including the principal, the system, the process and the methodology.

7. Since each subject is a union of theory and practice, a system of the environment art material hall discipline methodology is subsequently erected. The principals are established. At the same time the methods are located and several common concrete research methods are presented.

By delicate investigation and rigorous argumentation, this project has proved it is crucial, practical and feasible to construct the environment art material hall discipline from the viewpoints of both the demands of society development and the requests of subjects theory innovation.

关键词： 环境艺术设计　　材料　　馆　　交叉　　学科建设

Keyword：environment art design, material, hall, intercross, discipline construction

一、引言

1. 选题背景

材料是环境艺术设计最基础的客观物质要素。目前我国的环境艺术设计学科发展迅速，但是对于材料的研究却没有得到应有的重视。我国还没有出现环境艺术设计材料馆这种重要的收集、研究材料的机构形式。在环境艺术设计领域中的材料由于其特有的"自然性"，使得需要对材料进行收集、分类、标准化及在此基础上的应用研究和再开发。在环境艺术设计范畴里的各行业都飞速发展的今天，势必对其客观物质世界的最基本元素——材料，提出了更高的要求。所以，建立环境艺术材料馆意义重大且势在必行。对于环境艺术材料馆这种新生事物的实践，社会需要以一种可定性定量的系统化的科学理论进行指导。本文提出的环境艺术设计材料馆学正是在这样一种社会背景下，应材料市场和环境艺术设计学科发展要求而应运而生的。

通过多方面检索，发现国内至今尚无人提出建立环境艺术设计材料馆学，所以相关的概念及研究也相对比较缺乏，因此对本论文的相关研究综述将通过以下两个方面来进行：一是材料；二是环境艺术设计。通过上述两个方面的工作来对环境艺术设计材料馆学相关研究状况有个总体性的把握。

2. 从材料的角度进行研究的目的和意义

材料是现代社会发展的支柱之一，随着社会科技的进步而日新月异，我们周围存在的一切事物都是材料。从文艺复兴运动把人类推进"科学实验时代"开始，人类对自己所处的物质世界的认识，就由被动地依赖转为主动地开发、创造和利用。科技革命的不断进步，使人类对自然包括人自身的认识愈来愈深入和理性，它们迅速改变人们关于世界物质的看法，也迅速地改变和刷新人们对艺术的看法。最为直接的就是艺术家对材料观念性认识和选择应用上，艺术家们开始认识到材料不仅是可视的、可触摸的，而且也是人们可以用耳闻鼻嗅的。从有形的材料到无形的材料，甚至我们的思想观念，都可以被视为艺术表达的媒介——材料。[1]艺术随着社会的发展而变革，不仅有观念的、艺术形式的，更多的是随着新材料新技术而变革，与艺术设计相适应的材质在科学技术的发展背景下不断拓展。

3. 我国环境艺术材料研究的现状及问题

我国环境艺术设计材料的应用方面基本现状

（A）目前中国市场上的材料品种和品牌非常丰富，世界范围内的材料科技的发展也非常迅速，材料的更新速度相当快。材料的信息收集与管理得到越来越多人群和机构的关注和重视，政府和政策也具有倾向性。

（B）目前，国内各高校纷纷开设环境艺术设计学科。但相应的理论教学体系却很不完善，课堂教授的知识与实际应用的差距相当大。尤其，在材料的应用与结构做法这种与实践联系相当紧密的方面，教育与实际出现了割断，对材料的研究只是停留在文字与图片形式上，停留在物理性质的各种数据中，而设计师在材料应用中应该具有的基本的知识却没有得到重视。

（C）国内尚没有一个机构是专门来收集环境艺术材料并用来执行展示和教育作用的。

4. 我国目前建立环境艺术材料馆的必要性

目前国内环境艺术材料及其研究的现状和问题已经开始影响环境艺术设计的发展，迫切需要一种方法来解决，环境艺术材料馆可以作为一种合理、适用的方法来解决这个问题。从下面三个方面来看，建立环境艺术材料馆是必要的。

第一，文化或者知识传播上，目前在中国建立环境艺术材料馆，能够提供一个专业的专门的机构来展示材料，以最直接、最全面、最客观的形态来传达材料信息；可以改变现有材料信息的混乱状态。它可以提供齐全、完备、详尽的各种类别材料信息。

第二，工程设计上，环境艺术材料馆通过陈列展示环境艺术所涉及的各种材料，让使用者可以有效、快速、全面地了解材料的物理属性。从而使设计过程流畅和合理，减少不必要的消耗，促进可持续发展。

第三，科研教学上，环境艺术材料馆与高校相结合，通过陈列展示学科相关材料，提供国际国内最前沿的材料信息，使环境艺术设计相关专业的学生及研究人员将理论知识与实践相结合。

二、从环境艺术设计材料馆到环境艺术设计材料馆学

1. 学科建设的一般规律

学科建设近几年来成为高教领域中的一个热门话题而屡见报端，国家"211工程"的实施，引起越来越多的高等学校对学科建设工作的重视。学科建设是一项系统工程，因此要讨论学科建设问题就要首先了解这项系统工程的内容，而学科的结构又是这项系统工程内容的基础。学科之间的梳状结构是学科发展的必然趋势与结果，是学科发展本身规律的体现。

学科前沿是知识创新的最佳领域和场所，是学术界可能实现创新或已接近实现创新的研究方向和研究热点。在知识创新时，作为学术和学科带头人必须全面把握本学科和相临学科

的学科前沿和研究进展，不能掌握学科前沿则不能创新，仅仅是把握和追踪学科前沿也不能实现创新。学科交叉是实现科学创新最可行的技术路线，准确地讲，在学科前沿领域进行学科交叉是在选择科学创新研究方向时的最佳思考。

2. 对图书馆学的参考性研究

在探讨建立环境艺术材料馆学的时候，我们可以借鉴图书馆学的的发展历程和经验。运用归纳法来指导和论证环境艺术材料馆学的学科建设。

（1）图书馆学的确立时期

作为一门近代科学的图书馆学产生于19世纪初，确立于19世纪80年代。"公共图书馆运动"直接推动了世界图书馆事业的大发展，同时也推动了图书馆学的产生。美国人M·杜威从解决图书分类问题入手，创立了影响久远的经验图书馆学。杜威在1887年前后领导创建了世界上第一个图书馆协会、第一所正式的图书馆学校和第一份正式的图书馆杂志，正是因为专业协会、杂志和图书馆学校的存在，图书馆学作为一个专业的地位才得以确立。

（2）图书馆学的发展时期

在世界范围内图书馆学研究不断发展的同时，各国的图书馆学学术组织和教育事业也有了长足的进步。20世纪以来，国际文献联合会、国际图书馆协会和机构联合会等国际性的组织，对图书馆学研究起了巨大的促进作用。世界各国的图书馆学、情报学教育初具规模，为图书馆事业培养了大量的专业人才，也加强了理论研究的队伍。

3. 从图书馆学学科建立得到的结论

归纳法是指人们以一系列经验事物或知识素材为依据，寻找出其服从的基本规律或共同规律，并假设同类事物中的其他事物也服从这些规律，从而将这些规律作为预测同类事物的其他事物的基本原理的一种认知方法。图书馆学经历了确立、发展、变革三个阶段，运用归纳法，图书馆学的历史发展进程对环境艺术材料馆学的确立和发展具有借鉴和依据的作用，而图书馆学的相关理论研究成果则对形成环境艺术材料馆学自身的理论基础起到促进作用。

环境艺术设计材料馆学必然要经历与图书馆学相似的过程来达到成熟。目前，我国各地已经建立起了建筑材料行业协会，各类正式相关内容杂志种类齐全，但是尚没有一所是以环境艺术设计材料作为研究主体的实体机构。

4. 环境艺术材料馆与环境艺术材料馆学的内在联系

环境艺术设计材料馆与环境艺术设计材料馆学的内在联系，即实践与理论的关系。目前，对环境艺术设计材料的研究集中在应用的层面上，而环境艺术设计材料馆尚未建立，社会需要一种方法、一种科学理论来指导实践，这就需要环境艺术设计材料馆学的设立。

三、环境艺术设计材料馆学学科定位

1. 环境艺术设计材料馆学定义

一门学科的概念界定关系到这门学科的学科性质、研究对象和研究方法。因此，为环境艺术设计材料馆学寻求一个较为科学而准确的定义，是开展该学科研究的一个必要的前提。

2. 环境艺术设计材料馆学学科定义及其阐释

环境艺术材料馆学是一个新的课题、新的概念。环境艺术设计材料馆学可以定义为："环境艺术设计材料馆学是以环境艺术设计材料馆系统性问题为研究对象，主要运用系统论的理论和方法对其进行研究，从而揭示环境艺术设计材料馆建设规律，提供相关知识，形成理论，以此指导环境艺术设计材料馆实践的一门交叉性学科"。

3. 环境艺术设计材料馆学的研究对象

因为环境艺术设计材料馆学尚处于创建阶段，关于其研究对象，目前提出的是一个相对全面的论述。环境艺术设计材料馆学的研究对象是环境艺术设计材料馆系统。提出该观点的依据是：第一，能够突出环境艺术设计材料馆学研究内容之间的联系，从而深化环境艺术设计材料馆学的研究内容；第二，能够反映出环境艺术设计材料馆工作同其他工作之间、环境艺术设计材料馆学同其它学科之间的客观联系，丰富环境艺术设计材料馆学的研究内容；第三，能够运用现代科学的最近成果来丰富环境艺术设计材料馆学原理和研究方法；第四，有可能突破传统的研究方法，由于系统方法的运用将使环境艺术设计材料馆学研究由定性走向定量，提高精确度。

4. 环境艺术设计材料馆学的学科性质

通过对环境艺术设计材料馆学学科特点的分析，可以从中归纳并演绎出其学科性质，在这个方面，我们认为环境艺术设计材料馆学是一门介于环境艺术设计科学和材料科学之间的交叉学科，是一门联接环境艺术设计材料馆理论和环境艺术设计材料馆实践的综合性应用学科。

四、环境艺术设计材料馆学理论体系架构方法

1. 构建环境艺术设计材料馆学学科理论体系的意义

任何一门学科，都必须有自己的不同于其他学科的理论体系。学科理论体系是一门学科的骨架，是人们关于特定客观领域的一种系统性的主观反映。形成独特的理论体系，是一门学科建立的标志，学科理论体系是否完善，在很大的程度上反映一门学科的发展水平。

2. 关于学科理论体系建构的几种可以借鉴的观点

第一种是逻辑起点论。

第二种是问题系统论。

第三种是范畴水平论。

第四种是从方法论角度来建构学科体系的主张。

除上述四种观点外，还有很多学者对构建学科理论体系作出了有益的尝试。应当指出的是，学科的理论体系很少是惟一的，多种理论体系的存在，不仅是可能的，而且是必然的。

而且基础性的研究都是渐进的，学科的发展也都是逐步由不成熟到成熟的。环境艺术材料馆学当然也不例外。

3. 环境艺术材料馆学理论体系的形成应具备的条件

环境艺术材料馆学理论体系的形成依赖于以下条件：一是环境艺术材料实践的发展。实践的发展与变化为环境艺术材料馆学体系的形成积累经验和知识探索规律，提出研究的问题与课题，对环境艺术材料馆学理论产生需求。二是人们对环境艺术材料馆认识的深度与广度。随着人们对环境艺术材料馆认识的加深与扩展，才产生了环境艺术材料馆学研究的必要性，才有了环境艺术材料馆经验的升华，才有了环境艺术材料馆学理论的出现和环境艺术材料馆学知识系统化的开始。三是环境艺术材料馆学研究对象的确立。

4. 确定学科的逻辑起点是构建学科理论体系的关键

逻辑起点决定学科内在逻辑展开顺序的合理性，它贯穿于学科的始终。构建学科理论体系，关键就在于确定学科的逻辑起点。所谓逻辑起点，就是思想、思维的起点，是构建该学科理论体系结构的出发点。作为构建学科理论体系逻辑起点的概念，必须符合以下几个规定。

首先，作为逻辑起点的概念必须是科学的概念。

其次，作为逻辑起点的概念必须是学科概念中最基本、最简单、最抽象的概念。

再次，作为逻辑起点的概念必须是包含了所有研究对象的一切矛盾的"胚胎"和"萌芽"的概念，从这个概念出发，可以推演出学科理论体系中的所有概念和关系。

最后，作为逻辑起点的概念必须能体现逻辑与历史的统一。

综上所述，我们认为环境艺术材料馆学理论体系的逻辑起点是环境艺术材料馆问题。那么，这一概念是否符合一门学科的逻辑起点所必须具备的规定性呢？答案是肯定的。

首先，环境艺术材料馆问题是一个科学概念，它所反映的是现实的客观存在，具有明确的内涵和外延，是广为人们接受的概念。环境艺术材料馆问题在环境艺术材料馆学理论体系中居于核心的地位，起着基础性作用。

再次，环境艺术材料馆问题包含了环境艺术材料馆学一切矛盾的"胚胎"和"萌芽"。"任何学科都是与解决问题离不开的，它由问题产生，又为解决问题而定。"由此我们可以推演出环境艺术材料馆的本质、环境艺术材料馆的基本规律等一系列概念，从而使环境艺术材料馆学研究的各个组成部分形成一个较为完整的、不可分割的理论体系。

5. 逻辑分析、归纳法等思维过程是构建学科理论体系的主要手段

我们把学科理论体系中最抽象、最简单的概念作为构建学科理论体系的逻辑起点，相应地，我们把与之相对应的最具体的概念、原理称之为逻辑终点。从逻辑起点向逻辑终点，即从最抽象的范畴向最具体的概念推进，必须通过分析、综合、归纳、演绎等思维过程，推演出一系列中介概念，使理论体系的构建沿着最抽象的概念这个逻辑起点，经一系列中介概念

到达逻辑终点，同时找出概念间的相互关系、原理间的必然联系，从而构建起学科的理论体系。

在构建学科理论体系的过程中，分析、综合、归纳、演绎等思维过程都起着重要的作用。我们通过归纳、分析、综合对经验事实进行整理总结，形成学科理论体系赖以建立的基本概念和基本原理，又通过分析、综合特别是演绎推理，揭示概念间的相互关系和原理间的必然联系，从而构建一个逻辑严密的理论体系。

6. 环境艺术材料馆学的学科理论体系框架

根据上述分析，我们认为，环境艺术材料馆学的理论体系框架应是一个由环境艺术材料馆学基本原理、环境艺术材料馆系统、环境艺术材料馆实践过程、环境艺术材料馆学研究方法论四个部分组成的完整结构。其框架可用图1表示。

需要指出的是，我国环境艺术材料馆学理论体系的建构才刚刚起步，还处在从空白到不断发展和完善的过程中。我们所提出的理论体系具有初探性质，只是提供一个探讨环境艺术材料馆学理论的视角。

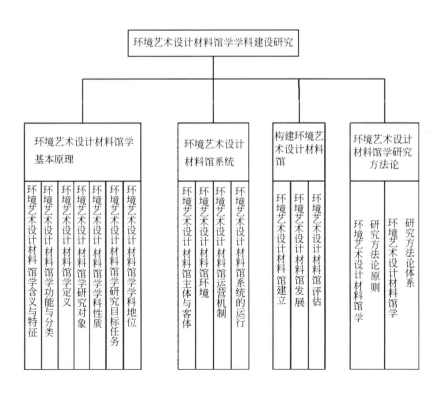

图1 环境艺术设计材料
馆学学科理论体系(自制)

参考文献

[1] 滕菲著. 材料·艺术·设计. 青岛：山东青岛出版社，1999：68-71.

[2] 中国20世纪雕塑编写组. 中国20世纪雕塑. 南昌：江西美术出版社，2002：102-106.

[3] 陈璐. 材料·观念·艺术语言. 常州技术师范学院学报，1999（3,5）：26-30.

[4] 腾菲著. 材料新视觉. 长沙：湖南美术出版社，2000：102-110.

[5] 建筑材料咨询研究组. 建筑材料咨询报告. 北京：中国建材工业出版社，2000.11-12.

[6] 吴慰慈. 图书馆学理论与方法. 北京：图书馆出版社，1985.

[7] 金恩晖. 图书馆学引论. 北京：学苑出版社，1988：30.

[8] 吴慰慈，邵巍. 图书馆学概论. 北京：书目文献出版社，1985：254.

[9] 北京大学，武汉大学图书馆学系. 图书馆学基础. 北京：商务印书馆，1981：266.

[10] 局文骏. 概论图书馆学. 图书馆学研究，1983(3).10-18.

[11] 黄葳. 教育法学，广州：广东高等教育出版社，2002：1-2，8-12.

[12] 李向北，漆德琰编著. 现代环境设计(美国 加拿大篇). 重庆：重庆大学出版社，2000：67-73.

[13] 潘吾华编著. 陈设设计. 北京：中国建筑工业出版社，1998：78-84.

[14] 吴家骅. 发展中的中国环境艺术. 室内设计与装修，2003（1）：13-16.

[15] 李砚祖著. 工艺美术概论. 北京：中国轻工业出版社，1999：98-103.

[16] 布正伟著. 自在生存论. 哈尔滨：黑龙江科学技术出版社，1999：45-50.

[17] (德)阿·若伊曼编. 材料和材料的未来. 李立新，陆中正译. 北京：科学普及出版社，1999：67-73.

[18] 马新力. 当代教育经济学研究. 天津：天津人民出版社，2003：203-210.

[19] 丛敬军. 当代信息素质教育学研究领域的基本架构. 原生文献专栏，2003（9）：55-62.

[20] 朱国仁. 关于高等教育学的研究对象、体系与方法的思考. 教育研究，1999（2）：44-47.

[21] 李硕豪，闰月勤. 高等教育学理论体系研究之研究. 江苏高教，2004（5）：32-36.

[22] （英）切克兰德著. 系统论的思想与实践. 左晓斯，史然译. 北京：华夏出版社，1990：59-83.

[23] 拉波波特·阿纳托尔著. 一般系统论：基本概念和应用. 钱兆华译.

[24] 许培玲. 图书馆学研究方法的哲学思辩. 图书馆学通讯，2003（6）.

[25] 黄宗忠. 图书馆学导论. 武汉：武汉大学出版社，1988：398.

[26] 丁道谦. 图书馆的未来：评"图书馆消亡论". 图书馆论坛，1999（2）：25-27.

[27] 郑君生，霍国庆，韩起来. 知识经济与21世纪的图书馆. 图书馆学刊，1999（7）.

[28] 任杰，蒋正武. 2004-2010上海建材发展战略研究报告，北京：中国建材工业出版社，2005.

[29] 刘心武. 材质之美. 北京：中国建材工业出版社，2004.

[30] 中国建材专业编委会. 中国建材市场年鉴. 北京：中国建材工业出版社，1997-2005.

[31] 吴家骅. 环境设计史纲. 重庆：重庆大学出版社，2002.

宋树德 / Song Shude

（东华大学艺术设计学院，上海，邮编：200051）
(Art and Design Institute, Donghua University, Shanghai 200051)

视觉环境系统控制方法浅析

Analysis of Vision Environment System Control

摘要：

当前环境艺术设计审美意识重心，已从单纯追求形式美感转向以人为主体的人性心理的空间意境创造，强调人的参与和体验。视觉是人们最为敏锐、准确，接受信息量最大的感知方式和知觉工具。为此，视觉环境对人们空间感受的构建尤为重要。

然而由于社会分工的惯性思维、点性思维，使得许多环境艺术设计作品不能创造良好的空间意境。为此我们要用系统论的思想认识，指导环境艺术设计，使视觉环境的研究与应用更贴近人对真实环境的体验与追求，从而创造良好的视觉环境系统、良好的空间意境。

Abstract:

The current environment art design esthetic consciousness center of gravity changed from the pure pursue form esthetic sense to the artificial main body human nature psychology spatial ideal condition creation, emphasizes human's participation and the experience.

However, due to the division of social inertia of thinking and point thinking, many of the environmental arts design work will not create room for good moods. We must use the system theory for the ideological recognition to instruct environment art design, causing the research and the application of vision environment close to the true environment experience and the pursue of people, thus creates the good vision environment system and the room for good moods.

关键词：环境艺术设计　环境艺术系统设计　视觉环境设计　视觉环境系统
Keyword: environment art design, environment art design system, vision environment design, vision environment system

　　环境艺术设计，是一个具有中国特色的专业。从1988年国家设立专业目录以来至今已有近20年的历程。环境艺术设计在经历了信息时代的初期阶段后仍然受到青睐，而且更显方兴未艾之势。然而，问题如影随行，社会、政府甚至从事环境艺术设计的工作者都对环境艺术设计充满了疑问——环境艺术设计是室内设计？是建筑设计？是景观设计？是雕塑设计？……

一、环境艺术系统设计

1. 环境艺术设计

美国《环境设计丛书》的出版者理查德·多伯指出："环境设计是比建筑范围更大，比规划的意义更综合，比工程技术更敏感的艺术。这是一种实用的艺术，胜过一切传统的考虑，这种艺术实践与人的机能密切联系，使人们周围的物有了视觉秩序而且加强和表现了人所拥有的领域。"

从设计的角度看"环境"，主要是指人们在现实空间中所处的各种空间场所。广义上空间与场所可以涵盖我们所生存的整个世界。狭义上讲，人们在现实空间中所处的各种空间场所，由建筑内外空间可以界定为建筑外环境设计和室内设计。因此，环境艺术设计狭义上讲即是——在考虑环境保护的要求和功能需求的基础上，对建筑外环境和室内环境的美的创造。环境艺术设计的根本目的是:为人们的生活提供一个理想的，合乎人们生理和心理需求的高品质的生存空间。环境艺术设计的概念，从宏观上看它涉及整个人居环境的系统规划，在某一区域方面则关系到人们生活与工作的不同场所的营造，它具有多学科性、多层次性、设计要素的相互关联性、实用性、公众共同参与性等特征。

"美得之于形式，亦得之于统一。即从整体到局部，从局部到局部，再从局部到整体，彼此相呼应，如此建筑可成为一个完美的整体。在这个整中，每个组成部分彼此呼应，并具备了组成你所追求的形式的一切条件。"——意大利文艺复兴时期伟大建筑师帕拉第奥。（A.Palladio，1508–1580）

由于社会分工的惯性思维、点性思维，致使环境艺术设计没有在理论上和方法上形成一个系统体系。系统的总设计行为的缺失，使得各单体专业设计行为各自为政，整体无系统性。这导致项目的设计考虑全局性不周，整体性不强，科学的内在联系不够，各单体设计都不能得到最大限度的、统一在整体下的优化设计。设计品位和文化底蕴低下以及设计资源、物质资源、人力资源等大量的浪费成为环境艺术设计中的一种普遍现象。要解决这些问题我们必须用系统的观点、方法来认识、指导环境艺术系统设计——进行环境艺术系统设计。

2. 系统论的导入

系统论是研究系统的一般模式、结构和规律的学问。通常把系统定义为:由若干要素以一定结构形式联结构成的具有某种功能的有机整体。系统论的基本思想方法，就是把所研究和处理的对象，当作一个系统，分析系统的结构和功能，研究系统、要素、环境三者之间的互动关系和规律性，以实现系统的最优化。它强调要素与要素、要素与系统、系统与环境三方面的关系。

正所谓"不识庐山真面目,只缘身在此山中"。系统论的核心思想是系统的整体观念，它并不是一开始就想方设法靠近事物去解剖事物的各条脉络，而是采取后退远观的姿态以获得对事物的整体概念，并看清楚事物内外各要素之间的相互关系，以把握全局的心态再去接近具体问题。这样一个以退为进的思想方法，是全面认识事物的有效手段。

环境艺术系统设计即把环境艺术设计过程看做一个有机的整体，在一定层次结构的基础上，整体的把握各种设计元素，处理好元素之间、元素与整体之间、整体与环境之间的关系，从而优化系统功能、对人类生存环境进行美的创造。其元素包括：城规建筑设计、园林广场设计、雕塑与壁画、环境艺术品设计等建筑外环境设计以及家具设计、室内空间设计等室内设计。各个元素的组合可以构成环境艺术系统设计的子系统，如功能设计系统、环境设计系统等。

环境艺术系统设计的目标即：环境系统功能的最大优化和对人类生存环境的美的创造。

整体观念，是环境艺术系统设计的核心观念。环境艺术系统设计要经历一个由整体到局部、由局部到局部、再由局部到整体的过程。这个过程，在环境艺术系统设计的各个阶段中是交叉存在的。

二、视觉环境系统

环境艺术设计要为人们创造优美！当前环境艺术设计审美意识重心已从单纯追求形式美感转向以人为主体的人性心理的空间意境创造，强调人的参与和体验。而人们是通过感官——视觉、嗅觉、触觉等来认知外在世界并形成心理感受的。其中，视觉是人类在认识世界，获得信息最重要的一种感知方式，也是人类接受信息量最大的一种知觉工具。视觉艺术语言的载体，是二维、三维空间的物质；视觉艺术语言的表达方式，是以各种点、线、面、体、肌理、色彩等视觉形态之间的有效组合和调节来表达信息内容。视觉传达设计以往多属于平面形态的设计范畴，很少考虑环境或场所的因素，而当今的环境艺术设计主要以环境空间功能和空间形式意义为主，将环境和视觉纳入一个整体进行系统研究的并不多见，视觉环境是将两者进行结合的一个完整概念。

从概念上讲，视觉环境系统是指在特定的环境中，表达形象、内容、性质、以及方向等功能，以图形、文字、色彩等各种视觉形态构成的视觉图像系统设计。它是构成城市环境整体的重要部分，融环境功能和形象工程为一体。

从广义来讲，一切具有空间要素、传达空间概念的视觉符号和表现形式都可以看做是环境视觉系统的一部分，其形式包含图形、色彩、光影、雕塑、建筑等，范围极其宽广。从狭义来说，环境视觉系统的概念分为三个部分：一是指具有各种视觉形态的图形符号；二是指这些图形符号在环境空间中的构成与表现及其产生的视觉效果；三是指这些在环境中应用的视觉符号所具有的功能及其产生的社会影响。在这三部分中，前者从平面形态入手，注重文字、图形、色彩等视觉元素之间的搭配运用，中者是从空间环境与产品造型的角度来研究，着眼于材质、灯光、造型、地理位置、艺术表现等因素，使平面形态能有效地融入到整体环境之中；后者更多地从社会与文化的角度来考虑，环境视觉设计具有哪些功能与作用，它对于城市建设、社会发展、人们的物质和精神文化究竟会产生怎样的影响和改变。在环境视觉设计过程及实际应用中，这三者之间既相对独立又紧密联系，彼此协调发展，形成一个丰富而完整的系统。

三、视觉环境系统控制

视觉环境系统不但重塑环境的个性，引发出环境的灵性，更与周围环境巧妙地融合在一起，创造出新的含义。在具体的设计创作中，对视觉环境系统的控制可以从以下四点着手。

1. 主题性创作构想

在进行环境艺术设计作品创作时，往往要根据特定的空间、环境来考虑设计的主题性、艺术性。主题的内容是十分广泛的，设计师可以结合设计对象的具体行业属性和特点、地理位置特征和历史文化等因素，寻找艺术灵感的激发点，找到独特的创意和设计理念。例如在全国各地的每一家麦当劳都有一个视觉形象主题，以悬挂在墙体上的大幅图像为表现形式。各种不同的鲜花、各个历史时期的火车图像、各种不同表情的人脸等，这些图像不但起到良好的装饰作用，营造出舒适的就餐环境，同时也起到区分与识别的作用，赋予每一家餐厅独特的个性。另外，全球闻名的迪斯尼乐园，其不同的主题公园就是根据一部部著名的迪斯尼动画片建造而成，其相关的设施、人物形象、娱乐活动等都与动画片的内容和场景息息相关，这种主题性创作的灵活性和多变性成为进行视觉环境系统控制的重要手法之一。

2. 主体明确

主体表现较明确，背景相对弱；主体相对于背景较小时，主体总被感知为与背景分离的单独实体；主体与背景相互围合或部分围合并且形状相似时，主体与背景可以互换。这便是主体与背景关系的一般规律。如中国苏式园林室内漏花窗，图案黑围白或白围黑，主体与背景相映成趣。在环境艺术系统设计中要时刻保持整体观，有意识地处理好主体与背景的关系，有助于强调设计表达的主旨，突出整体布局中的"趣味中心"，营造出层次分明、协调共融的视觉环境。反之，不重视主体的设计常易造成消极的视觉效果。

3. 人性的关怀

后现代主义提出"一切设计都应以人为中心"的设计理念。在人们对空间感受的构建过程中包含许多非理性成分，其中包括人的各种主观情感、欲望和冲动。人的这种自我超越性和自我装饰倾向都是促成设计文化生生不息地产生和更新的精神动力。视觉环境设计不仅要给人们带来视觉上的享受，更应该注重从人性的角度，满足人们各种生理和精神的需求。例如KTV、酒吧等娱乐场所，强烈的色彩对比与绚烂的灯光交相辉映，不论是顶棚、地面、墙体、吧台还是表演舞台往往都装饰以造型夸张、鲜艳大胆的图形，配合流动闪烁的灯光，营造出一个动感迷幻的极乐世界，这种视觉氛围的营造使各色人群从中获得巅峰的娱乐效果，正好契合现代人类彻底解放自我、获得自由、从中寻找快乐的心态与自由。

4. 个性与风格的表现

现在流行文化大行其道，这不仅仅是一种单纯的物质经济现象，而是以复杂的思想、心态和情感结构为基础而形成和发展的社会文化运动。在这场运动中，不管是个人还是群体，都存在着各种主动表现自身个性的现象。一方面，个人或群体受到流行文化的影响，不断形成和重塑自身的个性；另一方面，流行文化也由于群体喜好的改变而发生变化，产生新的流行风格。这种个性与风格的不断变化常常在第一时间在我们周围的环境中得到反映，最典型的莫过于展示流行产品的各种时尚橱窗，它如同一面镜子，映画出流行时尚百变的面孔。例如最新一季的流行服饰，不同的品牌，不同的产品具有不同的个性。每一款具有独特风格的造型、色彩、图案都通过精心打造的橱窗得以展示，更多情况下，整个专营店室内空间就是一个完美的个性展示舞台，各种不同风格的视觉元素得以合理地利用与安排，并发挥出最佳的视觉效果。

四、结论

我们要用系统论的思想认识，指导环境艺术设计——进行环境艺术系统设计。从整体上把握环境艺术设计，从而优化系统功能、对人类生存环境进行美的创造。视觉环境系统的控制，于我们生活环境的改善及社会文化发展都具有重大意义和广阔的发展前景。当今的设计师应更加重视良好视觉环境系统的创造，使视觉环境的研究与应用更贴近人对真实环境的体验与追求。总之，在环境艺术系统设计的过程中，要高屋建瓴地撷取创新的启示，必须把目光从单个要素(如公园绿地、山水、光、色)上移开，站在整体的角度，对各构成要素间的关系进行一次共时性的，即整体和系统的研究，才能找到其中具有本质性的创作规律。

参考文献

[1] 王峰.环境视觉设计.北京：中国建筑工业出版社，2005.

[2] (美)阿诺德·伯林特著.环境美学.张敏，周雨译.长沙：湖南科学技术出版社，2006.

[3] 吴家骅.环境设计史纲[M].重庆：重庆大学出版社，2002.

[4] 朱铭主编.环境艺术设计[M].济南：山东美术出版社，1999.

[5] 鲍诗度.论环境艺术系统设计·融合.南昌：江西美术出版社，2006.

崔晶晶 ／ Cui Jingjing

(东华大学艺术设计学院，上海，邮编：200051)
(Art and Design Institute, Donghua University, Shanghai 200051)

教学中如何平衡"中国化"与"去中国化"
——对中国设计走向国际的思考

How to Balance "Too Chinese" and "No Chinese" in Design Education
— The Consideration about Internationalizing "China Design"

摘 要：

中国改革开放之后，社会的发展对设计人才的需求日益增加，设计教育像雨后春笋般迅速成长，却打上了"功利"的烙印。致使做出来的设计过于"中国化"或"去中国化"，即不是明显带有西方色彩，就是对民族式样的曲解和直接借用，对民族文化的理解太过肤浅。纵观中国设计教育主要存在以下问题：对文化传承和人文关怀没有足够的重视，设计实践的缺乏以及现行的课程安排不合理等。这需要进行一系列的改革探索，如学科的合并、交叉合作、课程体系的改革，学科的改造等，才能适应21世纪的人才需求。

Abstract:

After China has started its open policy, the design education grows rapidly. The society demands more and more design talented person day by day. However, the design education has gotten "the utility" mark so that some of their works are "too Chinese" and some are "no Chinese". This is the question, we can not only design like Westerns' design, we need to learn and use more about our national culture. Our national design education mainly has some following questions: we did not pay enough attention to the cultural inheritance and the humanities concern, the education lacked practice experiences and so on. We need to carry a series of reform exploration, such as the discipline transformation to adapt to the demand of talented person in 21st century.

关键词： 设计教育　区域优势　传统文化传承
Keyword: design education, area superiority, traditional culture inheritance

一、现状的思考

目前中国的设计教育发展迅速，规模日益庞大，中国也在实现从"制造大国"到"设计强国"的发展，但是由于中国的设计教育从开始之初就一直重在引进和学习西方的体系、方法和手段，对中国传统文化的传承所用的精力却显得明显不足，致使中国设计不是明显带有西方色彩，就是对民族式样的曲解和直接借用，对民族文化的理解太过肤浅。例如简单地在招贴上画一两个京剧脸谱，把包装换成瓷瓶，在高层建筑上盖上一个琉璃瓦顶等。放眼于国际设计大舞台，如此"中国化"的设计很难得到认同，老外同行的评价无过于两个字"too much"（太过）而无法接受。为何到现在中国都没有一个真正的设计大师"出世"？中国向来不缺人才，关键是教育。纵观国际知名艺术院校，它们在成立和发展过程中不断调整自己的办学特色，或根据所在地域的特点，结合本校的办学优势以及社会需求、培养目标来确立办学理念。然而在国内，并未很好地做到这一点，导致培养出的设计人才与社会脱节，做出来的设计都过于"中国化"或"去中国化"。

到底怎样看待和结合传统文化，做中国设计？把中国传统中的符号、思想、价值感、行为模式加以重组改造，却让人感到传统艺术中的负荷太重，难以找到自我，难以创造发挥。但是换个角度例如站在哲学的高度理解传统文化，全面了解古代设计艺术产生的地域环境、人情风貌、经济基础、技术条件等外部制约因素，明确各个时期不同需求与各种制约条件之间的矛盾，真正理解古人的设计艺术活动和文化创造。古代的艺术家认为艺术创作的奥秘在于主体情思与客体景物的交融合一，在于个人内在生命力搏动与外在自然界生机活力的交感统一。从其作品中即可感知其当时的内心精神、内在生命力。因此古代艺术家还特别重视个人修养的功夫。传统儒家政治伦理色彩浓烈，功利主义倾向明显；而道家则强调自然生命的存在，有超功利的倾向。二者既互相对立，又彼此补充，始终影响着中国文化前进发展的方向。总之，中国传统文化博大精深，中国艺术史浩如烟海，上下五千年从宫廷到民间，我们不可能让学生像专业学者一样去研究它们，而是应该学思想、学方法，特别是要领会中国传统的哲学思想，以及中国传统艺术设计中包含的意境、形式、工艺、构成等。

二、对其他民族设计的分析

任何一种所谓的"国际化"的艺术设计，都不可能脱离其赖以生存的民族文化土壤和根基。"民族性"是艺术设计的灵魂，继承的目的是为了超越和创造。没有民族灵魂的设计作品最终是无法矗立于世界设计之林的，"大民族才是真正的国际化"。因此，研究和借鉴国际上其他民族的设计，对我国设计及设计教育的发展有重要作用和意义。

意大利的设计是值得我们所借鉴的，热情奔放。它也有自己悠久的历史和传统，古罗马建筑风格，文艺复兴绘画……也许有人认为，如今源自意大利的设计大多却是如此的现代，找不到丝毫意大利传统的身影等，但真正的传统不是显性的，意大利人做设计始终遵循的是以创造力和审美感知为基础的文艺复兴传统，也就是利用科技的最新成果，但又保留手工技术和具有鲜明的意大利民族特征和文化特色。德国是现代设计诞生的国家，德国的现代设计具有自己鲜明的特色和风格。其设计风格受其严谨的哲学思维方式影响，富于理性设计的传统特征，这与德意志民族的文化传统和文化情调有着密切的关系。日本的艺术设计融汇了大量的日本传统文化视觉元素，同时又带有强烈的时代感，形成了独特的"日本味"。他们意识到弘扬本民族文化传统的重要性，如强调平面性，注重留存空间，追求平淡内敛的阴柔美的意境等。因此，日本设计既有强烈的国际语言和时代感，又蕴含着深邃的东方文化精神。揣摩着"日本味"的成形，其中最重要的是日本这个民族强烈的本土归属意识和他们特有的集体理念——这种意识能够催生共同的精神、近似的品味。法国的艺术设计呈现着一种融设计与艺术精神于一体的鲜明特色。我们从法国设计大师的作品中也可明显地感觉到法国的人文精神以及幽默、风趣、自由、浪漫的传统文化气息。从芬兰、瑞典、丹麦等北欧国家的设计作品里我们同样可看出其社会、历史、人文思想、传统文化、民族特色等在作品背后振荡的涟漪。人道主义的设计思想、功能主义的设计方法、传统工艺与现代技术的结合、宁静自然的北欧现代生活方式，这些都是北欧设计的源泉。分析以上各国案例，对中国当代设计的定位和腾飞具有重要的启迪意义。面对先人留下的博大精深的中华民族文化和文化元素，如何在弘扬中华人文精神的基础上，努力开掘传统文化，合理地对传统艺术进行发掘、提升与利用，深刻地理解民族文化精神，创造出既具有鲜明的中国气派，又具有国际地位的中国当代设计，是摆在当下艺术设计及艺术设计教育面前的重要课题。

三、专业及课程设置探讨

1. 注重地域特点的专业设置

中国地域广袤，不同的院校应结合地方特色和当地产业优势，发展强势专业，同时，注重中国传统文化、民族文化、地域文化与专业教学的结合，建立具有一定广度和深度的知识平台。注意传统工艺文化的发扬，以陶瓷为例，陶瓷起源于中国，但如今的陶瓷工业已经被西方主导，西方陶瓷无论在材质范围、工艺手段、形式语言和个体精神表现等方面，都大大

图1 国内部分高等艺术院校、地域文化、传统工艺

超越了中国，使得国内陶瓷市场上，布满了西方陶瓷的参照物，陶瓷产品设计能力弱已经成为制约中国陶瓷业发展的瓶颈。反观西方院校陶瓷专业教育，演变得非常完善和系统；而中国的陶瓷设计专业却渐渐萎缩成工艺美术专业的一门课程，用来给学生们陶冶情操和发挥想像，向手工业小作坊发展。从某一角度可以说，是院校的专业设置不合理，导致了陶瓷工业的萎缩。挽救中国传统文化刻不容缓，根据中国传统的"上有好之，下必兴之"的原理，中国几大所高等艺术院校应该带头将专业与地域文化、传统工艺结合，才能在中国掀起一阵设计教育改革之风，带动普通高校、技术院校的设计专业重拾传统，将其改良，融入现代化设计。

学生通过学习，了解中国传统艺术设计中包含的意境、形式、工艺、构成等，这些都可以为学生的未来打下坚实基础，潜移默化地影响他们将来的设计，创造出独特的中国风格。图1演示出了中国大陆传统民俗文化的区域划分，以及相应的高等艺术院校所在。这仅仅是一个概念性说明，中国传统文化博大精深，从宫廷到民间，从阳春白雪到下里巴人，无法一一列举，不同的院校应结合地方特色和当地产业优势，发展强势专业。

在全球经济、大工业潮流中，各国相互交流、相互吸引、相互竞争的同时，越来越多的国家注意到，并研究自身的历史传统和经济、政治、文化背景，保持本国教育的民族特色、地方特色。我们知道，教育的功能及导向作用是很重要的，导向功能的第一个方面就是对传统的认识与态度，也就是教育要立足并植根于民族传统文化的精华。

2. 注重人文知识的课程设置

关于课程设置，以美国为例，分为普通文化课（公共基础课）、专业基础课、专业课以及跨学科课，即新型的、跨学科的、边缘学科的，学生必须选修本科以外的课程，以便优化知识结构。关于文化素质修养选修课，国内大致有九种课程：①人文科学类：大学语文、中外文学赏析、古典诗词鉴赏、中国旅游文化、西方文化论等。②社会科学类：经济学概论、管理学概论、公共关系学、心理咨询、社会学等。③自然科学类：普通物理学、化学、生物学、科学学、科学研究方法论。④数学类：数学方法论、预测与决策、运筹学的方法等。⑤思想政治类：马克思主义名著研读、社会主义和资本主义比较研究等。⑥语言类：英、日、俄、法、德语等。⑦艺术类：音乐基础与欣赏、欧洲音乐欣赏、中国民乐舞蹈欣赏、戏剧欣赏、书法与中国画欣赏、欧洲古典美术、雕塑欣赏等。⑧体育卫生类：大学生健康、武术、健美操、各种棋类等。⑨其他类：思维方法、学习法、演讲与口才、广告学、摄影等。教学内容应根据不同地区、不同学校、不同学生的特点，因地而宜、因校而宜、因人而宜。只有提高学生在文学、艺术、哲学等方面的综合修养，使其具备了扎实的文化艺术基础，设计者才能看到物质形态背后的东西，才能对一个设计项目有一个全面、深刻的把握。

第二阶段培养，以案例教学的方法为引导，将实践环节贯穿其中，淡化单一的课堂作业的形式，提倡实战课题的训练。学校可以和设计单位合作，拿出实际案例，对于传统文化及人文关怀的重视体现在第一个环节：调研。学生要强调从文化中汲取灵感，而并非看了别人的设计；要用生动传神的篇幅文字或画面演示，而不是仅仅一句话的陈述；要让人体会到蕴含的丰富内涵，而不是自以为是的理所当然。然后才进行到下面的设计构思、方案等阶段。培养设计师应该具备的基本才能：良好的艺术修养和文化功底、敏锐的感觉、扎实的专业基本功。

四、结论

中国设计，不应该是那种有着中国传统符号等明显印记的让人一眼明了"中国"的设计；它应该是由中国本土设计师由于地域、思维、生活方式影响而自发形成的一种风格。它的"中国味"应该深入精髓，而不是停留在表面。这需要设计师对本土文化进行深层次的挖掘，使创作的设计带有本民族的思想理念及独立的表达能力，通过这样，才令人们感受到中国国际化的"大民族设计"。设计教育应该秉承这一理念，中国设计才能振兴。

参考文献

[1] 张岂之主编.中国传统文化.北京：高等教育出版社，1994.

[2] 胡锦涛.世代睦邻友好共同发展繁荣.光明日报，2003-5-29 (1).

[3] 张向达.国外高等教育改革研究.东北财经大学学报.

[4] 鲁道夫·阿恩海姆著.视觉思维.腾守尧译.成都:四川人民出版社,1988.

高银贵 / Gao Yingui

（东华大学环境艺术设计研究院，上海，邮编：200051）
(Environment Art Design Academe, Donghua University, Shanghai 200051)

历史文脉在景观设计中的应用研究

Study on the Application of History Context in Landscape Design

摘要：

文章通过对景观设计的相关理论知识及发展概况的理解，并结合对历史文脉的剖析，论证了历史文脉的多样性、地域性及其价值：它是现代景观设计中必备的一个因素。同时结合设计符号的相关理论，将历史文脉通过符号的形式应用到景观设计中。

通过相关理论知识以及对江阴市敔山湾定山湖湖区景观设计项目的分析，总结出历史文脉在景观设计的应用方法："源"——历史文脉元素的提取、"构"——历史文脉元素符号化、"精"——符号化元素的具体应用、"神"——文脉元素特色的强化这一大致的步骤。

寻找当代景观的表现形式，需要更加关注设计所在区域的地域特征，系统地研究传统设计，同时还要发展和突破传统，在把握传统设计符号的同时，不断给这些符号注入新的内涵，在继承的基础上不断创新，将传统设计与现代设计有机地结合起来。

Abstract:

Through the comprehension of the theories and the development general situation of the landscape design and the analysis of the history context, The article arguments diverseness, region and its value of the history context: It is an essential factor in the modern landscape design. In the meantime, combine the related theories of the design semiotics to opply the history context to the landscape design through the form of the sign.

Form related theories and the analysis of the landscape design item of Yushan Gulf Dingshan lake in Jiangyin City, it tally up the applied method that the history context in the landscape design: "Source" —he abstract of history context element, "Constitution" — "the sign turn of history context element, "Essence" —the concrete application of element that is signed turn, "Verve"、the enhancement of the the context chemical element's special features.

Looking for the manifestation of the contemporary landscape, it need to pay more attention to a region characteristic of the district of design, research systemic on tradition design. In the meantime, it need to develop and breakthrough the tradition, infuse into a new connotation for these signs continuously at the time of holding the tradition design sign, be inherit of the foundation is continuously creative, put the traditional design with modern design together.

关键词： 景观设计　历史文脉　设计符号　创新

Keyword: landscape design, history context, design semiotics, innovation

一、引言

随着社会的不断发展，景观受到了人们越来越多的关注。面对经济的不断发展、而环境却不断恶化的局面，景观设计就显得尤为重要。在全球一体化的格局下，不同文化背景下的景观设计者将其设计理念"统一"为一种放之四海而皆准的模式，大量相似的设计层出不穷。他们将自身的文化理念，强加到不同地域特色的设计当中，导致了现有景观设计存在极大的问题。

飞速发展的中国现代景观设计存在大量西方化、雷同化、平面化、概念化、图纸化等一系列的问题。随着全球一体化进程不断加快，景观设计中如何保留地域特色以及对于传统元素的演变和发展问题是我们现在所面临的主要问题。景观设计内容单一、缺乏特色，缺乏长远规划，缺少科技特色，缺乏人文精神，忽视人的艺术心理需要，缺乏整体性；城市建设品位不高，先进的设计思想得不到体现；对于景观的建设、发掘、科研缺乏深层次的思考与发展，整体认识流于一般的表象，没有从内在的文化角度去进行思考；对景观中所蕴含的历史元素得不到合理、科学的利用，无法创造出优美、独特的环境。种种存在的问题有待进一步的改善。

二、景观与历史文脉概述

作为一个庞大、复杂的综合性的边缘学科，景观设计的出现至今有近一百年的历史。景观设计是一种具有时间和空间双重性质的创造活动。它随着时代发展而发展。每个时代都赋予它不同的内涵，提出更新、更高的要求，它是一个创造和积累的过程。

景观的设计程序主要包括：项目规划阶段、用地分析与市场分析阶段、概念性规划草案阶段、概念性规划方案阶段、详细规划阶段、报批与融资阶段、场地设计方案阶段、场地设计初设阶段、场地设计施工图阶段、施工配合阶段。现代景观设计正朝着智能化、主题化、艺术化、多样化的方向发展。设计师必须要全面了解现代景观设计需要承担的全部责任，突破围墙营造环境，关心城市尺度、肌理，从生态角度引导城市建设，使从单一功能角度出发的景观设计更具有人文色彩。

随着时间的推移和历史的演变，过去积淀下来的事物成为今天的历史，它以绘画、雕塑、古迹、古物、文献、传说、音乐、民谣以及风俗等形式出现，唤起现代人对过去的探知、记忆与省思。景观设计活动配合人的思想、人的情感、人的行为，凭借设计物所传达出的文化符号形态，最大限度地构建高品质的人性化特质和文化价值的取向。景观设计应当尊重历史文脉，顺应原有的地域肌理，把握与提炼地域特色与文化传统，并从现代生活中汲取活力，使文脉成为景观的生命，在景观设计进程中延续并发展。而文脉的特征是相互交织的，具有寻根意识，并意味着不断的发展。景观设计经历了一百多年的发展，更加注重人、历史文脉、自然的和谐。认识现代景观设计的发展趋向以及历史文脉因素的重要性对景观设计实践具有极为重要的指导意义。在新的环境建造的过程中需要运用现代化的手法糅进民族的、传统的历史文脉因素。新的环境应该传承我们自己的文脉，表现我们自己的场所精神。

历史文脉本身的历史转型及其内在的文化逻辑的变化是从符号的发展、演化、更替开始的，景观设计艺术的历史文脉因素也是通过符号传达给人的。探讨历史文脉在景观设计中的应用从符号学角度出发是完全切实可行的。文化的本质就是借助符号来传达意义的人类行为。符号具有认知性、普遍性、约束性、独特性的特点，其在景观设计所蕴藏的精神含义研究中起着重要的作用。

三、定山湖湖区景观设计对历史文脉的应用

实践是检验观点的最有力的工具，一切观点的提出都要在实践中进行检验，进而对观点进行修正和改进。通过对实际景观设计项目的具体操作设计，对历史文脉的应用进行求证，进而总结出一种可应用的方法，对以后的景观设计实践有着重要的意义。

在江阴市敔山湾定山湖湖区景观方案设计的过程中，景观的整个设计步骤将历史文脉的应用贯穿始终。历史文脉在景观设计中的应用主要遵循了"设计元素的提取、整体设计的构思、具体内容的设计、设计特色的强化"这一大致的设计步骤。历史文脉所表现出"形"、"质"、"色"、"人"、"韵"这五个设计的基本元素始终贯穿全局。本着设计方案突出体现敔山湾地区的地域性特征、艺术性特征、功能性特征的原则，进行了系统化设计（图1）。从而营造出一种"座拥青山观沧海，花开并蒂映日来"的具有灵性的"山、水、人、文"的生活空间。

敔山湾定山湖湖区景观设计对于范围内丰富的历史文化遗存、自然与人文景观资源进行了强化利用，在保持其景观风貌整体性延续的前提下进行人文创新。设计充分挖掘地方风俗习惯，促进文化的多元化延续、传统文化活动恢复的特色民俗文化创新。结合江阴的历史人文建设本地区特色旅游文化，保护和发展地方民间艺术。在敔山湾的设计中保留原有人文遗迹和人文景观，在定山湖景观设计中塑造"定湖十景"，并结合历史传统恢复并创新滨水文化活动；在长山大道西部地区塑造新城区景观文化特色等。同时以公共空间串接山湾及

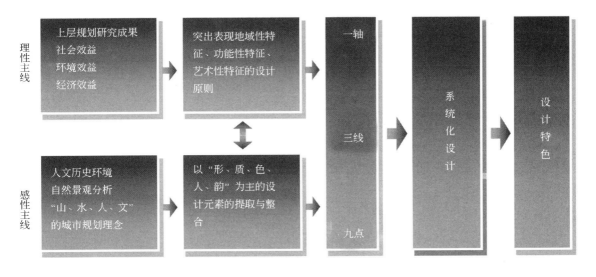

图1 定山湖湖区景观方案的系统化设计

周边地区的各个历史文化、自然集人文景点，使之成为系统完整统一，景观风貌特色鲜明的整体。

四、历史文脉在景观设计中的应用方法分析

敬山湾定山湖湖区景观设计对历史文脉的应用充分体现了景观设计的本地化特色，取得了良好的效果。通过对此次设计的应用分析之后借此总结出了历史文脉在景观设计中的应用方法。即"源"——历史文脉元素的提取、"构"——历史文脉元素符号化、"精"——符号化元素的具体应用、"神"——文脉元素特色的强化这一大致的设计步骤（图2）。

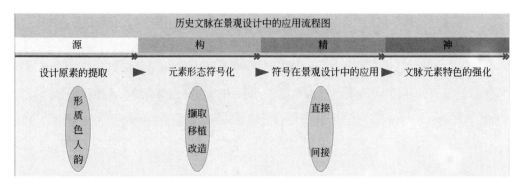

图2　历史文脉在景观设计中的应用流程图

1. 设计元素的提取

提取设计文脉必须先对历史文脉有了相当透彻的理解，才有可能对历史文脉进行归纳、提取，并将所提取的元素符号化，在把符号以合适的手法应用到景观设计当中。经历了这样一个从认识到应用的步骤之后，才能够很好地将历史文脉应用到景观设计当中。

对于景观设计而言，历史文脉的了解应当主要渗透到本地的历史文化等诸多方面：发掘当地的主要的风土人情、地貌特征、名人名胜、气候条件等主要特色，同时还要去了解其深厚的文化层面的一些东西，像风俗习惯、宗教信仰等。找出能够代表该地域特征的一些元素进而加以利用。与此同时，设计师还应当在研究本地文脉的同时，熟知外来的一些历史文化，做到知己知彼，正确地认识自己，研究自己，发展自己，博采众长，融会贯通。

在对历史文脉有了明晰的了解之后，接下来需要的是对掌握的资料进行更进一步的分析，要在立足于本地的历史文脉的基础上，进行历史文脉元素的提取。元素形态的提取主要从"形"、"质"、"色"、"人"、"韵"这几个设计的基本元素出发，分别对所搜寻到的历史元素从其特色的形态、质感、色彩，人物以及意韵进行分别的提取并加以运用。

2. 元素形态符号化

将提取的历史文脉的元素结合实际的景观设计项目运用符号学原理将其符号化，这是相对来说最为重要的一个部分。通过对敬山湾定山湖湖区景观设计流程的分析发现，历史元素的视觉符号既要是立足于传统的、立足于本土的，同时又是立足于现代化的。只有创造性地继承，传统才会有生命力，也只有这样，才能适应时代的不断的发展。处理历史文脉在景观设计中的元素形态的符号化应用，需要很好地处理好历史文脉的继承与创新之间的关系问题，这也一直是景观设计关注的焦点。

景观设计需要在结合原有内容的基础上巧妙地运用新的形式，创造一种合适的设计符号；或者有意识地改变符号间的一些常规组合关系，从而创造出新颖动人的景观作品，这也就是设计上的创新。

（1）撷取

社会要发展，就会有新的设计产生。文脉可以让我们不时从传统化、地方化、民间化的内容和形式中找到自己文化的亮点。一个区域由于自然条件、经济技术、社会文化习俗的不同，环境中总会有一些特有的符号和排列方式。从传统中提取满足现代生活的空间结构，从中提炼一种形意，应用新的手段来表现的中国传统的韵律。使历史文脉元素惟妙惟肖避开了从形式、空间层面上的具象承传，而从更深层的文化美学上去寻找交融点，用技术与手法来表现地域文化的精髓。

（2）移植

历史文脉的"立新"不必"破旧"，关键在于如何将简约而又复杂的文脉，以传统而又时尚的形式，运用于现代景观设计中，从而创造出个性化、人文化的全新设计符号。设计中将历史性的元素选择性地保留，这种保留或是一些实体、或是一种格局。在保留大的格局前提下，对一些细节性的内容或其功能进行再设计。在此只不过将新设计移植给历史性的元素使其获得新生。在东西方文化冲击的现代社会，历史文脉元素通过合理的变化和延续后的符号化，留给我们的是更多的思索与启示。

（3）改造

在对习以为常的事物难以引起足够的注意和兴趣的情况下，将一些常见的符号变形、分裂，或者把代码编制顺序加以改变，就可以起到引人注目、发人深省，加强环境语言的信息传递的作用。符号既根于往昔的经验，又与飞速发展着的社会相联系，新的功能、新的材料、新的技术召唤着新的思想。

总之，历史文脉的视觉符号化需要在原有的传统的纹路的基础上进行再设计，加入现代的设计理念进去，需要给人在传统的基础上有一种全新的视觉感受与更深层次的心理感受。创造一种有文化价值的新元素符号。

3. 符号在景观设计中的应用

新的景观元素符号确定以后，接下来的任务便是以某种方式将这一种符号应用到设计当中。应用的方式是多种多样的，其格局大致可以从四个基本要素来看：点、线、面或体。这四种成分构成了各式各样的景观格局。历史文脉元素符号可以以点、线、面或体的任意一种要素形式出现，或者以集中要素形式结合在一起同时出现。格局的四要素中一种要素孤立存在的情况是很少见的，通常都是组合在一起，而且它们的差异可能是非常模糊不清的。因此，历史文脉的景观元素符号的应用也可能是多种形式的，可以将其应用为一个景观雕塑形式，也可以将其应用在地面铺装上，或者将其应用在平面规划形式上。总之，这种符号可以以任何应用的方式来表现。

设计中对符号的运用有直接和间接之分。从某些作品中可以直接找到符号性的元素，而在另一些作品中却似乎很难发现符号的存在，但这并不意味着这些设计与符号无涉。实际上符号是无处不在的，只是根据需要作用方式不同而已。

这里可以分两种情况来考察这个问题：首先，对文脉符号的直接应用。作品本身就是以符号的形式出现的，以图形为基础，以达意为生命，强调小而精，因此被浓缩得几乎等于符号本身。在这类设计作品中，常常是把几个元素巧妙地组合起来，然后将其简化，得到类似符号的图形，也就是将图形符号化，形成独特的视觉语言。其次是以符号为基本元素的设计，这里的符号可以理解为具有既定含义的图形或实物。

当然，并非所有设计中符号都是明显存在的。相反，大多数设计会以更含蓄的方式传达信息，而符号本身则藏在幕后。换言之，符号可以是一种态度、一种行为方式、一种文化立场等，通过有形的、有效的载体表现出来，而寻找这种载体的过程就是设计。现代都市生活越来越多元化，在城市雕塑中安排那些具有历史感的、为人熟悉的因素，会给人带来平衡感和归宿感。北京王府井步行街上保留完好的一口老井与此也有异曲同工之妙。与北京这些历史名城相比，深圳是一座新兴的、以外来人口为主的城市。为了传达其特有的都市气息，深圳世界之窗前人行道上采用的则是匆匆的行人、拍照的游客等等具有现代感的雕塑小品。不同城市、不同风格的雕塑带给人不一样的都市情怀，这正是设计师将符号语言溶入作品之中的成功典范。

4. 文脉元素特色的强化

保留地域特色以及对于传统元素的演变和发展是现在景观设计所面临的主要问题。现代景观设计应该更多地尊重历史，尊重文化、文脉，这就需要在设计中对其进行有意识的强调。

突出景观设计历史文脉元素的作用，使景观设计具有一种独特的内在个性。在地域特色文化内涵的支撑下，通过适当的设计手法对景观进行表现。景观的设计就会具有一种强烈的地域性特色，能够使景观融入到整个区域的文化当中，成为其不可或缺的一个部分。

在实际的设计过程当中，对符号化的历史文脉元素进行适当的强化主要是指，除了将其应用到景观设计的各个景点的铺装、布局、造景当中，还应当对一些常常会为人所忽视的方面进行强调。诸如景观的导向设计、环境设施设计以及景观的艺术品设计等方面。

鉴于现今景观设计的发展状况，现代景观设计中所面临的最重要和难以解决的问题是如何处理文化因素的表现问题。因此，历史文脉在景观设计中的应用便提上日程。现代景观设计应该更多地注重尺度"宜人、亲人"，尊重自然，尊重历史，尊重文化、文脉。不能违背自然而行，不能违背人的行为方式。所以我们的设计应符合人的行为方式，既要继承古人的思想，又要考虑现代人的生活行为方式，运用现代景观设计素材，形成鲜明的时代感。如果我们一味地推崇古代的元素，就没有进步。不同的时代要留下不同的符号。

五、结论

景观设计中对历史文脉的应用研究在景观设计面临种种困境的今天有着极为重要的意义。中国现代景观设计起步比较晚，而其发展却极为迅速；景观的快速发展使得设计师忽略了设计内在的文化、精神，造成了对景观的设计浮于表面。

而景观设计中历史文脉符号化应用对于解决景观设计存在的雷同化、表面化、形式化起到了积极的作用。历史文脉在景观设计中的应用从符号学角度出发是完全切实可行的，文脉的本质就是借助符号来传达意义的人类行为。

通过对定山湖湖区景观设计这一实际案例的应用分析，总结得出历史文脉在景观设计中的应用方法："源"——历史文脉元素的提取、"构"——历史文脉元素符号化、"精"——符号化元素的具体应用、"神"——文脉元素特色的强化。这一应用方法使得历史文脉能够很好地融合到现代的景观设计当中，为景观设计注入新的生命，赋予设计以新的内涵，使景观设计得以不断在传承与创新中发展。

景观设计应该更多地注重历史，尊重文化、文脉，既要继成古人的思想，又要考虑现代人的生活行为方式，运用现代景观设计素材，形成鲜明的时代感，做到继承中求创新，进一步挖掘历史文脉的精髓，从而做出更具特色、更具内涵的景观设计。

参考文献

[1] 张鸿雁.城市.空间.人际——中外城市设计发展比较研究.南京：东南大学出版社，2003.

[2] 潘召南.设计新思路.长沙：湖南美术出版社，2003.

[3] 慧缘.慧缘风水学.南昌：百花洲文艺出版社，2000.

[4] 于希贤,于涌,黄建军.旅游规划的艺术：地方文脉原理及应用.重庆：重庆出版社，2006.

[5] 俞孔坚.景观：文化、生态与感知.北京：科学出版社，1998.

[6] 俞孔坚.理想景观探源：风水的文化意义.北京：商务印书馆，1998.

[7] 曹世潮.历史、景观、民俗和文化的价值如何实现.北京：中国人民大学出版社，2006.

李学义 ／ LI Xueyi

(东华大学环境艺术设计研究院，上海，邮编：200051)
(Environment Art Design Academy, Donghua University, Shanghai 200051)

风水学与理性交融的宏村水系设计分析

Analysis of Water System Design of Hongcun Village with Blending of Sense and Geomantic Omen

摘要：
宏村水系作为皖南民居中水系设计的典型形式，对古村落水系研究起着重要的作用。本文针对宏村水系中具有代表性的圳、沼、湖、院、塘五种典型元素，基于风水学和环境艺术设计的基础理论，通过图解和实例详细地分析了宏村水系的形成经过、五种元素的自身功能和在整个宏村水体系统中的作用；分析宏村水系演化过程中所形成的这些元素形式以及独特水乡文化表明：水系形成是经过科学的分析和精巧的设计，同时遵循了力学方面的原理，根据实地环境，相形就势、顺其自然的设计原则。最后总结建立了一套从风水学和环境系统设计出发的水环境设计方法。

Abstract:
The water system in Hongcun village ,which is a typical pattern of water system design in Wannan civilian resident makes a key role in researching the ancient village water system.The paper focuses the reprentative elements in Hongcun village water system, which are dyke, pool, lake, and yard. The analysis of the system's forming course and these five elements' function and effect on the whole water system in the village are based on the theoretics of geomantic omen and environmental art design.All of them are expressed with the photos and diagram.The couse of study on these five elements and the particular water village culture leads a conclusion, that the developing of the system has undergone the course of scientific analyzing , contraption, geography, illogicality and natural elements and following the dynamic theory. Finally, it forms design methods of water environment containing profundity oriental culture details.

关键词： 古村落　水系　风水　设计分析
Keyword： ancient village, water system, geomantic omen , design analysis

一、引言

宏村的建筑、外部环境、住宅文化等很早就成为中外学者研究人居环境和人居文化的重要案例，它位于中国东部安徽省黟县境内的黄山风景区，是安徽南部民居中最具有代表性的古村落之一，始建于南宋绍兴元年（公元1131年），2000年12月，宏村被联合国教科文组织大会正式批准通过，成为中国27处世界遗产中的一处。本文着重研究宏村重要的居住环境元素：水。宏村的各种用水和水体是一套完整的体系，本文把宏村外部水环境中的几种主要元素作为主要研究对象，主要从环境艺术设计的角度出发，用图解分析作为主要的技术方法，试图从这一体系的分析中找到水乡民居水系设计所遵循的规则，希望能总结出对现代景观与居住区水系设计具有参考意义的设计方法。

二、宏村水系形成的背景

宏村始建于南宋绍兴年间，距今已有800多年的历史，十三楼为宏村之始（原为弘村），乾隆二年时改名为宏村，宏村现水圳为一老河床（图1）。后因西溪山洪暴发，在宏村西北方向改道直向南行，与羊栈溪汇合，即宏村西南方向，西溪变为季节河，春夏进水，秋冬干涸。于是往南建村，于明永乐1403年前后，宏村已在西溪东北方向形成村落，雷岗山脚下，形成大致三角形村落。村的东西两侧有四条山溪汇入村南，尤其是村西的西溪对宏村的影响最大，水量丰富，可以保证宏村有足够的水源供应。村西的小溪涌泉不断，水流稳定充足，为宏村人引水进村提供了有力的保障，也是宏村水系形成的基础。

明永乐年间祖人邀请休宁县风水师何可达来宏村勘察，并进行细致规划，何主张于村中挖月塘，"定主甲科，延绵万亿子孙"。同时又开掘几百米九曲十弯的水圳，月沼北为水弯，北岸有数股泉水冒出，古代风水程"内阳水"，可防丙丁之火，故而挖月沼蓄之。之后越过水圳往西南方向发展，到1607年，宏村基本定型，此时风水理论提出，宏村背靠雷岗山，面对龟山，村前虽然有河，但不成蓄积之势，为防朱雀之火，就在沙滩、农田、水泉低洼地挖一南湖，呈船形，因形就势，随其自然，至1610年竣工。至此，宏村人工古水系自西北而南，以水圳盘旋村中，以硕大南湖作为水系之尾，汇纳众水，北接屋舍，南连绿野，以水相牵，自成美景。水系落成给宏村带来了良好的生态环境。

三、宏村水系形态设计与分析

古聚落的选址风水模式以"负阴抱阳，冲气以为和"为指导思想，取背山面水为基本格局，用比兴的形象表述方式，将祖山、宗山、主山喻龙脉，左右青龙白虎喻砂山，前朝近案喻朱雀山、水口山，围合而形成一内向聚集呈封闭形态的空间环境。根据风水"地理五诀"龙、砂、穴、水，向的要求，可以将这种风水模式概括为"背负龙脉镇山为屏，左右砂山秀色可餐，前置朝案呼应相随，夭心十道穴位均衡，正面临水环抱多情，南向而立富贵大吉。"这种基址模式最核心的要旨是建立人与自然共生的良好生态环境[2]。

宏村水系的设计思想正是在此理论的指导下形成，其主要由水口——水圳——月沼——南湖，以至每家水院组成，和谐自然、统一协调。一个经过科学、完整设计的水系使得宏村聚落在经受几百年发展变迁，而基本结构未变，自然灾害没有根本损害，除文化因素外，不得不说这个完整的水系是使聚落免受灾害的一个重要保障因素。水系的每个组成元素，都有其独特性、科学性，从设计的角度讲，无一例外地均体现着设计结合自然，顺应自然，"以人为本"的设计原则。

1. 水圳——水系之脉

徽州素以"新安山水奇秀，称于天下"著称，择居注重水脉，务使气理相通，将山水比作人身气脉，"人身之血以气而行，山水之气以水而运"。古代先民在择居理水方面总结了

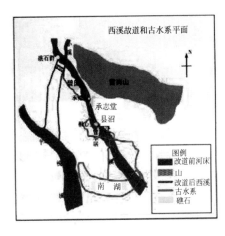

图1 宏村水系图

丰富的经验教训。"水之利大矣……古之智者因自然之势而导之，储而蓄之曰塘;塑而积之曰陵;防而障之曰堤曰坝;引而通之曰沟曰圳"。水为血脉能造就自然钟灵毓秀，生气发越，精神美观。《山水训》中如"山以水为血脉，以草木为毛发"等审辩山水的方法及譬喻，都源于风水之说，追求自然美和人文美的有机结合。

水圳是宏村古水系的最重要的组成部分，水圳改老河床并增加弯道，拉大了长度，也方便了全村村民的汲水之利（图1）。水圳分上、下水圳，大小水圳在上段合二为一，流至月沼附近，大圳向西，小圳向东流入月沼，最后流入南湖，大小水圳的宽度在0.4~1.15m，大部分地段的圳宽在0.6m左右，这个宽度可以说是最佳宽度，太宽水就浅而且流速慢，太窄了浣洗不便，大水圳深在0.5~0.9m，小水圳水深为0.4~0.7m，圳宽0.3~0.4m，沿线采用石头挡水板，抬高水位，分级形成落差，使水流富于动感、节奏感，巧妙而自然地控制水的流量和流速，水圳水面离路面有0.3~0.5m的落差，石头挡水板也方便了低水位时村民的用水[11]。另外，大部分村民离水源的直线距离均在60m以内，说明当时在设计规划水系是也考虑到村民汲水方便。整个水圳犹如血脉，蜿蜒曲折、或聚或散、或明或暗、穿堂过户、九曲十弯，创造了一种"浣汲未防溪路远，家家门前有清泉"的良好生态环境，表现了古村落聚居环境和自然生态的高度结合，符合现代人类可持续的生态发展观和水治理的原理，也表明中国传统理水观念的意向性思维，富于艺术性、审美性和科学性[4]。

2. 月沼——水系之魂

中华民族对自然山水之美的认识和鉴赏，在世界古文明中大概是独占花魁、启蒙最早的。远在三千年前周代的《诗经》就已发出"秩秩斯千，幽幽南山"的赞叹，并把这自然山水同建筑环境紧密联系在一起。孔子总结了前人的山水审美经验，更提出"仁者乐山，智者乐水"的美学理论。在水利工程中认为"挖塘蓄水，可以荫地脉，养真气，聚财源"。挖塘蓄水是最为常见的乡村理水形式，宋儒朱熹是徽州府婺源县人，长期生长在皖南山村，曾经吟唱出如下诗篇:

半亩方塘一鉴开，天光云影共徘徊;

问渠哪得清如许，为有源头活水来。

朱子的诗当是徽州传统理水工程与空间处理的真实写照，诗中的意境我们在月塘可以寻觅得到，因其地水流湍急，明永乐时听从休宁国师何可达之言，于村中开月塘，蓄水以荫地脉;形成以月塘为中心的贴水庭园，水面如镜，天光云影，人语回声清晰，是一大型水景庭园，也是村民洗漱用水的共享空间。

月沼又名月塘，是宏村古水系和建筑风格的点晴之笔，位于村中心偏西北，呈不规则半圆形，塘北弦部笔直长50m，塘东岸长20m并垂直于北岸弦部，南岸和西岸呈弧形，面积1206.5m²，周长137m，水深1.2m，塘深1.5~1.6m，月沼中的水是活水，据计算进水量平均为0.52m³/min，种种数据表明，月沼的设计是经过科学的计算而得出的[1]。月沼之所以设计成半圆形，主要是因为根据基地的形状，设计成半月形可以比圆形面积大一半多，而且圆形会显得比较呆板，和周边建筑环境不太协调，而半月形形式更好，显得和自然更为和谐统一、相应成趣，减少人工雕琢的痕迹，站在月沼任何地方，都可以欣赏到一幅完美的极富艺术韵味的水墨画，远山近屋映入水中，美妙绝伦。从风水的角度讲，也符合风水选址的理论原则，月沼的曲面以水流的三面环绕缠护为吉，谓之"金城环抱"。"金"乃五行之金，取象其圆;"城"，则寓"水之罗绕兮，故有水城之称"。这种形势又称"冠带"等，历来为风水中吉利水形的最佳模式。这种认识早在《管子·度地》中就有精辟的科学阐发："水之性，行至曲必留退，满则后推前，地下则平行，地高则控，杜曲则捣毁。杜曲激则跃，跃则倚，倚则环，环则中，中则涵，涵则塞，塞则移，移则控，控则水妄行，水妄行则伤人"。这一对于河曲现象深入的分析而形成的理论总结，即使外敷迷信色彩，也终究不能掩蔽它的内涵实质所具有的科学智慧之光[2]。

月沼西边为进水口，东边为出水口，南面有一个泄水口，打开便可以放干月沼中的水，便于塘底的清理。西边进水口的水同时流向东、南两个出口，由于南岸为弧形，根据力学原理，当进水"冲"到南岸，有一部分水被折回，成为对角线交叉的对流方式，从而形成"4"字交叉的形式（图2），使得东北角的水"活"起来，不至于形成死角，同时也使得整个月沼活跃起来，月沼水面与路面距离常年保持在20cm左右，亲水性好，也便于防火、生活、生产用水之便，同时也使得其与周边建筑环境和谐协调、明暗相间、刚柔相济、动静结合、虚实相应。如风水所谓："左水为美，要详四喜，一喜环弯，二喜归聚，三喜明净，四喜平和";"水本动，妙在静，静者何? 潴则静，平则静"。风水美学最基本的原理是将大

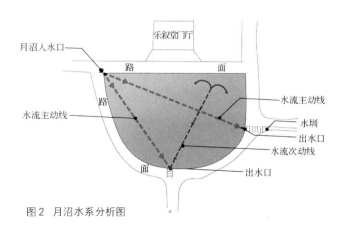

图2　月沼水系分析图

地屈曲生动的自然美同人伦社会均衡端庄的中和美相结合，即以"中和"的观点检视自然环境，反过来[2]，又以"自然"的观点检视人居环境，求得其审美心理层次和谐。这就叫做：自然环境人文化，人文环境自然化。构成了月沼独特的景观意象和美学风格，这样的聚居环境的确实能给人以祥和、谐调、圆满、安定的美的享受及精神的感染。

3. 南湖——水系之怀

宏村水系与村落民居，以风水作指导，追求自然环境的完美的理想模式，祠堂书院，粉墙黛瓦，碧水青山，南湖之滨云容水态，曲水荷香，被称为中国山水画中的村庄，令人生世外桃源之想。

南湖于明万历年间开挖建成，南湖的兴建是因为河流直泄而下，水圳之水最后全部汇入其中，水源丰富，呈曲折环抱之势，挖南湖有浣洗之便也有灌溉之利，也可增添乡村风景，构建了一座优美的水口园林。水可界分空间，形成丰富空间层次及和谐的环境围合。风水家认为"水随山而行，山界水而止，界分其域，止其逾越，聚其气而施耳"。山主静，水主动，山为阴，水为阳，山水交会，动静相济，阴阳合和，为"情之所钟处"，乃以"山际水而势钟形固内就，水限山而气势聚以旁真"。

南湖呈船形，面积两万多m²，湖水深0.8~1.1m，湖深1.5~1.8m，湖面与河面（西溪）有1.5m的落差，共有五个出水口，优美的画桥将其分为东、西湖，东湖三处，西湖两处，其中一个排水口流入西溪，其余四个用于灌溉，在南湖的北岸水圳两处进水口处，分别用石头围成一小扇形水池，具有净水的功能，圳中之水在入湖以前，先在水池内沉淀净化，然后通过水池边上的泄水口溢入南湖，显得相当的科学和环保，另外也具有缓冲水圳的水"冲"入南湖的流速的作用，起到很好的保护河床之效，在净水池周围再种植荷花，不但可以美化环境，增强南湖的景观效果，而且也可以通过荷花的自净功能，对入口之水再次净化，正所谓"出淤泥而不染，浊青莲而不妖"（图3）。南湖周长800多m，东、北、西三面为单层石塝，距离高于水面0.4~0.8m，并沿线间断式设置浣洗石墩或码头，利于村民浣洗，体现出"以人为本"的设计原则。南岸护堤为上、下两层，上层主要用于交通的路面，比西溪和稻田高2.3~3.4m，内侧为护堤的裙坝，主要是便于游人的休憩、垂钓，尺度适宜，富于变化，环湖南岸上下两层种桃栽柳，丰富景观上的空间层次和韵律感、节奏感。

4. 碧园水院——智慧之水

碧园坐落于雷岗山下，地处宏村水系得源头，即上水圳，是宏村清代庭院的水榭民居的代表建筑之一，保留着山区农家庭院与隐逸文人士大夫的双性性质，园内环境儒雅、质朴，中庭水池，建以廊榭，漪花养鱼，纳福生凉，把酒临风对月，微醉间，宠辱皆忘，仿若立身世外桃源之中。中国古典美思想的最高层次是气韵的意境美，风水美学自然也不出其外，所谓"天地有大美而

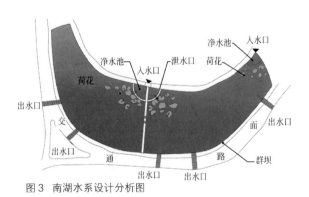

图3 南湖水系设计分析图

不言"只有悟道才可能进入意境美的最高境界。这种意境美实际就是风水的气质美和内在美的表现。碧园如此幽雅、含蓄的意境，也源于其科学合理的设计规划，尤其是以人为本，室外环境室内化的空间理水概念，正应允老道的"师法道，道法自然"的中国古代哲学观。碧园水院呈长八角形，寓意古代的风水八卦之意，碧园外侧有条弧形的路，由此也就顺势成章有条弧形的水沟（水圳），可谓"曲径通幽处，弧墙锁美景"。

在引水进院的设计上，水没有直接流入塘中，而是经过一段水沟从水塘的右上角进入，并在水沟中间挖设一小池，便于随时观察水的流速、水质和疏浚水沟，水的进水口和出水口基本呈对角线之势，拉大距离，抬高水位。另外，碧园外侧弧线形水沟也对园内之水的流速起着重要作用，弧线水沟和直线水沟相比，弧线肯定使水流受阻，减缓流速，抬高水位，使水圳水流在水院之水入口处自然形成"人"字形分流，小部分水流入水院。在水院中有两块标志水文作用的水标石，石头A（图4）如果被水浸没，说明宏村山洪暴发，或水闸没关好，溪流的流量没控制好，此时就提醒村民要采取相应措施，方便村民的生活用水及用水安全，其标高也就是水漫上水圳的高度；当石头B的表面露出水面，说明宏村逢干旱季节，也就是宏村的最低水位，此时就提醒村民要把拦河坝堵上。设计是如此之科学和合理，一个小小的水院蕴含如此之高的设计和水治理的原理，是先人智慧的结晶。其科学、理性的设计方法对现代环境艺术设计有着重要的借鉴意义。笔者在宏村调研时，主人还说，由于厅堂下面也有水穿过，在炎热的三伏天，室内温度比室外温度要低将近10℃左右，起到调节室内小气候的作用，既环保又节能。宏村被评为世界文化保护遗产也有它的功劳。

5. 承志堂鱼塘厅 ——灵动之水

承志堂位于宏村上水圳中段，在其西侧，有帐房小筑，地势局促不整，营造者因地制宜，引临街水圳，建水榭倚角，修曲廊附墙，从高墙下设石栅栏引一碧水，以黔山青石透雕喜鹊登梅花窗，有"凿翠开户牖"，朱栏照碧池景象，成上下俯仰之势，使角隅之地，由于一窗、一池之设，透出华美疏朗的艺术境界，经营得人不觉其小而赞其巧，受到现代建筑师的高度评价。同时把建筑中俗称的"死角"空间巧妙地加以利用。正是由于皖南山区地理条件的限制，只能紧靠屋前的有限地形或屋与屋之间的间隙地带饰置庭院，所以庭院很少是方正的，往往呈三角形、半圆形、矩形、多边形等多样平面布局。明代吴江计成有按基形成，

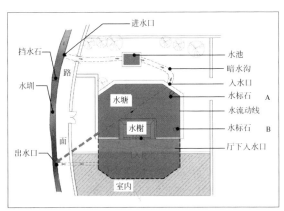

图4 碧园水系设计分析图

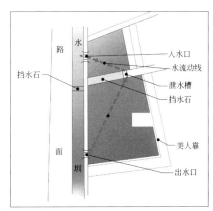

图5 承志堂水系设计分析图

格式随宜，造园有法而无式的理论，明清徽州古民居的庭院，正是先人们造园思想的具体体现。

承志堂水院——鱼塘厅基本呈梯形，与外侧水圳只一墙之隔，由于面积有限，水院相当狭小，进水口与出水口距离很短，无自然落差，这样会造成水不能对流。据于此，主人在水院三分之一处，设置两块石板，将很小的水院再分成两个更小的水池，以抬高水位，形成落差，如果没有这石板，我们知道，水和空气不能同向对流或对流不畅，水流会出现近距离走弧线的现象。因此，设水道并在石板开槽，使水顺着水槽往下流向出水口，刚好利用对角线拉长距离，抬高水位，提高流速，为了抬高水院的水位，在水圳上设置一石挡水板（图5），使水灌入水院。小小的水院有如此高深科学的设计学问，不得不赞叹先人对水性和水利工程的了解和娴熟的设计技巧，正说明顺其自然、利用自然的设计原则。使我们不难想像宏村水系成为世界关注和研究的焦点就自然而然了。

四、结论

"上善若水，水善利万物而不争，处众人之所恶，估几于道"——老子。

宏村水系以不同的设计形态构成古聚落理想的人居环境，先人们对于水性的原始认知、科学认知、艺术认知、文化认知和哲学认知都直接作用于水系的设计上。同时水系也规范着宏村人的行为，影响着宏村人的思维模式、价值模式、文化模式[3]。人类从简单的"人适应水"、"人适应水为主，水适应人为辅"古代传统的理水观念到现在人类对水资源的有意识的利用以及在合理的开发和利用上并加以改造，说明人水的关系是社会和自然界关系的组成部分。宏村水系作为古聚落理水的缩影，我们应以辩证的、生态可持续发展的战略眼光来协调人与水的关系，以达到人与自然的和谐共存。

参考文献

[1] 汪森强.水脉宏村.南京：江苏美术出版社，2004.

[2] 王其亨.风水理论研究.天津：天津大学出版社，1992.

[3] 陈六汀.艺术之水——水环境艺术文化论.重庆：重庆大学出版社，2003.

[4] 彭一刚.传统村镇聚落景观分析.北京：中国建筑工业出版社，1992.

[5] （美）保罗·拉索著.图解思考.邱贤丰，刘宇光，郭建青译.北京：中国建筑工业出版社，2002.

李兴／Li Xing

（上海市政工程设计研究总院，上海，邮编：200092）
(Shanghai Municipal Engineering Design General Institute, Shanghai 200092)

浅谈西方现代派绘画对景观设计的影响

Research on Modern Art Influence on Landscape Design

摘 要：

上海世博公园的方案设计代表了国际景观艺术的发展趋势，即追求自由形式的设计语言和抽象绘画的艺术风格。本文从西方艺术和设计史的角度，阐述了现代派绘画对现代景观设计发展的影响，尤其指出了自由绘画形式影响下的自由景观艺术风格对于当代景观创新的重要价值。

Abstract:

The concept design of Shanghai Expo Park shows the latest development of World's Landscape Architecture, in other words, a certain style of free form and abstract art is fully concerned. Thesis proceeds from history of Western art and design and objectively analyses the influence of modern art on modern landscape design, especially points out that free form aesthetic and free style landscape art should be attached more importance to make further development of landscape innovation in the future.

关键词： 现代派绘画　　景观设计
Keyword：modern art,landscape design

　　举世瞩目的2010世界博览会将在上海举行，世博的上海以"城市让生活更美好"的主题展现在全球的舞台上，迎来探讨新世纪人类城市和谐生活的伟大盛会，而作为世博园区环境设计的核心景观——浦东世博公园首先在探索和营造和谐城市的课题面前递交了成功精彩的答卷。作为国际方案竞赛的成果，浦东世博公园满足了世博绿地、滨水绿地及上海绿地的多重要求，同时也代表了国际景观设计的领先水平和潮流趋向。笔者有幸参与了该项目规划与设计的全过程，通过与境外公司的合作以及平时不断的积累，对景观设计及现代艺术的发展有了一些切身体会，现就简述这些体会，以供同行指正。

一、当代景观设计发展的艺术倾向

　　世博公园坐落于上海世博浦东园区的中心位置，北临黄浦江，南沿浦明路（世博滨江景观大道），呈腹地宽阔、东西狭长的梭形滨水块，总用地面积约42hm²。现状主要为工业和仓储为主的用地在世博规划中被转换为城市公共绿地的性质，而且赋予世博公园重要的人流缓冲、防汛设施、户外活动等功能。在解决人流交通、防汛景观、用地置换以及世博主题等

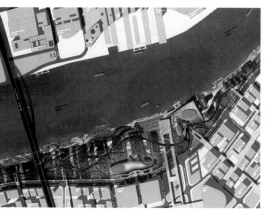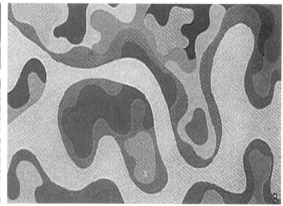

图 1　世博公园景观总平面　图 2　巴西国家教育卫生部屋顶花园平面

诸多复杂设计问题过程中，来自国内外的景观方案几乎都可圈可点，而最终胜出方案的可贵之处在于，除了具备了完善的功能设计之外更加富有景观艺术的魅力。难怪被称之为"浪漫风格""大师风范"的作品，只要解读浦东世博公园的景观方案首先会被它类似抽象绘画的的平面布局所吸引：它摒弃了常见的崇尚几何的硬质景观或者模拟自然的种植群落，通过一组自由曲线和直线为主导的形式语言带来许多未知、新奇和无尽的视觉与空间体验。（图 1）

看似无章无法，其实大象无形。世博公园可以概括为双层的复式景观结构。其上层、即直线构图：主要由贯穿南北、纵横东西的楔形乔木林带构成。通江式的绿化走势和世博城市规划完美融合，同时扇面状的景观布局也带来了江南文化的悠悠遐想；其下层、即曲线构图：则主要通过绿地、水体、道路、广场、桥梁和服务设施等形成滩痕式的地面景观肌理，以追溯上海滩地貌的名义、做足了富含韵律感灵动美的线条艺术文章。上层直线与下层曲线在平面构图中浑然一体、在空间构成中又相映成趣，抽象的艺术手法捏造出异形的公园形态，而带给人们的却是类似中国园林美学"步移景异"的新境界和新诠释，这就世博公园不同凡响的地方。

初识世博公园的平面方案，很容易联想起巴西著名景观设计师布雷·马克斯（Roberto Burle Marx，1909－1994）的作品。在他的代表作品，1938年完成的国家教育卫生部大楼的庭院和屋顶花园的设计中（图 2），不难发现这种抽象绘画式的设计风格的存在。马克斯早年在欧洲学习绘画，后来从事景观设计的同时仍然是位优秀的抽象画家。他认为，艺术是相通的。景观设计与绘画从某种角度来说，只是工具不同。他用大量的同种植物形成大的色彩区域，如同在大地上作画。他曾说，"我画我的园林"。这正道出了他的造园手法。当然，马克斯也承认，"一个好的园林一定是一件艺术品，对比、结构、尺度和比例等都是很重要的原则，但首先，它必须拥有思想。"[1] 即形式与内容的结合，世博公园方案的成功无疑验证了这一点。关于内容甚至功能的话题不是本文的研究重点，这里只想对景观的形式语言作些探讨。

在20世纪以来的景观设计舞台上，从形式语言来划分大致可以归纳为两类。如果说

图3 玛莎·施瓦茨的面包花园　　　　　图4 柯布西耶"纯粹主义"绘画作品

布雷·马克斯是擅长有机形体，如卵形、肾形、飞镖形和阿米巴曲线的构图大师；那么作为马克斯晚辈的彼得·沃（Peter Walker，1932－）和玛莎·施瓦茨（Martha Schwartz,1950-）夫妇则是几何形体，如圆形、方形、直线和网格的构图高手（图3）。身为美国哈佛大学景观系的教授和著名的景观设计师，他们是现代主义景观最具影响力的重量级人物。他们擅用简单的几何图形，采用人工的秩序来组合、变化、复制，去统领自然的景观。早年从事平面艺术设计的玛莎·施瓦茨曾经强调，直角和直线是人类创造的，在园林设计中介入几何形态的人工环境有利于在天生混乱的自然中形成容易识别的空间。因此他们形成了与马克斯在自然中融入弯弯曲曲的阿米巴曲线截然不同的设计风格。其实这种几何风格的园林设计倒是欧洲园林的一贯传统，现代主义景观设计只不过在所用材料和构图形式上比法国和意大利为代表的古典园林更加创新和丰富而已。而布雷·马克斯的有机形体倒更加像是在20世纪以来占据主流的几何形式艺术中的一朵奇葩。

今天，有机形体形式设计风格又出现在了新世纪新发展的上海，通过世博公园方案设计的启示，至少可以感知到在园林科技和工程技术日益发达的今天，人们对于景观艺术的追求正与日俱增。在厌倦了几何秩序的现代主义人工环境之后，人们更加期待充满激情与活力的线条和色彩以及更加自由形式的空间在城市生活中的不断涌现。

二、西方现代派绘画艺术是现代景观之源

无论对于布雷·马克斯、还是彼得·沃克和玛莎·施瓦茨夫妇来说，值得肯定是，从他们的设计平面图都可以看出，他们的形式语言大多来自现代绘画的影响。绘画由于自身的线条、块面和色彩似乎很容易被转化为设计平面图中的一些要素，因而一直影响着景观设计的发展，追求创新的景观设计师们已从现代绘画中获得了无穷的灵感。

回顾西方艺术和设计史，我们不但能确信绘画艺术对景观设计的审美价值主导作用，而且能发现几何形式和自由形式两种不同设计风格演变的清晰脉络。

如果把1919年包豪斯的成立作为一个时代坐标的话，那么即在现代设计逐步成熟的前夜，对于西方视觉艺术领域来说真可谓百家争鸣、天翻地覆。短短20年光阴里兴起的一系列

"抽象艺术运动"主要包括：立体主义（Cubism，1907）、未来主义（Futurism，1908）、俄耳普斯主义（Orphism，1912）、至上主义（Suprematism，1914）、风格派（De Stijl，1917）、构成主义（Constructivism，1918）、纯粹主义（Purism，1918）。本文从抽象的形态分析着手，按照具体抽象运动的时间前后顺序归纳了"两种倾向"的审美价值趋向：

一种倾向——几何的形式。

从西班牙画家毕加索（Pablo Picasso，1881-1973）为首的立体主义开始，平面几何式的绘画语言开始正式确立，其实与古典写实艺术决裂的更加的重要人物是被誉为"现代绘画之父"法国画家塞尚（Paul Cézanne，1839-1906），他悟出了全新的造型语汇："自然的万物都可以用球体、圆锥体和圆柱体来处理……"并且成功地将印象派色彩和几何体造型完美统一，呈现出极具体积感和丰富色彩的视觉新感受。随后而来的"至上主义"（Suprematism，1914）、"风格派"（De Stijl，1917）、"构成主义"（Constructivism，1918）和"纯粹主义"（Purism，1918）四个阶段，其基本艺术形态发展为秩序几何的"理性"趋向。身为现代主义建筑大师同时也是纯粹主义艺术的代表人物（图4），勒·柯布西耶（Le Corbusier，1887-1965）在其《走向世新建筑》的引文中明确指出："立方、圆锥、球、圆柱和方锥是光线最善于显示的伟大基本形式；它们的形象对我们来说是明确的、可触的，毫不含糊。因此，它们是美的形式，最美的形式，……这正是造型艺术的条件"几乎是塞尚言论在现代主义设计中的继承和发展。

另一种倾向——自由的形式。

立体主义运动正式兴起的第二年，在意大利就出现了以诗人菲利·马利蒂尼（Filippo Tommaso Marinetti，1876-1944）发起的"未来主义"运动。1909年马利蒂尼在法国《费加罗报》（Le Figaro）发表《未来主义的创立和宣言》"一方面讴歌现代工业文明、科学技术使传统的时间与空间的观念完全改变，另一方面诅咒一切旧的传统"。[2] 在这种反叛精神的感召下，以波丘尼（Umberto Boccioni，1882-1916）为灵魂人物的"未来主义"画家，热情地描绘存在的或是想像中的机械世界。与立体主义不同是，"未来主义"在绘画中引入第四维——"时间"的概念。为了表现时间的轨迹，所以画面组织关系更加复杂多变，而且极富动感和活力。所以可以在画面中看到机械变形感的房屋和交错复杂的客船烘托出的魔幻的气氛，甚至能感觉到画面里传来的街头噪声。所有这些构成"山雨欲来风满楼"式的戏剧气氛，强烈地吸引读者的眼球。尽管"未来主义"随波丘尼的英年早逝而逐渐退去，最终没有成为20世纪的审美主流，但是其推崇的"非理性"状态和自由形式艺术尤其在20世纪末和21世纪初，日益被先锋的设计师重新发扬广大。譬如波丘尼变幻莫测的"未来主义"雕塑作品，完全有理由让人相信，这和著名解构主义建筑师盖里（Frank O Gehry,1929-）的自由形态建筑如出一辙（图5）。

综上所述，西方现代派绘画艺术是现代设计之源。虽然景观设计在抽象艺术运动中没有像建筑设计那样反映迅速，直到1932年美国景观建筑协会会刊《景观建筑》（Landscape

图5　波丘尼的《屋外的喧闹》（左）图6 古埃尔公园景观
与盖里在捷克布拉格设计的某大厦（右）

Architecture）才开始探讨和学习"现代主义"的形式特点。但是同为现代设计的重要组成部分，尤其是战后的景观设计发展迅速，几何形式的设计风格追随现代建筑一般日益倍受推崇成为主流审美观。这也就形成了前文提到的布雷·马克斯、还是彼得·沃克和玛莎·施瓦茨夫妇的景观界两种不同的声音。

三、现代景观艺术中自由形式的发展

当我们被世博公园方案的艺术创意激动不已的时候，我们还应该知道其实历来景观设计师对自由艺术形式的探索与追求从没有中断过。虽然在设计殿堂里如布雷·马克斯一般占据少数席位，但是他们观念的声音始终嘹亮清晰响彻整个20世纪。

20世纪初：高迪——"没有图纸，我也能建造"。

自由形态的创意革命始于20世纪初的新艺术运动。它的革命性主要在于摒弃了文艺复兴以来欧洲数百年怀旧艺术的传统，而自然界千变万化的形态和来自东方艺术构成的启迪，成为新艺术创作的重要灵感和图式。无论是法国人赫克多·吉玛德（Hector Guimard），还是比利时人维克多·霍塔（Victor Horta），运用华丽丰富且流水般的动感线条以及铁艺和玻璃的结合术是新艺术建筑设计最鲜明的标志，但是当创新之火燃烧到西班牙，安东尼奥·高迪（Antonio Gaudi，1852–1926）却把波涛汹涌的曲面的带到了园林的平面和立面，彻底藐视传统建筑理论，将新艺术运动推向无人敢想的极至。

坐落于巴塞罗那市郊的古埃尔公园(Park Guell，Barcelona)（图6），作为巴塞罗那上流社会的富人居住区，是高迪最富于想像力的现代园林设计作品。因为其超时代的奇特造型和新颖功能，后来被联合国教科文组织宣布为世界文化遗产。

20世纪中叶：百水——"直线是对上帝的不敬，是种罪恶的表现。"

当高迪谢世之时，德国的现代设计摇篮——包豪斯倡导的几何形式美学已经如日中天，而奥地利居然冒出一位自然主义者硬是不合时宜地大骂横平竖直的维也那分离派建筑、现代主义的先驱，而引起舆论一片哗然。

高迪认为"曲线是属于上帝的，直线才属于人类"，百水（Friedensreich

Hundertwasser，1928-2000）则在此基础上更加贬低甚至诋毁"直线"的价值。百水则是一生酷爱抽象的职业画家，他首次画图纸参与建筑设计与建造活动而一鸣惊人：据说历时一年的小工程——百水公寓，在建成后第一天就创下七万人前往参观的纪录。这里没有直线、规律和呆滞的对称或人造的协调，成为全球艺术家趋之若鹜的创作圣地。这里有不平坦的地板、屋顶和墙边窜出的树杆、以及浑然天成的屋顶植被，怎么看都像童话世界里精灵王国的洞府。

虽然百水纯粹园林设计不多，但是他一直争取人类返回自然和人性的绿色生存空间而到处大声疾呼、可以说，他的设计是建筑和园林的高度统一（图7）。百水画家式的设计方法颠覆了传统环境设计一贯的理性思维，自由形式的现代景观才日渐呼之欲出。

20世纪末：米拉雷斯——"涂鸦可以变成景观……"。

在巴塞罗那工业带的莫莱迪瓦耶城（Mollet del Vallés）（图8）建成了一个公园。由于地处城市边缘，周围陈旧的住宅环境比较呆板。但是新的公共空间设计让此地重焕生机，使得原本想离开的居民最终也放弃搬家的念头，因为在家门口这个公园里，无论是老人和小孩都自得其乐，成年人更为这里所创造出快乐而新奇的气氛迷恋不已。

"本案最有意思的地方不在于施工过程，而是它所包含的设计主题及其不曾预料到的结果：让'涂鸦'变成'景观'，让'绘画'变成'场所'……"，负责该项目的建筑师如是说。他是20世纪末欧洲建筑星空上曾经划过的一颗绚烂流星，来自西班牙巴塞罗那的已故的建筑师——米拉雷斯（Enric Miralles，1955-2000）。

充满动态的外观，类似桥梁、隧道一类的市政建设给人带来的未完成感，马上流露出解构园林的风格。难能可贵的是，米拉雷斯几乎是集画家和建筑师于一身的全才。在设计图纸阶段，他甚至坦言自己做任何设计只从平面开始，从不事先考虑剖面和三维透视，而在建造过程自然出现的空间，是平面构思和探索不同材质表现相互交融的结果。这看似另类的做法好像根本不像个建筑师，事实上也正源与此，他在景观和建筑的不同领域游刃有余。从他的草图来看，貌似随性的"涂鸦"，其实含金量很高（图9）。从设计角度而言，这里已经蕴

图7 百水设计某住宅区模型　图8 莫莱迪瓦耶城公园设计模型

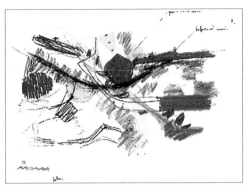

图9 米拉雷斯设计草图　　　　　　　　　图10 克利的绘画作品（左）米罗的绘画作品（右）

涵光影、空间、景观的思考；从绘画角度而言，画面的疏密节奏也体现着良好的艺术素养和大师熏陶的痕迹。米罗（Joan Miro,1893–1983）天真无邪的线条、克利（Paul Klee,1879–1949）（图10）激情燃烧的笔触，都可以在米拉雷斯的设计草图里找到影子。这种非理性画风的追求其实也是自由形式美学在新时代的发展：无论造型还是关系都越发随意。难怪设计竞赛的评委常常被他精妙绝伦的方案图所折服，也曾经有人因此批评他的图画很难转化为现实，但是随着他许多作品的顺利建成和大受欢迎，雄辩地证明建造技术并不是问题，关键是创意。

四、小结

景观设计是一门环境类工程、更是一门综合性艺术，它与其他艺术形式之间有着必然的联系。现代景观设计从一开始，就从现代绘画艺术中吸取了丰富的形式语言。对于寻找能够表达当前的科学、技术和人类意识活动的形式语汇的景观设计师来说，不断发展和演变中的现代艺术无疑提供了最直接、最丰富的灵感源泉。同时应该看到，尤其在日益追求个性主义的今日世界，带有自由形式色彩的美学观念日益成为景观创新的重要手段。所以无论从设计艺术创新和自身业务建设的需要来看，对绘画艺术的研习对于当代景观设计师的成熟都会是如虎添翼、受益匪浅的。

参考文献

[1] 李睿煊，李香会.流动的色彩——巴西著名设计师罗伯特·布雷·马克斯及其风景园林作品.中国园林，2004(12)：19.

[2] 姚宏翔.艺术的故事.上海：上海人民出版社，2002:100.

熊若蘅 ／ Xiong Ruoheng

（同济大学建筑与城市规划学院，上海，邮编：200092）

(College of Architecture and Urban Planning Tongji University, Shanghai 200092)

城市设计：一个环境艺术的语境综述

Urban Design：Preliminary Study on the Context of Environment Art

摘要：

环境艺术是一门综合的艺术，其外延甚至涵盖了我们可以探寻到的全部自然世界。但在不同的时期，环境艺术会被赋予不同的意义，其狭义的范畴也在不断变化之中。在当今城市化的背景中，环境艺术和城市紧密地结合在一起，具有了新的内容和意义。本文通过对城市设计的关注，以期构建一个全新的语境，从而阐明环境艺术在新的时代背景中的发展脉络和途径。

Abstract:

Environment Art is a integrated art, which contents the whole world. But in the different priod, it will be endowed with different meanings. Also, its category in narrow sense will be changed continuously. In the background of urbanization, Environment Art integrates with city and gains the new meaning. This article will built a brand-new context by the discussion on uban design, to clarify the development venation of Environment Art in new era.

关键词：环境艺术　城市化　城市设计　语境

Keyword：environment art, urbanization, urban design, context

一、引言

环境艺术以及相应的环境艺术设计学科，自20世纪80年代在中国逐步兴起以来至今，已完全摆脱了室内设计或室内装饰的束缚，而逐步形成了一套独立的、较为完整的体系，越来越多的理论和实践成果，都证明了这一点。虽然正如大多数设计新名词一样，环境艺术至今仍然没有一个统一的、明晰的概念，除了少部分学者一直在努力建立起一个环境艺术的独立理论架构，大多数时候环境艺术都处于"粗放式"发展的尴尬境地。但中国环境艺术在走过了20多年的发展路程后，还是形成了基本的共识：环境艺术是一门综合的的艺术，其应以空间为研究对象，以空间与环境的再创造为目的。齐康先生说：所谓设计，就是解决自然和人的关系，自然和人造的关系。……就要有"自然观"，……就是建立一个秩序[1]。而这些，也正是环境艺术的应有之意。

综观目前环境艺术总体的发展趋势，环境艺术已经越来越紧密地和城市的命运结合在一起，从而具有了新的意义和新的发展契机。城市这个包罗万象的"容器"（刘易斯·芒福德），成了环境艺术最好的发生场所。环境艺术也被纳入到城市设计的整体之中，并和城市空间理论等以往仅仅局限在城市规划专业内的理论成果，以及"公共空间"、"社会民主"等社会学概念结合，从而获得了从前所不具有的新内容，具有了新的生命力和发展的活力。在这样的背景下，环境艺术的关注和研究重点也逐步从以往的一个广场、一条街道、或是一个社区等简单的"工程设计型"（单纯物质环境更新）逐步走向了城市设计范畴的"非设计"的"政策过程型"①。这可以说是一个可喜的变化。这一变化，也给今天的环境艺术，提供了一个比以往任何时候都要大的语境。

但是，我们也应该认识到，在今天的中国，社会的巨大变革导致了环境艺术的存在语境、发展机制，甚至环境艺术自身都正在发生着前所未有的巨大变化，原有的许多概念、提法以及思路都不再适应时代的需求（这并不是说它们过去是错误的）。有许多今天出现的新的问题和挑战，是环境艺术学科本身所无法解决的，而必须借助于其他领域中的理论和实践经验。甚至有些老问题长期以来都未得到妥善解决的时候，又面临着新问题的冲击。而由于中国社会发展的特殊性，有很多问题都具有典型的"中国特色"，因此，很难直接从西方或其他国家照搬成功经验，也很难有现成的理论套用。如何解决好我们自身的问题，就成了当务之急——而这似乎没有捷径可以走。环境艺术也同样面临着这样的问题。

二、环境艺术的城市化背景——走向城市设计

毫无疑问，以往城市发展的大部分手段已经不能适应现在的需要。21世纪的问题是独特又让人困扰的。重新构造以及重新组织"变幻莫测的大都市"是新世纪的伟大任务。

而我国的问题又更为独特：我国城市化背景与发达国家工业化初期的发展状况有很大的不同。在经历了漫长的农业化过程而尚未开始真正意义上的工业化之前，我国就已经开始了城市化轰轰烈烈的进程。因此，我国的城市化从一开始就面临着严峻的挑战：我国社会主义市场经济体制有待于进一步完善与健全；全球经济文化一体化的巨大冲击；脆弱的生态环境体系与社会经济发展的需要存在着巨大矛盾……同时，劳动力的大规模转移和第一、二、三产业同步发展，也成为了城市化的"不可承受之轻"。今天，不管是从决策者还是从社会其他各阶层来看，城市问题都是到了非解决不可的时候了。

如何解决这个问题，除了自上而下的行政力量和社会学的人文关怀，还需要有直接的手段来进行城市的运作，从而推动城市走向理性和良性的发展途径。在这种背景下，城市设计(Urban Design)及城市设计运作(Urban Design Operation)终于在实践中得到了重视和大规模的运用。

我国从20世纪80年代开始就陆续开展城市设计的理论方法和实践研究，改革开放与经济繁荣也促进了现代城市设计学科在我国的起步与发展。随着以工程开发为主导的城市设计项目实践的普及，许多城市与地区对我国的城市设计运作展开研究与摸索，并取得了一定的成效。但将它和传统意义上的城市规划区分开来②，并真正有意识地运用到实践中，还是近十年的事情。

---

① 现代城市设计内容大体上可以归纳为工程设计型与政策过程型。在这里探讨的虽是环境艺术的问题，但也套用了这个分类。

② 虽然目前普遍认同现代城市设计是从规划领域引出的分支，两者都是对未来城市建设的预期与控制。但相对于城市规划侧重土地利用、交通、经济等宏观、二维平面的内容，城市设计更侧重中观层面的三维形态、历史文化等社会综合价值与人的感受。理应将两者作适当区分。

现代城市设计通常可以理解为"以城镇发展建设中空间组织和优化为目的，运用跨学科的途径，对包括人、自然和社会因素在内的城市形体环境对象所进行的研究与设计"。[2]在实际操作中，作为具体的城市建设人员和专业研究人员，从不同的视角对城市设计有着不同的理解与看法。在总体上可以划分为"理论形态与应用形态"[5]两大类。从理论形态进行的城市设计研究重视理论的学术价值，力求从本质上探寻问题。而工作在城市设计第一线的设计师们则更侧重于从应用形态理解城市设计，和其实证意义。在他们那里，城市设计是解决城市问题的手段与工具，结合实际发现具体的操作问题与解决措施才是关键所在。

正是从实证意义出发，我们不难发现，环境艺术和城市设计结合的非常紧密。很多优秀的城市设计案例中，都少不了环境艺术的参与。不列颠百科全书甚至将城市设计可能的工作范围归结为大至整个城市，小至一座广场、一盏街灯的内容范畴——更能看出环境艺术与城市设计所不可分割的联系。

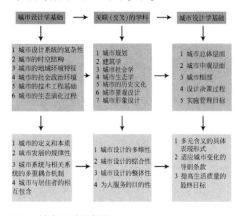

图 1 城市设计学框架
资料来源：段汉明 编著. 城市设计概论. 北京：科学出版社, 2006.

不妨从宏观上认识一下环境艺术与城市设计的关系：对照图1，我们不难看出，环境艺术是始终穿插在城市设计学基础之中的——除了在地域环境特征中起作用外，还应该属于城市中观层面，并涵盖城市细部，从而达到"提高生活质量的最终目标"。但是，框架并未将环境艺术设计纳入城市设计学的关联（交叉）的学科中，仅仅列出了城市景观设计与城市形象设计，不过这可以看做是理论相对于实践发展的滞后，况且目前环境艺术设计和景观设计等相关概念仍然被较为普遍地混用。

因此，可以认为环境艺术已经被纳入到城市设计的大范围中，而且肯定是偏向于第二种形态即应用形态。但可以看出，城市设计者并非主动意识到环境艺术在城市设计中的必要性及重要性，而将其积极地纳入及有效利用。参照美国、日本等城市设计发展发达的国家的经验和具体案例，只有在对这一点有明确认知的前提下，环境艺术才能更好地作为城市设计中的"润滑剂"和"催化剂"，调节城市设计中各不同设计门类间的矛盾和不协调，加速它们的相互协调和联动，提高设计的效率。而借助城市设计的现有研究成果，并从宏观入手，引入城市设计运作的成功经验，环境艺术才可能获得更大的发展契机。要解决目前的矛盾和瓶颈，打破目前学科之间的壁垒，多些交流和实践，看来是势在必行的。

目前国内很多成功的城市设计案例已经先理论一步，在这一点上走在了前面。例如在上海北京的诸如798工厂、海上海创意商业街、8号桥等创意产业集散地，除了营造出优良的"创意生活圈"①，也为我们提供了艺术，特别是环境艺术与城市设计发展结合的可供借鉴的优秀典范。

①]Landry 认为：创意生活圈(creatinve milieu)是指一个具有先决条件（包括软件/硬件基础设施）的地方——不论是几栋建筑物、都市的某一区，整个城市，或是某一区域。这个生活圈构成一种物理场所，其中，企业家、只是分子、社会运动者、艺术家、管理者、权利掮客或学生彼此处在一个崇尚开放心态、世界主义的脉络中，共同组成关键大众（critical mass）。彼此面对面的互动创造出新的观念、事物、产品、服务与制度，进而带动经济的成长。

另外，现在诸如"宜居城市"、"健康城市"等提法层出不穷，虽然侧重点各有不同，但大体都针对城市中现有的问题，来探讨不同途径的解决方式。而在这其中，我们也可以谋求环境艺术的更大发展。

三、结 语

目前，城市已经代替国家成为更为紧密的发展核心单位，城市也已经吸引了越来越多的关注目光，新的城市发展模式不断演变和进化——城市具有无比强大的吸引力和发展活力。环境艺术目前的发展，离不开城市这个大的背景，我们对环境艺术的探讨，也将越来越借助并依赖于城市语境。而且，在可以预见的将来，以城市为发展语境，也将是环境艺术发展的大趋势。而借助与城市的整合，环境艺术也将迎来发展的真正春天。

参考文献

[1]东华大学主编.中国环境艺术设计.北京：中国建筑工业出版社，2007.

[2]王建国.城市设计（第2版）.南京：东南大学出版社，2004.

[3] 高源.美国现代城市设计运作研究.南京：东南大学出版社，2006.

[4] 阮仪三.论文化创意产业的城市基础.同济大学学报(社会科学版)，2005(2)：39-41.

[5] 汤培源，顾朝林.创意城市综述.城市规划学刊，2007(3)：14-19.

[6] 诸大建，王红兵.构建创意城市.城市规划学刊，2007(3)：20-24.

[7] Barnett J. An Introduction to Urban Design.New York: Harper & Row Publishers，1982.

吴 翔 / Wu Xiang

（东华大学艺术设计学院，上海，邮编：200051）

(Art and Design Institute, Donghua University, Shanghai 200051)

环境设施的尺度与意义

The Measure and Its Meaning of Street Furniture

摘要：

决定环境设施意义的因素很多，尺度关系是其中容易被忽视或错误运用的要件。本文结合典型事例，分别从产品尺度和空间尺度两个方面探讨环境设施设计的思考方法。

Abstract:

There are many factores that decide the design of street furniture, of which the relation of measures is the key factor but tends to be neglected or misused. This article uses typic cases to state the thinking method of street furniture design from two aspects, the product meature and the space meature.

关键词： 工业设计　环境设施　尺度　思考方法

Keyword： industrial design, street furniture, measure, thinking method

一、引言

环境设施的概念包含着两个方面：一个是空间的概念，一个是产品的概念，整体上构成了设施系统，是环境体系中的子系统。由于这种属性，环境设施项目通常是工业设计、建筑与环境设计的交叉性项目。正因为这种模糊性的存在，往往导致处于"边缘地带"的设施项目成为规划、设计与管理的"盲区"；当然，导致这种局面的另一个原因是环境设施系统的发生机制与消费市场为主体的工业设计的产品不同，前者通常不需要商品流通机制，而是在政府部门主导下进行规划、论证和发包；环境设施的规划、设计和制造，由于没有市场评估过程，所以缺少追求品质的动力和压力。这就是规划不够，设计不力的原因所在。在导致环境设施品质不良的诸多因素中，设计时的尺度控制失当是常见的现象。决定环境设施意义的因素很多，尺度关系是其中容易被忽视或错误运用的要件。本文结合典型事例，分别从产品尺度和空间尺度两个方面探讨环境设施设计的思考方法，就其尺度与意义的关系进行讨论。

二、产品尺度——功能层面的意义

作为环境空间中的子系统，单件设施与一般意义上的产品在概念上是一样的，必然要关注以下几个要素：①功能，②形态，③结构，④空间等；这些要素是相辅相生的关系。如果说，一切事物的发生机制都取决于目的的话，那么环境设施产品的功能就是其意义的核心。因为一切功能的开发都是以基本需求为目标。然而在诸多为实现功能而设计思考的过程中，尺度往往是容易被忽视的要件，这恰恰是环境设施意义的保证。本节将结合典型事例探讨这个问题。

就单件设施而言，尺度的意义至少可以在以下几个方面反映出来：①适应性尺度，②制约性尺度，③暗示性尺度等。

所谓适应性尺度，即有一定宽容度的介面尺度。公共环境下的设施产品，要面向存在各种差异的来往人群，以合理的尺度满足最大适应性的要求。为此，有必要去预测和研究重点人群的行为特征。适应性尺度的意义在于延伸产品价值（图1）。

所谓制约性尺度，即在满足基本条件的前提下，可以限制人的行为或车辆动作的尺度关系。环境设施对于公共秩序的意义不仅在于其使用性，便利性，在更大的程度上是在于其限制性。制约性尺度的制定往往要面临复杂的问题，譬如各种栏杆设施。栏杆属于限制性的专用设施，尺度越大作用越好；但出于观感、综合利用或避免不当利用等多重顾虑，还必须制定最为合理的尺度关系，而且是基于特定地点和目的的柔性化的尺度关系。制约性尺度的意义在于对行为的规范性。

所谓暗示性尺度，即可以进行行为引导的尺度关系，也是所谓心理尺度。暗示性尺度往往要结合具体形态，以构成具有暗示性的符号关系才可能产生意义。

必须强调的是，所有尺度关系的意义都不是绝对的，因为在公共秩序中人的行为是复杂和难以确定的，暗示性尺度和形态的设计还必须借助心理学、符号学等相关理论进行综合性研究。

公共坐具和栏杆都较典型地反映了尺度与意义的关系，以下就不同目的下的公共坐具尺度关系进行解析。

1. 坐具

公共休闲区域的坐具设计，除去空间关系暂不论，形态风格、材质构造和尺度关系等

图1　机场行李传送台因适应性尺度关系而延伸了设施的价值

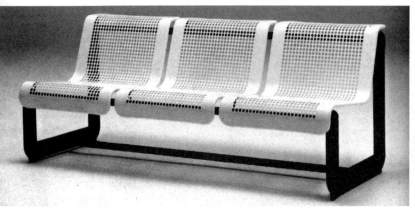

图2　公共空间里的三人长椅因尺度上的冗余度大，便于让人躺睡，本应供多人坐憩的设施往往会让一人独占

图3　情侣是优美景致中重要元素，双人椅是保证这一情境的必要选择

三大要件当中，惟有尺度关系与功能直接相关；换言之，尺度因素是进行适应性、制约性和暗示性设计的决定性手段。必须强调，尺度控制手段不一定是单一性的，要基于特定环境和目的来决定。以公园长椅来说明，可分为三人椅、双人椅和连坐椅等。以下是各个类型的公共坐具不同目的下的尺度关系比较。

三人椅　坐具长度尺寸通常以个人的肩宽为基本计算单位，三人长椅为50cm X3，一般在此基础上略为增加。这个尺度适于多人坐憩，尤其是多人伙伴。长椅适合安置在休息区域以及可容忍单人躺睡或其他不确定用途的区域。所以尺度的适应性控制在较宽的范围（图2）。

双人椅　在公园、湖畔等情侣出没的场所最适宜安置双人坐具，因为偎依相伴的身影是幽雅静谧景致中的经典内容（图3）；此地如果设置三人长椅则显得没有必要，或许出现横躺、独占甚至多人同伴说笑等不雅景象。而双人正好三人不足的尺度关系在一定程度上限制了作为情侣坐以外的用途。当然，这并不会减少单人独占的几率，因为在这样的情境下陌生人通常不会比肩而坐。这个贯常现象要在关系设计[1]思考方法中去寻找解释。这也正是这类设施设计所要研究的课题（图4）。

连坐椅　连坐椅通常会安置在较为开阔的空间里，所以尺度上有更大的自由度，尤其在平面上可以任意变换。连坐椅设置的目的除了量的增加外，更重要的是领域建构和景观效应。这个问题涉及空间尺度关系，将在下一节中探讨（图5）。

无背凳　以坐憩为目的的公共设施当中，无靠背凳的意义往往不被察觉。实际上"无背凳"与"有背椅"功能意义是不同的，前者在水平方向上的尺度可任意决定，坐姿自由、无方向性，而且入坐时心理更为放松；由于会给人以自由、随意和临时的感觉，让陌生人之间，尤其是陌生异性之间一般不太会产生忌讳。当然，有背椅的舒适度较好，背、腰、颈和臂等部位可以有所依靠而得到放松。但公共设施要为更多的人服务，舒适度过高会导致少数人长时间占用。因此须通过尺度控制降低舒适度，以限制憩坐时间。无背凳只能让行人暂时缓释腿部的疲劳，而腰背、颈臂在无依靠的情况下端坐时仍会有疲劳感。从这个意义上看，

图4 一人独占长椅是贯常的现象，这是"关系设计"中要去研究的课题

图5 连续坐具会造成领域感，使空间变得活跃，灵活的尺度消除了局促感

无背坐具的形式既是适应性的，又是制约性的；要体现适应性，还必须将尺度与形态设计结合起来才能达成制约公众行为、规范秩序的目的（图6）。

以上所有坐具设施的坐高、背高的尺寸，限于人体尺度关系，通常要按相关规范设定。如果有限制性目的的话，那就需要运用尺度控制的手段加以调节。

2. 衍生坐具

从其他功能的设施中衍生出来的非专用功能坐具即为衍生坐具。这类设施产生的原因不外乎两个方面：一是受环境所限，规划上无法设置专用坐具；再就是景观需要，过多的长椅有碍观瞻，将不同功能的设施复合在一起反而能让单调的环境多样化。

衍生坐具在设计上具有较大的机动性，尺度控制仍很重要。有的设施便于进行衍生设计，功能意图易于传达；有的设施则是形态和尺度正好具有坐的条件，或者根本不希望成为坐具而意外地被当做坐具。这都与尺度控制有关。以下列举的较为典型的衍生坐具可以说明尺度控制的意义。

图6 无背坐具真正具有公共性，是最和谐的环境设施。

栏杆 栏杆是最为直接的阻隔设施，在很多场合下自然而然地被当成坐具。一般交通栏杆是不允许坐靠、攀爬和翻越，之所以有此类违悖现象，应该还是尺度控制不当。此时应该采用制约性的尺度和形态。

有的场合下，栏杆是很好的坐具（图7），可充分利用。如果交通栏杆是要运用制约性尺度关系的话，那么在这种情况下就应该运用暗示性尺度。

图7 必要时栏杆可以衍生出各种功能

图8 通过尺度控制可以避免长时间占用设施

图9 交通要道的阻隔设施不宜让人长时间驻留，
通过尺度和形态的控制可以避免不当使用设施

图10 进行"友好"阻隔的装置化设施设计，而且可以通过"亲近化的尺度关系"进行导引，
衍生功能

不过，栏杆的可坐靠功能只是人性化的权宜性措施，不宜过度舒适，还应考虑运用制约性手段，如在坐高和坐面上使用非常规尺度，以降低舒适度（图8、图9）。

障碍 有些禁止人车通过的路口、广场所安置的障碍设施，往往采用与环境和谐的，并非强制性的友好方式，以装置化、装饰化的符号来暗示意义（图10、图11）。但是，尺度

图11 进行"友好"阻隔的装置化设施设计，而且可以通过"亲近化的尺度关系"进行导引，衍生功能

图12 不当尺度导致不当使用

因素不应被忽略，因为失去尺度约束的形态无法给人准确的感知，也就无法正确指引行为。这就是产品语意学中所持的观点，认为感知是一种"指引行为"，例如：当你步行疲劳时，所看到的任何一个平坦的石头都具有凳子的功能，如果你需要写字，它又可以成为桌子（图12）。

花坛　各类绿化区域的保护设施往往在尺度上都符合人的坐姿条件，按照感知"指引行为"的理论，此时人的见台便坐的习惯具有合理性。不妨运用暗示性尺度或制约性尺度，或衍生功能，或制约行为（图13）。

三、空间尺度——关系层面的意义

环境设施的意义不仅仅在于某个单件产品所具有的特定的功能，还应该看到由设施所辐射的"场"的关系存在；"场"即空间关系，是设施作用的三维延伸。换言之，我们根本就无法脱离环境空间，孤立地评估设施的意义，空间关系无形地影响着周边秩序。

所谓空间"是我们周围世界的三维延伸，是人与人、人与事物、事物与事物之间的段落、距离和关系"。从这个意义上说，空间问题就是各种关系的问题，而关系问题仍然回归到尺度的问题。

1. 人与人的尺度关系

人与人的关系通常用距离来描述，即心理距离与空间距离；这两种距离总是相互作用。心心相印但相隔遥远，近在咫尺但形同陌路，这都是现实中让人心存芥蒂的现象。尽管人类也有类动物秉性，但人是社会动物，不会如狮子成群、老虎独处、鸳鸯成双那样，动物是根据种群的天性决定着它们的距离关系。人与人之间的距离关系是受心理支配的，这种心理因素又是受到社会文明程度的影响。任何种族和文化背景下的人都具备某些共性，至少在距离感受方面是具有共性的。应该基于这种共性，去理解环境中的人与人之间的各种微妙关系。譬如，陌生人之间总是要保持一定距离，亲密的恋人周围总是会被人们疏离出一段空间，一群相识的步行同伴总是会横行在道路上，也有不相识的人热情地与你东拉西扯……而且，在

图13　花坛固有的尺度不可避免地会被当成坐具，索性衍生为坐具反而更和谐

不同的场合，不同的气氛里人们对于距离的容忍程度是不一样的。譬如，在电梯里人们会高度地容忍陌生者之间的零距离；相互陌生的地铁乘客比肩而坐，此情景在公园长椅上是绝对看不到的；还有在咖啡厅与在露天餐馆时的距离感受上的差异等。

这已经说明，人与人之间对尺度关系存在某种敏感，这些尺度关系不完全是取决于身体结构，还要取决于人的心理距离；环境中人与人的距离感，最终是要通过空间尺度关系来体现。在不同环境的影响下，人与人之间会构成不同的空间关系，应该将此看做是人对环境作出的反映；如果设计能够体恤到人性的特点，那么设计的意义就存在了。

2. 人与物的尺度关系

人与物的尺度关系体现在两个层面上：一个是以人的生理结构为基准的尺度关系，如，基于人体工程学原则确定椅子的尺度；另一个是以人的心理感知为基准的尺度关系，如，人们要选择公园道路两旁的长椅休息时，是愿意面向道路还是背向道路而坐呢？这往往要取决于人在此时此景的心境。波特曼[2]在"共享空间"里的"人看人"理论，所反映的内涵实际上就是人在心理上对空间产生的需求。他觉得，"人们对人看人的兴趣比什么都浓，比什么都更有吸引力。于是，应该给人们创造一个感觉上既安全又私密的场所，使人们能够在这里观察和享受世间百态……"。由此看来，人与环境设施的关系，不是停留在介面[3]关系上，而是要延伸到空间去；人与物的关系是空间的关系，不只是物理空间——人与物之间的位置、距离、比例等，而且是心理空间——人与物之间的亲近感、喜好度，舒适度等。毫无疑问，有意义的空间关系终究要通过尺度控制方法去实现。

3. 物与物的尺度关系

环境设施与其他任何人造物体一样，空间关系决定其意义。物与物的空间关系归根结底还是以人为基本思考点。如，不当的设施布局和位置，过于密集城市建筑，大尺度的道路等，所构成的空间关系影响到了人的活动方式甚至生存规律，也影响到人的心理感受。那些似乎是以恐龙和大象为基准的空间尺度，让人在感叹现代化成就的同时，潜意识中不免产生敬畏、惶恐、冷漠和无所适从之感。新材料、新技术导致出新的形式层出不穷，从那些形式大于功用的城市设施中可以看出，追求创新的热情，有时也会使人们忽略事物本来的意义。

四 、结 语

勒·柯布西耶[4]提出的模度（ModulOF）（图14）概念，揭示了人性的尺度对于设计的意义；但那并非是放之四海而皆准的应用性的方法，而是对以人为核心的设计思维与方法的揭示。对于环境设施的设计而言，人性化的解决方案莫过于追求尺度上的合理化；但这未必就是要死守标准和规范，动态地运用设计手段回更符合目的。何况，中国的地域和民族差异很大，尚未出现具有通用性的人体测量标准；基于设施本身的权威性的行业标准也无据可循。合理的尺度关系是设施产品实现意义关键因素，也是设计中的"柔性"因素。如果希望环境设施在建立和谐秩序方面更具有意义的话，就应该注意尺度控制手段在设计中的价值。

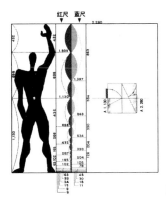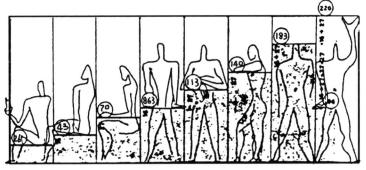

图14　勒·柯布西耶提出的"人性的尺度"和模度（ModulOF)概念

注：

[1] 关系设计：即将人与人、人与物和物与物之间的关系作为思考要件的设计。

[2] 约翰·卡尔文·波特曼（John Calvin Portman，1924– ）20世纪后半叶兼为房地产开发商的美
国著名建筑设计师。

[3] 介面：即设施、产品等在使用时与视觉、触觉有关的因素。

[4] 勒·柯布西耶（Le Corbusier, 1887–1965 ），现代主义建筑设计师。他提出了模度的数
列和人的动作姿态关系理论。

参考文献

[1] 西泽健著.ストリ-ト.ファニチュア.东京：鹿岛出版会，1996:85.

[2] 吴翔编著.产品系统设计.北京：中国轻工业出版社，2000:28.

[3] (美)阿摩斯·拉普卜特著.建成环境的意义.黄兰谷等译.北京：中国建筑工业出版社，1992:166.

[4] 石铁矛,李志明编著.约翰·波特曼.北京：中国建筑工业出版社，2005:17.

夏金婷 / Xia Jinting

（《设计新潮》杂志社，上海，邮编：200233）
(the Journal of Architecture & Design, Shanghai 200233)

中国古代庭园环境艺术设计研究
——构成元素及其关系的演变

The Research on Chinese Garden Environmental Design
—The Development of Basic Elements and Its Relationship

摘要：
论文从中国古典庭园的构成元素（包括叠山、理水、植物配置和建筑）分析着手，进而总结了构成元素之间的关系。通过分析每一阶段构成要素及其关系的流变，进而理出庭园环境艺术设计要素及其关系的演变。

Abstract:
The way of researching work is to start with the analysis of the basic elements of Chinese garden environmental design including mountains, water, plants and construction, and then turn to relationship among these elements. After analyzing the elements and its relationship in each period, the paper draws a conclusion.

关键词：庭园　环境艺术设计　叠山　理水
Keyword：garden, environmental art design, rockery, design of water

中国古代文化遗产中关于环境艺术的主要有三部分，一是造园艺术，二是建筑艺术，三是堪舆学。堪舆学颇为抽象，类似中医理论难以解释清楚；而建筑强调单体，仅仅是环境艺术设计的构成元素；而造园艺术却是具体的、直观的、整体的，它包含了设计思想、艺术审美、布局规划、营建技术等多方面的内容。英国著名建筑及城市规划教授斯图尔特·约翰曾经说过："中国（传统）建筑和城市规划包含着与当今环境设计相接近的设计观念。"他所谓的"现代"，正是体现在中国自古以来环境设计以尊重自然为主，追求天人合一的境界上。因此可以说，无论在理念上还是设计手法方面，造园艺术设计对现代环境艺术设计具有无可置疑的借鉴作用。

一、庭园

对于庭园这一概念，《中国大百科全书——园林卷》的解释为："在庭院中经过适当区划后种植树木、花卉、果树、蔬菜，或相应地添置设备和营造有观赏价值的小品、建筑物等美化环境，供游览、休息之用的，称为庭园。"

本文这样界定"庭园"的概念：庭园是指占据园林的主要空间，并包含主山主水主建又相对独立的空间。这样界定"庭园"概念的目的是为了明确研究对象为空间组织与核心构成元素。

庭院则为建筑物前后左右或被建筑物包围的场地，是建筑学中的一种空间形态。庭园属于造园学的范畴，是园林的一种形态。

两者的差别在于"院"与"园"。

虽然一般来讲园比院大，但是以规模的大小来来区分园与院显然不得要领。园的本质特征在于综合运用各种造景组景的方法，使得设计空间具有独立的景观欣赏性和艺术性。庭园的侧重点在于建筑布局与规划，以及其中的叠山、理水、植物、小品、铺装等造园要素的组织及其成分的营造。而在庭院间点缀适当的花木山石终究还不足以成为独立的景观，因此，没有景观意义的庭院，即使规模庞大，也不能成为庭园。

二、 构成要素

对于庭园环境的构成元素，本文着重于叠山、理水、植物配置、建筑布局、以及主山主水主建之间的关系上，进而分析庭园环境的空间艺术特色。虽然各个构成要素之间是互相影响互相制约的，并没有孰重孰轻之分，但是由于对于庭园环境的整体把握通常以主要的山水意象为依据，而叠山是中国庭园环境主要的造景元素之一，在古代造园设计中，叠山水平的高低往往是一园艺术设计成败的重要影响因素。

从整体结构上来看，除了极少数的只由单一空间组成的小园，多数园林空间都是由若干个大小不一的空间组成，因此为了突出主题，必然有一个空间或是因为位置的重要，或是因为面积的比重大，或是因为景观组织丰富而明显区别于其他的空间成为全园的重点空间，这样才使得整体布局主次分明，井然有序。往往园内的主要厅堂就布置在这一空间中。这种处于核心位置空间，在相邻空间中起着凝聚、联结、或过渡的作用。

因此在这种空间组合关系中，作为主山主水主建所在核心空间的特征有着关键意义：当造园空间扩大到一定程度时，主山主水主建所在的庭园空间成为集中的向心的空间组合形式，进而成为整体空间关系中的主导空间。因此，这部分主导空间对于研究古代环境艺术来说最具研究价值。本文称之为庭园空间。

对于这部分主体空间的"庭园"的识别有三点：一是庭园在整体园林空间中占据核心地位；二是庭园空间应包含所在园林主山主水主建；三是空间的完整独立性。

三、 山水画的独立

隋代的绘画承前启后，作为人物活动环境的山水，由于重视了比例，能够较好地表现出"远近山川，咫尺千里"的空间效果。唐代始于吴道子，成于李思训、李昭道的"山水之变"，其本质是由山水精神的追求转向山水意境的表现。

山水画的独立，是庭园环境艺术发展史上的一件大事。它不仅意味着人们对山水审美意识的成熟，以再造自然山水为主题的造园观念进一步确立了，而且成为了以山水意识为主要设计思想中国庭园环境艺术走向成熟的充分条件之一。

四 、 缩 移 模 拟 （ 唐 ）

唐朝的造园发展是整个历史脉络上承上启下的重要的环节。

禅宗的盛行使广大知识分子自觉不自觉地具有参禅的意识，禅宗甚至成了艺术家们的主要哲学，这些从中唐以来的绘画与诗文当中不难发现。禅宗也变得越来越富有艺术精神，因为禅宗所讲的主观的"悟"与"心性"所昭示的不触动现存秩序的自由精神，与士大夫尚保存的本能的自由要求一样，因此他们极易接受禅宗的这种从不自由中寻求自由的精神生活方式，并以艺术活动为其出口，造园自是重要内容之一。在唐以后的宋元明清，禅宗成为艺术家主要的哲学，在庭园环境艺术中处处有所体现。

唐代造园的艺术性较之上代又有所提高，筑山理水刻意追求一种缩移模拟天然山水，以小观大的意境。尤其是造园立意方面，因为文人参与造园活动工程与艺术的结合注重情景交融，通过景物的引导来开发欣赏者的想像来进行二次创造。诗画互渗和山水画的独立在加速造园向写意方向发展功不可没。

中国园林经过了先秦、两汉、魏晋南北朝的漫长发展，到了初唐时期，已经逐渐地演变为与正统居处环境相对应的生活场所。而文人造园的兴起，使得园居的精神功能与物质功能上升到同等重要的地位。因此，唐代园林在性质和功能上均发生了重大的变化。

文人画家参与造园活动的结果是文人造园家的出现。文人参与造园活动，使"意"与"匠"相互结合，即所谓的设计理念与实践技术的结合，工程与艺术的结合。这种结合为宋代庭园艺术走向成熟作好铺垫。

五 、 壶 中 天 地 （ 两 宋 ）

两宋的庭园环境艺术各方面的发展都日趋完善。

宋代虽然尚未出现专业造园师，但是开始有专门评述名园的文章，例如北宋李格非的《洛阳名园记》，南宋周密的《吴兴园林记》等，这些文章的出现证明庭园已经作为艺术审美对象出现，这与唐代文人墨客借园抒情的文章诗句有着本质上的不同。

大量文人、画家参与造园使庭园环境艺术设计全面文人化，文人庭园作为一种风格几乎遍及了大江南北，最终完成了写意山水的转化。尤其是江南造园的艺术风格与技术手法，为明清以后造园的发展打下了厚实的基础。

宋明理学、汉化的禅宗、山水画的成熟以及中隐思想的普及构成宋代庭园艺术成熟的思想基础。再加上宋代科学技术的突飞猛进，使得具体的造园手法得以长足发展。无论是建筑的营造还是植物花卉的培育都给庭园艺术设计锦上添花。

壶中天地"被宋人引用转化为一个封闭的、精美的、微缩的生活天地的象征。这种空间概念的转变不仅影响了园中各山水格局，促使造园向精致细腻的方向发展，而且影响了各种造园要素。

叠山的发展因为徽宗的艮岳出现了飞跃，各种湖石被开发，与以往的筑山置石不同，山体开始变小。同时专业叠山技师的出现对推动叠山技术的发展起到了极大的促进的作用。造园空间的变化导致筑山体量进一步缩小，山石的细节简化，山体的对叠开始由写实向写意方向转化。理水方面能够缩移模拟自然界全部的水体形态，开始向写意方向发展。

宋代植物栽培技术在唐代的基础上大有提高，有关植物栽培的理论书籍数量上升，栽培技术大为提高。植物欣赏注重个体美，植物造景成为重要的造园手法。园中建筑数量增多、功能增加。

对比明清来说，建筑布局以散置为主，密度不高，个体多于群体，建筑功能仍以点景、观景为主。但是随着园居生活居住功能的增加，以居住生活为主的宅园型造园设计中建筑的主体地位日渐突出，以"堂前阶"即所谓的"庭"为中心的园内向心空间形成了。因此，庭园空间从山水、植物配置、建筑布局等各方面的发展均趋于完善。

六、理论与实践并举（明末清初）

这一时期的庭园环境艺术集古代之大成，能够概括提炼自然美的内涵，形成了具有明显中国风格的造园艺术。上承唐宋余绪，发展又中产生变化，是庭园环境艺术发展过程中从实践积累最后形成理论的一个环节。总的来说由以下几个明显的特点。

出现了大批具有个人风格的造园家，他们大多有良好的艺术功底与文化修养，文人写意风格仍为主流，延续至清末。这一时期的造园家，按其执业方式和社会地位而言，已有几分接近于现代的职业景观设计师(Landscape Architect)，或者说已具备类似后者的某些职能。

大量刊行的造园理论书籍使造园艺术的地位充分巩固，造园观念与技术得以传播，并成为典籍为后人所接纳吸收。同时也是这门艺术到后来走向僵化的原因之一。

艺术与工程结合紧密。造园师们能够灵活运用各种设计手法，对工程技术的重视大大超过唐宋，加之价值观念的改变，造园家们进行设计时能够考虑经济因素。

庭园环境的四大要素各自地位有所变化，但是在艺术设计上都有长足的进步。尤其是叠山的发展迅速，名家名作辈出。由于各地不同的人文、自然条件，南北庭园艺术风格开始明显分化。

造园空间的进一步缩小使园中的山水格局发生变化，建筑由原来的散置山水之间退至山水之外。园居生活的深入人心提高了园中建筑的居住功能的重要性，主要建筑的布局成为造园第一考虑要素，主山主水主建构成的核心空间成为全园活动中心。这种空间组合形式的发展成熟标志着庭园环境艺术最终步入成熟期。

七、从"总结"到"终结"（清中叶、清末　公元1736~1911年）

从乾隆时期到清末，是中国社会发生急剧变革的一个时期。中国一下子由封建社会进入了近、现代社会。对于中国古典庭园环境艺术的发展来说也是一个由"总结"到"终结"的时期。"总结"是指这一时期的庭园环境艺术继承了上代的经验理论和部分遗作，设计营造了大量的精品，达到了历史上的高峰境地，其中有一部分保留至今，成为现今重要的文化艺术遗产。同时由于这一段时期处在时代的末世，政治、经济、文化的影响使得造园活动受到牵制，艺术设计在一定程度上趋向于僵化。这一时期的庭园环境艺术设计特点可以概括为以下几个方面：

乾、嘉两朝的造园活动达到了这一时期的最高潮，中国境内的庭园艺术形成了北京、江南和岭南三大风格鼎立的局面，其中江南庭园艺术仍为主流，对其他两种风格均有不同程度的影响。加之西方文化的渗透，北方造园于岭南造园的设计中都能看到西洋风格的影子。但是这些影响极为有限，中国的庭园环境艺术最终仍保留了它的个性体系。

造园理论止步不前，知名的造园家不多，无名的工匠数量上升，甚至形成了具有规模体系的施工队伍。重视技术的倾向使得造园思想不再像以前那么重要，这一时期的设计风格趋于工匠化，程式化，活力的丧失最终使得这门艺术走向末期。

叠山理水的设计手法形式多样，在工程技术上也达到了相当的水平。由于主体建筑布局的变化，使得山水成为静点观赏的对象，因此叠山、理水的面积进一步缩小。植物配置方面由于各地植物的不同形成各自独特的风格。

造园空间的进一步缩小使得庭园环境设计要素以及它们之间的关系进一步演化。建筑密度增加，布局规划上利用建筑物来规划设计空间的分割成为普遍的手段，因此庭园空间设计灵活、多样，同时也变得越来越复杂。

八、结论

上溯秦汉"一池三山"的筑山理水原型，下至清末的经典庭园设计作品，庭园环境艺术设计构成要素及其关系的演变如下。

叠山的演变过程可以概括为：体量上由大到小，风格上由写实到写意，材料上由筑土为山到土石相间，再到各种形式并存。

理水方面由最初单一的水池，发展到完整的水系，最后能够缩移模拟大自然的全部水体形式的过程中，风格一直以自然格调为主，面积大致也是由大到小的变化过程。

植物配置由简单大面积的分区，发展到唐宋时期的注重个体美，到明清受造园空间变化的影响，面积逐渐缩小，配置趋于精致化，后期地方风格明显。

主山主水主建之间的关系变化的主要原因在于造园空间的逐渐缩小与建筑实用功能的上升。具体演变过程为：由宋以前的建筑居于山中，到退居山之外，最后居于山水对面，致使山水最后成为静点的观赏对象。

俞英 ／ Yu Ying

（东华大学艺术设计学院，上海，邮编：200051）

(Art and Design Institute, Donghua University, Shanghai 200051)

"绿色设计"
——科学发展观的具体战略

Green Design
—— A Way to Improve Consciousness of Scientific Development

摘 要：

绿色设计是科学发展观的具体战略，本文从以人为本的角度简述了两者间的关系，并举例阐述绿色设计中的意识、时间、生命三个本质思路和核心内容。

Abstract:

The contribution of Green Design can make to improve consciousness of science development. This paper based on the aspect of humanization describes the relationship between Green Design and consciousness of science development. Consciousness, time and life which are three main factors of Green Design are described in the following article.

关键词： 绿色设计　科学发展观　意识　时间　生命

Keyword： green design, consciousness of science development, consciousness, time, life

一、引 言

设计是进化人类生活和工作的主要方法与手段。人类的生活和工作向什么方向发展，在发展中如何达到健康和有效，始终是我们以什么战略实施设计创造新生活的核心内容。在设计中以科学发展观统揽，并具体为实施内容的策略，是我们本着务实态度从事各类设计发展的惟一途径。在具体设计中，把"绿色设计"作为有效的推进战略，可以从社会生活的方方面面谋取到科学发展的实绩。

绿色设计，是在设计活动中落实科学发展观的具体战略。社会的发展，很大程度上从人们的生活和工作方式、质量上表现出来，并具体落实在各类物品构成的品质上。在每一物品的设计中，是如何考虑节约资源、保护生态环境、提高使用效率、降低疲劳度、构建和谐交互关系等内容的，将从物质构成的表现意义上体现造物的科学观，并从社会延续发展、物品更新、人类进化的多重角度表达出时代意义和价值。绿色设计的推进，是从造物的广泛意义上推进物品生命力的再发展、人们生活质量的新方式、社会构成的时代体验、环境的可持续发展、技术实现的最新价值表现。从社会整体构成上理顺人和人、人和物、人和自然、人和资源的时代发展意义和价值。

因此，绿色设计在新的时代面前，不能简单和单纯地考虑环境，必须考虑人与环境的有机共存和可持续发展的关系。从以人为本的观点出发，绿色设计包括优化生命质量、缩短操作时间、提高工作效率、减少无谓的脑力劳动和体力劳动等多方面因素。绿色设计是在节约资源和能源的同时，提高时间效率、延长物品使用寿命和物品存在的生命周期，在保护人类生存环境的同时，重新全面关注和审视以人为本的本质——意识、时间、生命。

二、绿色设计中的意识本质

绿色设计的意识性表现为观念上的更新与思想上的超前，也体现为降低操作复杂性和使用的复杂性。近年来模拟人类思维方式的模糊技术越来越多地应用于产品中。所谓模糊技术是以模糊数学为工具，把控制专家和操作技师的经验模拟下来，通过模糊控制软件，将最善于处理模糊概念的人脑思维方法体现出来，并作出正确的判断。以"模糊"洗衣机为例，即人工智能模糊控制洗衣机。它们的"聪明"之处就是可以模仿人类的感觉、思维、判断能力，通过各种传感器自动判断所要洗涤的衣物的重量、布质、气温、水温及污垢程度等，然后通过电脑对收到的信息进行综合判断，自动决定洗衣粉量的多少、水位高低、洗涤、脱水时间的长短和洗涤方式等。在洗涤过程中，根据波轮受力情况，不断调整水流及时间，达到最佳洗涤状态，由智能电脑模糊控制各部件精确执行洗涤指令，自动完成整个洗衣过程。从用手搓洗衣服到自动完成洗衣的方法，这是洗涤意识的更新，洗衣概念的变革。另外，在洗衣粉的配方上也有了免搓洗，一次净的产品减免疲劳洗涤的革新。

雪铁龙公司生产的轿车系列中最高档的C5型自动挡车，最具吸引力的便是仪表盘正上方的那块液晶显示屏。它除了能对驾驶员的所有操作进行动态显示外，还是一本有声有色的"活地图"。安装在车上的卫星导航系统相当于一台联网的计算机，只要驾驶员将目标地址输入其中，它就可以自动进行检索，其检索工具是通过卫星来运作。输入地址时，前方的液晶屏幕会显示出一个普通键盘的图形，驾驶员可通过一个转动旋钮来选择字母。电脑里记录了法国乃至欧洲部分国家的所有街名，驾驶员选出街名的前几个字母后，电脑会对后面的几个字母进行智能处理，大大节省了输入时间。当然，也可以将几个经常用的地址记录在电脑中，只需轻轻一按，便可自动跳出。另外，这套系统可以用英、法、德等多种语言进行语音提示。这项设计可降低驾车人的疲劳感，使驾车成为一种生活乐趣。

佳能公司在早些年推出一款EOS5型号的照相机，是世界上第一款具有眼控自动调焦功能的照相机。在照相机的取景器内，装有数只红外线发光二极管，发出的红外线在对人眼照射后再反射回取景器内的CCD传感器上，经过机内电脑的运算，得出眼球转动的方位，最后确定与眼镜聚焦的相关自动调焦点，并启动调焦机构在此调焦。在照相机的宽区5点自动调焦系统中，实现了看到哪里哪里清晰对焦的理想，改变了以往必须用手来控制焦点调焦的方式，使之更加符合现代自动调焦照相机的简单、快速的操作原则。

上述设计案例，始终是围绕绿色设计的意识去思考、组织、设置，最终均以时代意识表现出产品与人的作用方式，体现出畅通、节时、省力、可靠的绿色设计思想。

三、绿色设计中的时间本质

绿色设计的时间性体现在减少操作环节、简便操作方法、操作模拟快捷，在设计中有效使用物品的高效率，体现以人为本，为人服务的原则。古人云"一寸光阴一寸金，寸金难买寸光阴"，从中可以体会出时间的珍贵性。人的生命是短暂而有限的，浪费时间如同浪费生命。节约时间、提高效率的设计才是对人类的真正的关怀。优秀的设计小则可博得使用者的交口称赞，大则会改变人们的生活方式。

从日常生活中获取饮用水方式的改变对我们也有所启迪。传统方式：打开水龙头 → 盛水 → 点燃煤气(或接上电源) → 等待煮沸 → 灌入保温瓶 → 倒水（等待冷却）。使用冷热饮水机：打开开关 → 倒水（冷热随意）。从中可以发现，后者比前者省了四个步骤及几倍的等待时间，把有意识的行为转化成由程序自动控制中，因此后者的优化设计为使用者节省了大量的时间，便利的使用方式体现了绿色设计的时间性。当然，现有饮水机在耗能方面、材料方面等，并非完全意义的绿色产品。这同样也有待于我们设计师开发真正绿色产品的"饮水机"。

充分利用产品的模块化设计可以大大提高产品的使用寿命。一位设计师曾设计一双可以换鞋跟的女鞋，女士们在白天工作时可使用平底鞋跟，在夜晚可换上高鞋跟参加宴会。巧妙的设计不仅大大延长了产品的寿命，还令产品具有别样的韵味。

把时效概念注入到每一件设计中，不仅在物质形态上开发出新的意义，更从人性作用上挖掘出无限的潜力。

四、绿色设计中的生命本质

绿色设计的生命性可包括提高生活质量、保护生命安全、提供生活便利和延长产品使用周期等要素。还包括避免误操作行为发生、降低使用者操作疲劳程度等方面。

汽车安全带的出现使在交通事故中幸免于难的驾车人数上升25%，换句话说，小小的安全带保护了1/4驾车人的生命。交通事故统计数据表明："三点式安全带+安全气囊"的防护效果最好，其有效保护率高达60%。大大提高了人员的生还率。现今，安全带已成为汽车组件中不可或缺的部分之一。

在英国设计展中有一个无针注射器的设计。该设计让受压的气体将液体压入皮肤，免除了接受注射者的心理恐惧。还能方便人们在3s内自助完成注射，其设计师通过与各类专业医生交流，并阅读大量药剂知识后发现，很多治疗需要注射，而大部分可以自助完成。但为了避免针头事故，开发廉价的无针注射产品会受到极大欢迎。

一件源自英国的热罐头的设计也非常独特，只要拉开罐头盖，氧气便与罐头的内壁反应加热食物，且不用担心食物会变质，因为真空保存没有期限，这种以化学反应为灵感的小设计改变了人们吃冷餐的习惯，并且让有胃病困扰不宜吃冷食的消费者受益匪浅。

围绕"生命"主题展开各项有益的设计，是绿色设计中探索的主要内容，也是开发人类美好未来的必由之路。

上述三方面的本质，是实施和推进绿色设计战略的核心内容。围绕这三个核心点展开设计开发，可以帮助我们理清现代设计的基本思路和主要战略点，从而在具体元素的展开和塑造中注入以人为本的设计科学观，在此基础上努力探寻新的表现亮点，运用可感的手法和手段实现新时代广泛内容的可延续和再发展。

参考文献

[1] 何人可. 绿色设计. http://www.dolcn.corn/d/digest20010822204646.html，2003.

[2] 伍斌. 绿色浪潮下的工业设计. http://www.dolcn.corn/d/digest20021225232134.html，2003 .

[3] 张学伟. 绿色设计——新时代设计的主旋律. http://www.dolcn.corn/d/digest20021031111540.html，2003.

[4] 许平，潘琳.绿色设计.南京：江苏美术出版社，2001.

[5] 江湘芸.设计材料及加工工艺.北京：北京理工大学出版社，2003.

夏明、顾利雯 / Xia Ming, Gu Liwen

（东华大学艺术设计学院，上海，邮编：200051）
(Art and Design Institute, Donghua University, Shanghai 200051)

由振华里石库门住宅改造所想到的

Thinking about Reconstruction of Zhen Huali Shi Kumen Dwelling

摘要：

本文详细介绍了振华里石库门住宅改造前后的单体及布局状况，记录了居民的看法。指出，如果当年改造的标准再高一些、保护得再多一些，如今的社会效益将更大，经济效益也更可观。作者进一步得出结论：居住区建设应更多地运用地域性建筑理论。

Abstract:

In this paper, we introduced the unit and general plan of reconstruction of Zhen Huali dwelling in detail. Second we made an on-the spot investigation of inhabitant's view. Then we pointed out that the societal benefit should be bigger if the standard was higher and more old buildings were protected. At last we came to the conclusion: more theories of localism architecture should be applied in the reconstruction of old dwelling district.

关键词： 石库门住宅　　居住区　　地域性建筑　　居住文化

Keyword： Shi Kumen dwelling, dwelling district, localism architecture, dwelling culture

　　不久前，结合学生毕业设计调研，我们对20世纪末改造前后的振华里石库门住宅进行调研。在这一过程中，我们了解到，改造后的振华里如今可能又将列入拆迁范围。但是在周边时尚、现代的环境氛围中显得十分破败的改造过的振华里小区，在住房买卖市场上却异常红火，每天前来打听这里房价的络绎不绝，愿出高价购买的人也不在少数。我们不禁感叹：这么小的房型，这么旧的房子，何以吸引人们的关注？

一、振华里石库门住宅改造调研

　　振华里，南临合肥路，北接复兴东路，西起马当路，东至黄陂南路，始建于1924年，属旧式石库门里弄住宅。原有楼房93幢，居民约1400人，占地0.5hm²。作为卢湾区第一批成片、整街坊的旧住房成套改造项目，振华里自1991年开始，分期分排改造，建设总周期共为2年。

　　在振华里的改造过程中，原有居住面积大于15m²的住户均可以享有原迁原还的政策，约有70%~80%的居民回迁。改建后的振华里保留了里弄住宅低层高密度的特点，沿用了原有的弄堂和部分隔墙，共有10排、225套住房，大多为3层高的独门独户住宅。

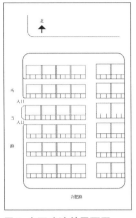

图 1.小区改造前平面图　　图 2.小区改造后平面图

图 3　改建后的支弄及单体

图 4.　加建了绿化和健身设备的总弄

1. 总平面分析

改造前的振华里在通向马当路和复兴中路的弄堂口分别设有出入口，另有一个出入口通向相邻的梅兰坊（图1）。改造后，小区在临复兴路的部分土地上另建高层商务楼，减少2排石库门住宅，封闭了通向梅兰坊的出入口，仅保留通向马当路的两个出入口（图2）。主要人流经过支弄到达总弄，再分别流向各个支弄。

改造后的振华里保留了原有的行列式布局，总平面为"干支式"结构形式，东西向的支弄宽约3.5m，南北向的总弄宽约6.5m（图3）。最北面的弄堂适当放宽尺度，主要用于满足消防以及日常生活垃圾的运输需要。在总弄沿山墙处加建了绿化和健身设备，有利于居住环境的改善和居民生活质量的提高（图4）。

2. 单体分析

振华里的旧式里弄住宅皆为单开间的单元组合，开间3.9m，单元平面呈长条形。正面入口处，是一堵高约5m的围墙。大门镶嵌在围墙的中间，采用1.5m宽，2.5m高的双扇内开石库门。门内即为10m²左右的天井。正对着大门的是客堂，紧接其后设有楼梯间。楼梯为单跑，直上二楼，二层楼梯间南部为客堂间，楼梯间兼作楼层过道，空间十分紧凑。单开间附屋上部用作小卧室，俗称"亭子间"。它与早期石库门住宅的区别在于开间少、宽度窄、窗户

图5 改建前后住宅入口对比

多，进深也略有减少。

改造后的住宅在平面布局、层高和层数上都有了变化，主要特点是将公用住宅改为一梯三户的独门独户住宅，原来标志性的"石库门"被拆除，取而代之的是砖砌围墙，高度从原来的5m降低到2.1m左右（图5）。南向天井的开间和进深均保持不变。位于厨房和卫生间旁的小天井是石库门住宅元素的延伸，虽然面积仅为1.2m²，但满足了厨房与卫生间的采光、通风等多重需要，是改造后住宅单体的精华所在（图6）。原有石库门住宅的另一主要元素是晒台。改造前的晒台位于北向的亭子间上方，每层的住户都会在晒台上晾晒衣服，有的还种花、养鸟，利用率比较高。在振华里的单体改造中，晒台被予以保留。实际使用中，晒台的使用率已经不像过去那么高了，特别是一层的居民，他们拥有一个宽敞的南向天井，采光、通风条件都很好，就很少去三楼的晒台上晾晒衣服。根据调查，晒台实际使用者主要是三楼的住户，也有二楼的住户。这个现象的产生与改造后成为独门独户住宅有很大的关系。虽然没有能够实现当年石库门住宅的设计初衷，但是晒台的存在依然有其必要性，因为它不仅丰富了立面造型，而且晒台里摆放的花卉和植物也为房间的保温隔热以及住宅环境的调节起到了作用（表1）。

二、邻里活动和交往空间

对居住在石库门住宅中的上海居民来说，弄堂是他们日常生活的重要场所，也是和邻居们进行交往的空间。但是，近几年新建的现代化小区中却发生了不少变化。随着生活水平的不断提高，随着电话、电视、空调的普及，新居住区中越来越多的居民将自己封闭在家中，除了必要的进出门之外门也不常开。新居住区的大面积中心绿地，使用率并不高，新居住区虽然干净合理，但由于缺乏人气而不再有灵气。

改造后的振华里，人气依然很旺，如今我们依然可以看见孩子们在狭窄的弄堂里玩耍的

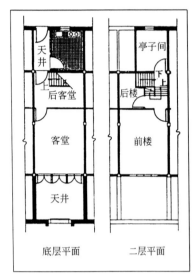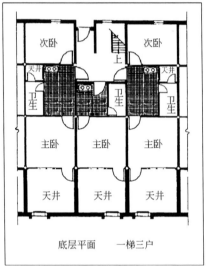

图6　改造前石库门平面图（左）及改造后住宅平面图（右）

改造前后主要参数比较　　　　　　　　　　　　　　　　表1

	改 造 前	改 造 后
开间	3.9m	3.9m（不变）
进深	约14~15 m	约14~15m(不变)
层高	底层 3.4 m 楼层 3m	皆为2.8m
层数	2层局部3层	3层局部4层
围墙高度	5 m	2.1m
晒台	每开间一个	每三开间两个
天井	每开间南北入口处各一个南向为大天井，北向为小天井	南向大天井每开间一个，面积不变北向小天井每三开间两个（作为厨房、卫生的采光和通风用）
形式	公用住宅 每天间用一个楼梯	独门独户住宅 每三开间用一个楼梯（一梯三户）
外墙材料	红砖	涂料粉刷

图7 邻里见面时热情地招呼

身影，依然有老人在弄堂里打牌、下棋，在冬天有太阳的地方依然聚集着不少人。这种有说有笑的场面，处处可见。对这里的居民而言，弄堂不仅仅是到达自家门口的通道，更是他们交流的场所（图7）。

总弄是小区居民交往的主要场所，主要有以下几个原因：

（1）总弄较宽，为人们提供了足够的活动空间。

（2）由于交通由较窄的支弄到达总弄，所以总弄没有机动车经过，非机动车的车速也相对放慢，为人们的交往提供了良好的环境。

（3）总弄为南北方向，没有遮挡，有充足的太阳光照，冬天温暖，吸引了大量老年人和小朋友前往。

（4）由于小区是由旧式里弄住宅改造而成，缺少绿化。总弄加建了小区惟一的绿化带，并布置了健身设施，因而吸引了居民前来活动。

三、居民的看法

振华里毗邻淮海路商圈，地理位置相当优越，且出行方便。小区周边的学校、超市、医院等配套设施十分完善，交通便捷，原来居住在振华里的居民，平均每户只要出资1万元就可搬回，这样既满足了居民住房改造的需求，又符合居民的实际承受能力，深受大家的欢迎。

过去的旧式里弄住宅基础设施差、面积小、人口密度高、采光通风不良，夏天闷热，冬天终日不见阳光，环境嘈杂，没有卫生设备。改建后的振华里，独门独院、环境幽静、用地相对宽敞，还加建了绿化和健身设施。不仅建筑质量好，面积大，而且日照通风条件有所改善，最重大的改变就是将过去的"七十二家房客"变成了独门独户的住宅，各户有了属于自己家庭的厨房和卫生间。

笔者走访了振华里的老居民，对于现在的居住情况，他们这样说："儿女们让我们把这里的房子卖了和他们一起住，我们都舍不得。我们在石库门里生活了一辈子，现在岁数大了，要我们住到高层里面去我们是不习惯的。这里的环境好，进出方便，而且周围的老邻居关系都特别好，大家像一家人一样。"事实情况也的确如此，新住宅里大家门一关就谁都不认识谁了，而老的里弄房子虽然狭小，老人们却不愿意离开，原因是多年的老邻居们不愿意分开。很多上了年纪的人都到这里来询问有没有出售房屋的意向，有的甚至开出惊人的价格想拥有这里的一套住宅。在这里，人们就像是回归到了当年石库门的生活中，邻里之间互相帮助，关系融洽。

四、思考

如今的振华里石库门住宅身价倍增，这一看似不可理解的现象，我们若从地域性建筑的角度去思考就不难找到答案。

当今世界是一个全球化的世界，每时每刻我们都感觉到了自己身处一个全球化的时代当中。全球化在建筑界表现为建筑文化的国际化以及城市空间与形态的趋同现象。无论是北京、上海，或是香港、台北、曼谷、汉城，以及纽约、芝加哥，城市中的大部分地区都失去了个性，彼此十分相似。全球化的影响也深深地影响到了与人关系最密切的居住建筑，作为最能体现地域性的建筑类型，上海的居住建筑本土地域性特色丧失殆尽，特别是20世纪90年代以后，为了满足生活水平提高的新的居住需求，上海建设了大量似曾相识的商品房住宅。有品位、有上海地域特色的楼盘屈指可数。改造后的振华里深受市民的欢迎并在市场竞争中立于不败之地，是一个偶然现象，因为当初的改造标准低，规划建设部门由于缺乏资金，采用了比较保守的开发策略。毫无疑问，如果十几年前的改造标准再高一些，将原有文化特色保护得再多一些，如今的社会效益将更大，经济效益也将更为可观。

里弄式住宅在上海还有大量实物存在，在市中心寸土寸金的商业要地，居民动迁难度大。那些质量较好的石库门住宅，经过维修和改建，仍可成为今天城市住宅建筑类型之一。另外，郊外新建楼盘，如果运用地域性建筑理论，更多地关注自然条件、人们的生活方式、地方文化等因素，就不难创造出充满生机与活力的居住区。

冯信群、贾之曦 / Feng Xinqun , Jia Zhixi

（东华大学艺术设计学院，上海，邮编：200051）
(Art and Design Institute, Donghua University, Shanghai 200051)

论当代设计的艺术性方向
——关于环境艺术中的多元价值与诗意生存

A Study on the Artistic Way of Contemporary Design
— About the Pluralistic Value and Poetic Existence in Environment Art

摘要：

在自动化程度日益增强与个人意识不断觉醒的今天，设计与艺术的边界被消解，设计呈现出更多的艺术化特征，追求更趋于精神化的价值取向。作为一门与艺术紧密相连的交叉性学科，环境艺术设计也追求一种不确定的多元化价值和能引起人诗意反映的体验式表述语言。设计思路从传统平立面设计转化为感性思考过程。满足人行为的"事"的创造而非传统意义上单纯对"物"的设计。

Abstract:

Today with the enhance of automatization and continual awakening of individual consciousness — the boundary between art and design is eliminated. Design shows itself more artistic characteristic and purses more spiritual valuation. To be a intersectional subject which has close connection with art, environment art design is also pursuing a uncertain spiritual valuation and experiential language which could bring people artistic reaction.

Design idea is transforming from traditional plan and elevation design to a sensuous thinking process. It is to satisfy the creation of process in people's action , but not a design for objects in traditional significance.

关键词： 当代设计　非物质性　环境艺术　多元化　体验互动

Keyword： Contemporary Design,Immaterial,Environment Art,Pluralistic,Experiencing Interaction

一、 当代设计图景及阐释

世界越来越多地被人造化，"设计"这种人造物的创造工作在当代社会中也与我们走得越来越近了，设计产品也与我们发生着这样那样的关系。从个人日常生活中的交通工具、生活用品到城市规划、土地开发。在这个什么都要被消费的时代，设计无孔不入地进入了生活地方方面面，影响与改变着我们的行为和生活环境。在强烈地经验着这个世界的同时，每个人都加入到了设计活动之中，这种行为使当下的设计区别于以往单一的由设计师主导的设计活动，呈现出多元的体验化的状态。

这个被设计的世界已不止是一个单纯的、超然的客观世界，它也因此溢出了物质的范畴，走向了一个融物质性与非物质性、物质形式与审美形式、日常生活与艺术知觉于一体的新的文化领域。

1. 设计的生活世界维度

"设计活动"是基于对"人造物的创造"，从根本的意义上来说它是作为"一种赋予生存世界以形式和秩序的创造性活动[1]"。其出发点与目标都是基于对生活世界的物质性与文化性的需要的理解。它有别于用色彩与线条去传达某种对生活世界的感觉的绘画艺术及用语言创造情感性可阅读空间的文学艺术，设计不只停留于观念的表达，它更直接地体现在了创造性的物化过程之中。

2. 当代设计的开放性图景

当代设计由工业化社会中的强调理性的"现代主义"转向了多元的生活需求与文化观念。前者出于对标准化与批量化经济意义的探讨倾向于对抽象符号与形式的追求。后者基于对人类行为本身的理解及对多元生活需求的满足，产生了"重估一切"的秩序创造。

在"用户至上"的消费世界话语权引导下，我们在任何时间与情况下所做的，都可以被看成是设计，因为设计是所有人类活动的基础。当代设计在开放的生活与文化语境下已经被理解为一种无所不包的意向性行为和活动，它是包括了人类生活的整个领域的创造性行为。

二、 当代设计转型及特征

1. 设计的非物质化转型

非物质性或者设计对非物质性的表达是社会后工业化或信息化的结果。所谓非物质社会，是数字化、信息化服务型社会。非物质社会的产品价值主要来自与先进知识在消费产品及新型服务中的体现，有别于以往工业社会中强调产品的原料价值及体力劳动的价值。[2]因此，提供服务及非物质产品是当今设计的主要内容。"非物质"不是物质，但基于物质且脱离物质的层面。

当代设计活动和设计文化的一个显著变化是：设计作为一种物质化的实践行为转向了更为宽广的人类生活领域。设计观念变化的显著特点是随着科学技术特别是计算机和网络技术的发展而不断探询未知，为信息社会寻找新的造型语言和设计理念，就是说设计不仅仅用自己的方法研究世界，更重要的是设计研究科学技术对环境与人的生存方式的影响。设计产品与设计活动不再是一种封闭在自身之内的自足系统，更多地参与到了社会生活之中，与各种因素发生着这样那样的关系。设计观念从简单的客体的"物"的生产转化为了"事"的创造活动。它包含了人与人之间的社会交往，人与物之间的多重互动关系，设计活动因此也成了人类生活中最感性具体的开放性的文化形式。

2. 当代设计的艺术化特征

艺术的不确定性与见机行事性是其根本特点，它有别与传统的设计活动的目的性。传统设计师预先规划了设计计划从而实施建造活动，而艺术家始终追求过程的不确定性所产生的先锋式终极价值。它的"个人性"创造活动有别于设计行为的社会属性。但随着先由哲学领域进行的思维方式及思维观念的根本变革，传统"两极对立"的思维模式，如物质与非物质、精神与肉体的对立等被一一消解，人们理解世界的主要方式也随之改变。

在自动化程度日益增强与个人意识不断觉醒的今天，设计由"追求明确目标和价值"转变为"一种无目的性的，不可预料的和无法准确测定的抒情价值"和种种"能引起诗意反映的物品"[2]。这与艺术的创作过程如此的接近。因此设计与艺术的边界被消解，设计呈现出更多的艺术化特征，追求更趋于精神化的价值取向。

三、 环境设计的艺术性方向

环境设计作为一门综合交叉性学科，渗透了艺术、建筑、工程技术、产品设计等多个方面。在当今的设计语境下，环境艺术设计也追求一种不确定的多元化价值和能引起人诗意反映的体验式表述语言。

1. 环境设计中多元价值的体现

环境艺术设计中价值的多元性与不确定性主要由于两方面的原因。首先，从客观上讲，非物质社会背景下的设计更多地追求体验式的服务及非物质产品的消费，其与以往原始社会及工业社会的根本区别是，后者产品价值更多包含原材料及体力劳动的价值。而这些价值是相对容易被定量的单一价值。而服务与体验以及非物质化的产品更多为"软件形式"，其价值自身是多元的与不确定的。其次，在消费文化背景下，走向生活化的设计图景打破了以往的价值专制，每个人都有权对设计有自己的价值标准。因此，不同文化立场都有其合理性。文化的差异化并置与融合是设计价值多元化的前提。在当下环境设计中创造一种东西方文化差异的融合与对话，传统与现代的拼贴与交融的平衡关系，成为一种富有意蕴的新的价值取向。

（1）空间的多样形式与功能复合

在以往的环境设计中，空间的"功能"与场所"形式"互不分离，且一一对应。功能必须在场所形式中才能体现，正如会议室、卧室及娱乐空间都有其固定的场所模式。但在当代非物质化社会技术支持下，许多智能空间或概念空间中，其使用功能与空间形式的对应关系已被打破，出现了同一空间中的性格转换。空间的视觉形式可随灯光、物理甚至是化学手段随意变幻（图1）。场所的功能也因此而含糊不清。空间性格的转变满足了同一人不同行为

图1 Jean Nouvel 设计的位于西班牙马德里的 Hotel Puerta de America 酒店中十二层客房：随着音乐的变化，环境界面呈现出不同的、变幻的投影效果

图2 Zaha Hadid 设计的位于西班牙马德里的 Hotel Puerta de America 酒店中一层客房。场所的功能含糊不清，形式不可名状却又可以被轻易感知。空间性格也随室内光线色调而变化。

的需求，以及不同人的不同需要。在形式间互为转化的过程中，形式自身变成了无法被准确名状的样式，场所也非摆在人们面前，可以被任意定义的功能（图2）。"形式"与"功能"的多变与复合、行为的不确定性使设计脱离物质性层面，在时空的转换中走向精神价值的思考。

这种多元价值的思考与艺术不谋而合，正如艺术已走出架上绘画，艺术形式与对象不再是表现与被表现的关系。当代艺术追求一种不确定的情感及其引发的思考。

（2）文化的差异化并置与融合

"汤因比——一个曾经提出了反叛性观点的无可争议的革命者——曾经写道，人类将无生命的和未加工的物质转化成工具，并给予它们以未加工的物质从未有的功能和样式。而这种功能与样式是非物质性的：正是通过物质，才创造出这些非物质的东西。" [2]

这是"非物质"的最初提法，在当代社会背景下，也可以认为人类将现有的文化、人造物用新的视角重新诠释，并给予它们原有文化背景下未有的功能与样式，形成更能满足当下生活世界中人们的需求的新价值，而这种功能与样式同样是非物质的。文化的交流是满足新价值产生与发展的源泉与动力。"社会发展需要文化的不断更新进步，而文化的更新能力从历史规律来看，交流是其巨大的推动力。没有出现过哪种封闭发展的文化在时间的进程中能永远保持领先优势。" [3]因此，现代环境艺术善于从不同文化那里获取表现形式的经验，丰富了创造的可能性，不同历史的设计思想也成为他们的设计话语资源。某一样式的知觉过程和记忆过程，都不是一些孤立的过程，它们还要受到无数活跃在观看者大脑中的记忆痕迹的影响。[4]如贝聿铭设计的玻璃金字塔与卢浮宫拿破仑广场上的洛可可建筑是不同文化并置的极佳典范。金字塔的出现不但没有影响欧式建筑的艺术感染力，而且形式的借用与隐喻使人产生稳定感与永恒之美的联想。不同的历史文化场景在同一空间中展现，给人以振奋人心的全新感受，表现出巨大的艺术张力。

强调设计中文化的差异化同样也使得区域文化的交流用特殊地域语言重新阐释得以实现，设计的文化身份确立于体现出差异化与多元化趋向的语境之中。用以抵挡工业化产生的技术形式及风格的复制。意大利建筑师伦佐·皮亚诺设计的太平洋法属新卡里多尼亚美轮美奂的吉巴欧文化中心，位于安静优美的自然环境中，方案运用陶制百叶创造出与当地自然特色相符合的建筑形式，也与当地建筑在质感造形等因素上融合，恰如其分地保持并发展着本土文化。

2. 建构体验式的诗意生存

生活图景的多元化对设计的多样化提出了要求。同时生活世界界限的可渗透性、不确定性、环境的多变化也对设计提出了更为广泛的要求，一种强调体验式的建构设计方式应运而生。强调人身的行为及其与计算机、环境的互动是它的特点。

（1）环境设计中的体验互动

人机互动：在后工业时代的计算机与人一起工作，工业产品的范围从传统的有形物质延伸到了无形的"人机对话"语言对话中。当下在表现复杂性形态建筑中运用的"生成设计法"即是典型的"人机互动"设计法。这种设计方法基于生物学的基因理论，利用生成图码库的设计要素，通过程序编码，让计算机进行建筑设计，这一过程是开放的形象设计体系生成设计法的设计过程犹如操控一般可听凭摆弄的意识流，设计者可随时把任何特征突出成为作品最终结果的形象。[5]它是一种具有人文特征的设计手法。在人机互动的过程中发挥设计师天才般的想像力，创作出有如艺术品般独一无二、不可名状却又可以被轻易感知的作品。这种"人机对话"设计模式实质上就是一种"初创形式加变换"的思维方式。这种变量产生于原有形式，同时又是对原有形式的重新认识与设计。

人与环境互动：世界在相当的程度上越来越成为一个人造的世界。环境中也有许多人造的成分，至少是人可以加以控制的成分。这使得在当下的环境设计中，人与环境的互动成为现实。它夹带了较多的情感因素，追求一种与环境更加密切交流的情感体验。

如NOX设计的位于荷兰的"D-TOWER"项目，它扮演着市民情绪晴雨表的角色，通过每位刷新的网上市民打分的综合评定（内容包括行为、金钱、情感等社会问题），它会呈现出不同的色彩，色彩的不同象征着情绪的变化（图3）。这座城市公共建筑物是环境中大众情绪的集中体现。在某种程度上，这也是使用者的自我设计。这种由人参与的环境作品，体现出了一种捉摸不定、随机应变、变化多端及概念与形式相伴进行的特点。这也正是艺术创作过程中的追求目标。

（2）走向感性的行为表达

图3　NOX 设计的位于荷兰的"D－TOWER"项目

材料在环境设计中越来越起到了重要作用。因为相对于形式的单一视觉作用，材料有着与行为更为密切的触觉、听觉、嗅觉、味觉等其他富有表现力、感染力的功能。它影响着人的行为，影响着空间的品质。如位于德国慕尼黑的服务中心，建筑表皮采用了15mm厚的耐候钢板，静谧饱和的红色整体显示出历史的沉淀感。使极简约的建筑体块也表现出丰富的细节（图4）。钢板在大气环境中表层逐渐氧化变色，甚至雨水流淌于表面留下的锈蚀印迹都可以被看作是一种特殊效果。耐候钢板在与大气的接触过程中，金属表面形成致密的、黏附性好的非晶态氧化层保护膜，颜色随着时间的推移，由铁锈红逐渐变为暗青，最后形成暗紫色。冰风雨雪等自然气候也加速钢板表面的质感变化。建筑有如生命体，随着时间而生长变化，记录下自己的历史年岁。这种特殊材料有如20世纪80年代引入国内的故意磨旧、甚至破损的牛仔裤一样，对于传统设计思想可能具有颠覆性的意义。

在体验式的空间营造中，各种感觉都有其影响人行为的作用，在消费社会中后现代拼贴缺乏内在心灵探索，用完即扔的复制艺术最大限度满足了生活世界中的世俗化要求，时间性的体验式设计被运用到设计中来，用以平衡"由看及欲"的平面化铺展。带有文学性隐喻的，听觉节奏化思考的设计作品是后工业化时代设计的主流方向。设计思路从传统平立面设计转化为感性思考过程。满足人行为的"事"的创造远比"物"的设计重要得多。

四、　结论

在设计在转向非物质的时代，环境艺术设计追求一种不确定的多元化价值和能引起人诗意反映的体验式表述语言。创造一种"形式"与"功能"的

图4　德国慕尼黑的服务中心

多变与复合、东西方文化差异的融合与对话，传统与现代的拼贴与交融的平衡关系。一方面，现代环境艺术善于从不同文化那里获取表现形式的经验，丰富了创造的可能性，不同历史的设计思想也成为他们的设计话语资源。另一方面，设计观念从简单的客体的"物"的生产转化为了"事"的创造活动。时间概念的引入平衡了消费主义社会视觉图像"由看及欲"的平面化铺展与复制，强调个人体验行为的不确定性使设计脱离物质性层面，在时空的转换中走向精神价值的思考。

参考文献

[1] 李建盛.当代设计的艺术文化学阐释.郑州：河南美术出版社，2002.

[2] 滕守尧译. 非物质社会.成都：四川人民出版社，1996,

[3] 张斌，杨北帆.城市设计与环境艺术.天津：天津大学出版社,2000.

[4] 阿恩海姆著. 艺术与视知觉. 滕守尧,朱疆源译.成都：四川人民出版社，1998.

[5] (意)切莱斯蒂诺·索杜.变化多端的建筑设计生成法——针对表现未来建筑形态复杂性的设计方法.刘临安译.建筑师(112)，ABBS 建筑论坛.